高职高专通信技术类专业系列教材

现代通信交换技术

马　虹　张欢迎　编著

丁龙刚　主审

U0277500

西安电子科技大学出版社

内 容 简 介

全书共 9 章,以工程实践为背景,采用项目扩展引导,分项目任务实施的方式编写和组织内容,全面讲述了现代通信网络交换技术的方法和工程运用。本书前 6 章介绍了数字程控交换的基本概念、交换模块、呼叫处理与存储程序控制、信令系统、软硬件组成、硬件施工等内容,后 3 章以每章一个专题的形式介绍了 VoIP、软交换、IMS 方面的知识。

本书内容丰富,资料翔实,语言通俗流畅,工程实践性强。本书为资源课教材,为信息化教学提供了丰富的资源,书中配有授课视频和 PPT 等,并配有知识点、习题、答疑库和与该课程有关的电子资料,以便读者理解、查阅;项目任务和项目扩展便于教师组织实施综合实训。

本书适合应用本科或高职专科通信类专业学生使用,也可供一般从事通信工程技术和管理的人员参考。

图书在版编目(CIP)数据

现代通信交换技术/马虹,张欢迎编著. —西安:西安电子科技大学出版社,2018.2(2022.7 重印)
ISBN 978 - 7 - 5606 - 4797 - 5

Ⅰ. ① 现… Ⅱ. ① 马… ② 张… Ⅲ. ① 通信交换 Ⅳ. ① TN91

中国版本图书馆 CIP 数据核字(2018)第 000572 号

策　　划　刘玉芳
责任编辑　雷鸿俊
出版发行　西安电子科技大学出版社(西安市太白南路 2 号)
电　　话　(029)88202421　88201467　　　邮　　编　710071
网　　址　www.xduph.com　　　　　电子邮箱　xdupfxb001@163.com
经　　销　新华书店
印刷单位　陕西天意印务有限责任公司
版　　次　2018 年 2 月第 1 版　2022 年 7 月第 2 次印刷
开　　本　787 毫米×1092 毫米　1/16　印张 17.25
字　　数　408 千字
印　　数　3001～4000 册
定　　价　45.00 元
ISBN 978 - 7 - 5606 - 4797 - 5/TN

XDUP 5099001 - 2

＊＊＊ 如有印装问题可调换 ＊＊＊

前　　言

随着科学技术的发展和人类信息化的需求，通信技术日新月异。通信产业已成为一个国家的重要经济支柱之一。进入 20 世纪 90 年代以后，我国通信产业一直呈高速增长态势，固话网络规模迅速扩大，移动网络从无到有，数据通信日益普及，目前在网络规模和用户数量上都已跻身世界前列。

1876 年，贝尔进一步发展了电报技术，并发明了电话。他发现不仅消息能被转换为电信号，声音也能直接转换为电信号，然后由一条电压连续变化的导线传输出去。在导线的另一端，电信号被重新转换为声音。这一伟大的发现导致了通信业的诞生。近年来，由于人类对通信的迫切需求和科学技术的强力推动，特别是计算机和数字处理技术的快速发展，传统的电话通信也发生了质的飞跃。程控交换机的应用就是典型代表。程控数字交换机能够将程控、时分、数字技术融合在一起。由于程控优于布控，时分优于空分，数字优于模拟，所以时分程控数字交换机得到了极大发展。

本书共 9 章，其中前 6 章主要讲述程控交换网络的基本概念和工程运用，后 3 章主要讲述有线网络交换技术未来发展的几种类型。

本书许多内容源于编者多年从事教学和通信工程实践所积累的资料、经验和体会，所有编写人员都具有教学和工程实践背景。为了适应应用本科或高职专科教学和改革之需要，编写过程中采用项目扩展引导，分项目任务实施的方式。全书共有 12 个项目任务，内容循序渐进，尽量保持叙述内容的完整性，突出可操作性、实践性和实用性。本书为资源课教材，为信息化教学提供了丰富的资源，书中配有授课视频和 PPT 等，并配有知识点、习题、答疑库和与该课程有关的电子资料，以便读者理解、查阅。

本书与中兴通讯股份有限公司的工程师合作开发编写，由马虹担任主编，并负责第 1、2、4、5、8 章的编写；张欢迎担任副主编，并负责第 3、6、7、9 章的编写。丁龙刚教授担任主审，提出了许多宝贵建议。编者查阅并引用了部分资料，在此，对相关作者一并深表感谢。

需要说明的是，鉴于课程时数和教材字数所限，本书只对一般交换技术的内容作了简单介绍，不可能面面俱到，也无法深入。需要进一步了解和学习的读者可以根据实际需要和本书的提示查找相关资料。由于本书后 3 章相对独立，所以教学中也可根据需要进行适当取舍。有关项目任务的设备、实验装置及电路等主要以中兴 ZXJ10 交换机、IBX1000 设备及其配套仿真软件等为依据，教学中可根据实际情况进行选用。

由于本书涉及的内容广泛，加之时间仓促，编者水平有限，书中难免存在不足之处，恳请读者批评指正。

编　者

2017 年 10 月于南京

目　录

第 1 章　绪　　论

教学课件

知识点：

- 了解通信的基本概念；
- 了解交换的意义；
- 理解交换机的发展历程、分类、功能；
- 了解交换机的基本组成；
- 了解交换机的工作方式；
- 了解电话网的编号方案。

技能点：

- 具有判断交换方式的能力；
- 具有规划电话编号的能力；
- 具有电话机简单故障分析与处理能力；
- 具有电话线 RJ11 接头制作能力。

任务描述：

组网完成南京 20 个电话、北京 20 个电话、常州 20 个电话的电话编码分配，要求常州本地电话号码长度 6 位、南京本地电话号码长度 7 位、北京本地电话号码长度 8 位，各局局号自定义，完成北京、南京、常州三地电话互拨流程。

项目要求：

1. 项目任务

（1）根据项目需求，进行电话编码规划；

（2）完成北京、南京、常州三地号码分配；

（3）完成北京、南京、常州三地电话号码互拨流程。

2. 项目输出

（1）输出北京、南京、常州三地电话拓扑图；

（2）输出北京、南京、常州三地电话规划表；

（3）输出北京、南京、常州三地电话号码互拨流程图。

资讯网罗：

（1）搜罗并学习通信行业相关标准和规范；

（2）搜罗并阅读程控交换技术规范和技术要求；

（3）搜罗并阅读《国家通信网自动电话编号》标准。

1.1   交换技术概述

通信是人与人之间通过某种媒体进行的信息交流与传递。从广义上说，无论采用何种方法，使用何种媒质，只要将信息从一地传送到另一地，均可称为通信。通信的目的是快速而且有效、可靠地传递信息。通信有"点对点"、"一点对多点"或者"多点对多点"等多种方式，从而构成由简单到复杂的通信网。通信网是由交换设备、传输设备、用户终端设备等组成的，而其中的交换设备是极其重要的组成部分。在通信网中，交换就是在通信源和目的终端之间建立通话信道，实现通话信息传送过程。引入交换节点后，用户终端只需要一对线与交换机相连，节省了线路投资，组网灵活方便。用户间通过交换设备使多个终端的通信也成为可能。

1. 点对点通信系统

最初的电话通信，也就是最简单的通信系统是只由两个用户终端和连接这两个终端的传输线路所构成的。这种通信系统所实现的通信方式称为点到点通信方式，如图 1.1-1 所示。点到点通信方式仅能满足与一个用户终端进行通信的最简单的通信需求。

图 1.1-1   点对点通信方式

2. 广播通信系统

所谓广播通信，就是一点发送多点接收的通信形式。完成广播通信的系统称为广播通信系统，如图 1.1-2 所示。例如，电视、手机群发短信、移动通信的"飞信"等都是广播通信的典型应用。

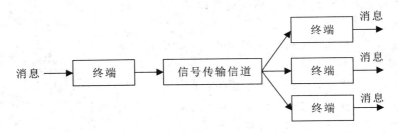

图 1.1-2   广播通信系统

3. 全互连方式的通信系统

现实的通信是要求在一群用户之间能够实现相互通信，而不是仅仅与一个用户进行通信。现以使用最多的语音通信的电话为例，用户当然希望能与电话网内任何一个用户在需要时进行通话，这样，最直接的方法就是用通信线路将多个用户终端两两相连，如图 1.1-3 所示。

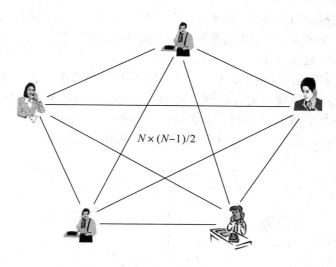

图 1.1-3 两两互连的电话通信

在图 1.1-3 中，5 个用户终端通过传输线路两两互连，实现了任意终端之间的相互通话。由此可知，当用这种互连方式进行通信且用户终端数为 5 时，每个用户要使用 4 条通信线路，将自己的电话机分别与另外的 4 个电话机相连，且每个用户还要使用 4 个电话终端实现与任意终端的通话。

两两互连通话连接方式的特点如下：

(1) 若用户终端数为 N，则两两相连所需的线对数 $CN_2 = N(N-1)/2$。

(2) 任意两个用户之间的通话都需要一条专门的线路直接连接。

例如，有 100 个用户要实现任意用户之间相互通话，采用两两互连的方式，终端数 $N=100$，则需要的线对数 $CN_2 = N(N-1)/2 = 100 \times (100-1)/2 = 4950$（条）。

由上述实例可知，这种方式有如下缺点：

(1) 传输线的数量随终端数的增加而急剧增加，线路浪费大，投资大，非常不经济；

(2) 每个终端都有 $N-1$ 条线路与其他终端相连接，因而每个终端需要 $N-1$ 个线路接口；

(3) 增加第 $N+1$ 个终端时，操作非常复杂，必须增设 N 条线路；

(4) 当终端间相距较远时，线路信号衰耗大。

因此，当用户终端数 N 较大时，采用这种方式实现多个用户之间的通信是不现实的，无法实用化。

4. 交换式通信网

要实现多个终端之间的通信，可以在用户分布密集的中心位置安装一个开关设备，以将每个用户的终端设备都用各自专用的线路连接在这个设备上，用户没有信息交换时打开，有信息交换时，将终端设备对应的开关接点闭合，使两个用户的通信线路接通，一直到两个用户通信完毕，相应接点断开，两个用户间的连线也断开。该设备能够完成任意两个用户之间交换信息的任务，称其为交换设备或交换机。有了交换设备，各个用户终端不再是两两互连，而是分别经由一条通信线路连接到交换节点上，如图 1.1-4 所示。该交换节点就是通常所说的交换设备（交换机），完成交换的功能。在通信网中，交换就是在通信源和目的终端之间建立通话信道,实现通话信息传送过程。引入交换节点后,用户终端只需要一对线与交换机相连,节省了线路投资,组网灵活方便。用户间通过交换设备连接方式使多个终端的通信成为可能。

图 1.1 - 4 是通信网的最简单的形式,它是由一个交换节点组成的通信网。而在实际应用中,为实现分布区域较广的多终端之间的相互通信,通信网往往由多个交换节点构成。这些交换节点之间或直接连接,或通过汇接交换节点相连,通过多种多样的组网方式,构成覆盖区域广泛的通信网络。图 1.1 - 5 所示的就是由多个交换节点构成的通信网。

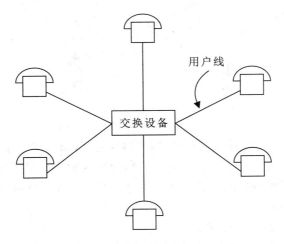

图 1.1 - 4 引入交换节点的多终端通信网

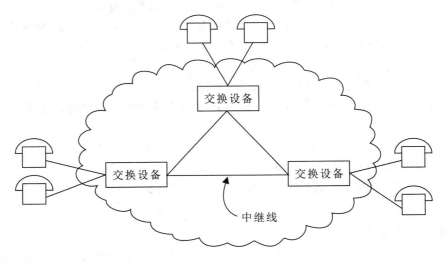

图 1.1 - 5 由多个交换节点构成的通信网

通信的基本目标就是在任何时刻使任何两个地点的用户之间进行信息交换。因此,它必须具备三个基本要素,即交换设备、传输设备和用户终端设备。

交换设备是构成通信网的核心要素,它的基本功能是完成接入交换节点链路的汇集、转接接续和分配,实现一个用户终端呼叫和它所要求的另一个或多个用户终端之间的路由选择和连接,如各种类型的电话交换机等。

传输设备用于进行远距离传输信息（语音信号），如包括最简单的金属线对、载波设备、微波设备、光缆和卫星设备等各种类型的传输设备。

用户终端设备是用户与通信网之间的接口设备，具备将待传送的信息与在传输链路上传送的信息进行相互转换的功能。在发送端，将信源产生的信息转换成适合于在传输链路上传送的信号；而在接收端完成相反的交换。将信号与传输链路相匹配，由信号处理设备完成。这其中，用来完成一系列通信网络控制功能的信令信号的产生和识别，也是非常重要的部分。

这三个基本要素缺一不可。例如，在电话通信网中，电话交换机起着枢纽的作用，构成通信网中的各级节点。若没有电话交换机就不可能组成电话通信网，也不会出现一个电话用户可以随时同世界上任何地方的另一个电话用户进行通话的方便环境。

1.2　电　信　网　络

电信网中仅有终端设备、传输设备和交换设备还不能很好地达到互通、互控和互换的目的，还需要有一整套网络规划，如合理的路由规划、号码规划、传输规划、同步等。

电信网是指由传输系统将终端设备和业务提供点连接到各交换机而构成的网络。其中，交换机实现了电信网的数据交换功能。交换系统发展制约着电信网的发展，尤其是制约着电信业务的发展。同时，电信网和电信业务的发展反过来也会促进交换系统的发展。

电信网从宏观上分为基础网、业务网和支撑网三类。

（1）基础网：业务网的承载者，由终端设备、传输设备和交换设备等组成。

（2）业务网：承载各种业务（如话音、数据、图像、广播电视等）中的一种或几种的电信网络。

（3）支撑网：为保证业务网正常运行，增强网络功能，提高全网的服务质量而设计的传递控制监测信号及信令信号的网络。

1.2.1　电信网络的基本知识

1. 电信网的种类

种类繁多的电信网，可按不同的分类方式分为多种类型的网络。

（1）按信号形式可分为：数字网、模拟网和混合网。

（2）按业务可分为：电话网、电报网、数据网、传真网、ISDN 网（综合业务数字网）和CATV 网（有线电视网）。

（3）按网络拓扑可分为：网状网、星形网、树形网、链形网、环形网、总线网和复合网。

（4）按网络用途可分为：交换网、承载网和支撑网。

（5）按服务范围可分为：本地网、长途网和国际网。

（6）按网络层次可分为：用户网、骨干网和接入网。

（7）按带宽可分为：窄带网和宽带网等。

（8）按传播媒体可分为：有线网和无线网。

（9）按服务对象可分为：公用网和专用网。

在上述分类中，大部分分类还可以进一步分为若干子类。例如，支撑网包括七号

(No.7)信令网、数字同步网、集中智能网和电信管理网 4 种子网络；专用网包括军事、铁路、电力、水利、石油、矿冶基地、公安、交通、金融银行、新闻、工厂企业、水文、气象、林区、牧区、渔业、防汛救灾及旅游行业等专用网。

2. 电信网的拓扑结构

电信网的网络组织形态（即拓扑结构），有全网状网、部分网状网、星形网、树形网、复合网、链形网、环形网、总线网等几种常用的结构，如图 1.2－1 所示。

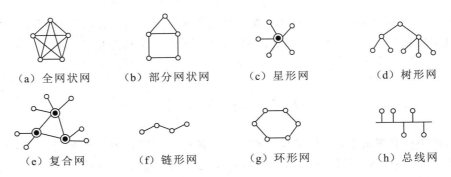

（a）全网状网　　（b）部分网状网　　（c）星形网　　（d）树形网

（e）复合网　　（f）链形网　　（g）环形网　　（h）总线网

图 1.2－1　网络拓扑结构图

在电信网的拓扑结构中，全网状网的传输链路的冗余度最大，因而网络的可靠性也最好，但链路利用率低，网络的经济性差，仅用于对网络可靠性要求特别高的场合。

星形网中设有一个交换中心，用户之间的呼叫均通过交换中心进行，如设网络用户数为 N，星形网的传输链路就只有 N 条，当 N 较大时，会比全网状网所需的 $N(N-1)/2$ 条链路要少得多。星形网是现在普遍采用的电话网网络结构的基础，可用于组成范围很大的网络，其可靠性较全网状网的要低，但其经济性则较全网状网有较大改善。

树形网目前被广泛用于 CATV 分配网和某些专用网（如军事网等）。环形网和总线网则多用于计算机通信网中。链形网常用于专用网，也用于中继站有上、下话路的微波中继公用通信网。

复合网是在星形网的基础上发展起来的，在用户较为密集的地区，分别设置交换中心，形成各自的星形网，然后将各交换中心以全连接方式或部分连接方式互联组成复合网。复合网的规模若不断扩大，可覆盖一个地区、一个国家乃至全球。

1.2.2　电信网的组成

电信网的逻辑结构是由节点（Node）、链路（Link）、端点（End）以及信令（协议）组成的，完善的电信网的物理结构是由交换网、传输承载网、支撑系统以及终端设备组成的。交换网和传输承载网是电信网的基础网，支撑系统是电信网的辅助网。它们的层次模型关系如图 1.2－2 所示。目前尽管我国和世界上大多数国家一样，尚未建成这种多层次的综合电信网，但都是朝着这个方向发展的。

第一层：传输承载网。传输承载网包括中继链路、接入网和本地传输链路等。随着同步数字系列 SDH 的推广应用，传输链路特别是长途干线和专用网正越来越多地采用 SDH 传输系统，它比准同步数字系列 PDH 系统更有利于传输设备的简化、成本降低和管理功能的加强，也是宽带 ISDN 的基础设施。

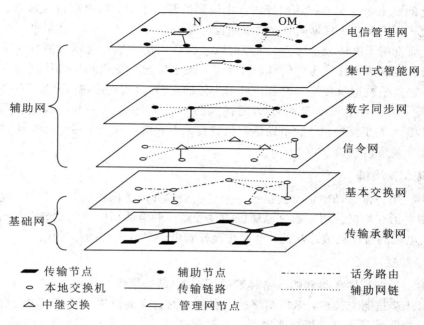

图 1.2-2　电话网的多层次模型

　　第二层：基本交换网。基本交换网由各种类型的交换机，如国际局、长途局、长途端局、市话汇接局、市话端局、远端模块、远端用户单元和用户交换机等组成。交换机间的话音通道称为话务路由，图 1.2-2 中以点画线表示。话务路由的传输路径由传输承载网提供，如图 1.2-2 中的实线所示。但一个话务路由和其传输链路未必是一一对应的。

　　第三层：信令网。信令网实际上是一个分组数据通信网，是由各交换机的信令转接点（STP）、信令点（SP）以及其间的共路信令链路所组成的网络。在一个数字网中，通常信令链路数要比话务路由数少。

　　第四层：数字同步网。数字同步网包含由数字交换机中的各定时单元所形成的同步节点以及其间的同步链路，它将从一个或多个参考源传输来的定时信号传播到交换网中的所有数字交换机中。

　　第五层：集中式智能网。集中式智能网提供程控数字交换机及其业务控制（SCP）间的访问，其中 SCP 包含能提供集中的网络智能的数据库，因此它可以通过数字交换机向用户提供大量的智能业务。

　　第六层：电信管理网。电信管理网由各种各样的网络管理中心（NMC）、运行和维护中心（OMC）以及对相关交换机进行遥控、遥测和遥信的链路等组成。

1.3　程控交换机的诞生

　　1837 年，莫尔斯发明了电报。这一发明使通过无线电的电脉冲来传递信息成为可能。从此开始，通信领域发生了巨大的变革。报文的每一个字符被转换为一串或长或短的电脉冲进行传输。1860 年，里斯发现可以把电加在电线上以传送声音。他在电线的一端绑了一个用香肠皮包裹着的软木塞（一个原始传声器），然后把电线缠到编织针上，并在软木塞和编织针之间装上电池。当把编织针放在小提琴的琴弦上时，每次敲打软木塞，琴弦就会振动。反之，如果拨动小提琴的弦，软木塞也会发出声音。1876 年，贝尔进一步发展了电报技术，进而发明了电话，开始了点对点的双向会话通信。他发现不仅消息能被转换为电信号，声音也能直接被转换为电信号，然后由一条电压连续变化的导线传输出去。在导线的另一端，电信号被重新转换为声音。贝尔为他的发明"电报的改进"申请了专利并被誉为电话发明家。1877 年，贝尔又为一个把接收器和传声器装在一起的设备申请了专利。1878 年，出现了人工交换机，它借助话务员进行话务接续。从此之后电话交换技术大致经历了以下几个发展阶段。

1. 步进制交换机

1889 年，第一部自动电话交换机由一个名叫史端乔的美国殡仪业者发明，他制作了第一台步进制电话交换机。用户通过电话机的拨号盘控制电话局中的电磁继电器与接线器的动作，完成电话的自动接续。从此，电话交换开始由人工迈入自动化时代。

2. 纵横制交换机

1919 年，瑞典比图兰得和帕尔格林发明了一种"纵横接线器"的新型选择器，并申请了专利。相对于步进制交换机，纵横制交换机有两方面的重要改进：一是利用由继电器控制的压触式接线器代替滑动摩擦方式触点的步进接线器，从而减少了磨损和杂音，提高了可靠性、接续速度和寿命；二是由直接控制方式过渡到间接控制方式，用户的拨号脉冲不直接控制接线器动作，而先由记发器接收、存储，然后通过标志器驱动接线器，以完成用户间的接续。

3. 电子交换机

电子技术尤其是半导体技术的迅速发展，猛烈地冲击了传统的机电式交换结构，使之走向电子化。引入了电子技术的交换机，称为电子交换机，电子交换机首先被应用于控制设备中。由于当时电子元器件的落差系数（断路和通路电阻比）达不到通话回路中交叉点的要求，所以通话回路的接续仍要使用机械触点，因而出现了"半电子交换机"和"准电子交换机"。只有当微电子技术和数字技术进一步发展后，才开始了全电子交换机的迅速发展。

（1）半电子交换机——接续部分使用纵横接线器，控制部分使用电子元器件。

（2）准电子交换机——接续部分使用比纵横集线器体积小、速度快的干簧接线器和剩簧接线器，控制部分使用电子元器件。

（3）全电子交换机——接续部分和控制部分均使用电子元器件。

4. 程控交换机

程控交换机是存储程序控制（Stored Program Control，SPC）交换机的简称。它将用户信息和交换机的控制、维护管理功能预先编成程序，然后存储到计算机中。当交换机工作时，控制部分自动监视用户的状态变化和所拨号码，并根据要求执行程序，从而完成各种功能。程控数字交换机的特点是将程控、时分、数字技术融合在一起。由于程控优于布控，时分优于空分，数字优于模拟，所以时分程控数字交换机具有灵活性大、便于维护管理、可靠性高、通话质量高、体积小、耗电省、易于保密、可提供新的服务项目、容易向综合业务数字网（ISDN）方向发展等特点。表 1.3-1 所示为交换机的发展历程表。

表 1.3 - 1 交换机发展历程表

名 称	年 代	特 点
人工交换机	1878	借助话务员进行电话接续，效率低，容量受限
步进制交换机	1892	交换机进入自动接续时代。系统设备全部由电磁器件构成，靠机械动作完成"直接控制"接续。接线器的机械磨损严重，可靠性差，寿命短
纵横制交换机	1919	系统设备仍然全部由电磁器件构成。靠机械动作完成"间接控制"接续，接线器的制造工艺有了很大改进，部分地解决了步进制的问题
空分式模拟程控交换机	1965	交换机进入电子计算机时代。软件程序控制完成电话接续，所交换的信号是模拟信号，交换网络采用空分技术
时分式数字程控交换机	1970	交换技术从传统的模拟信号交换进入了数字信号交换时代，在交换网络中采用了时分技术

1.4 程控交换机的基本组成

无论空分或时分程控交换机，其硬件基本包括三个系统，即话路系统、控制系统和输入/输出系统，如图 1.4-1 所示。

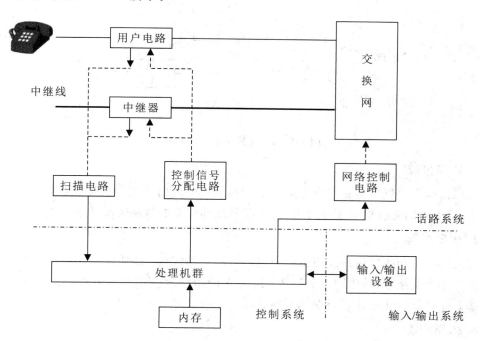

图 1.4-1 程控交换机硬件系统组成图

1. 话路系统

话路系统的主要作用是把用户线接到交换网以沟通通话回路。其中用户电路是用户线与交换网的接口电路，可完成馈电、二/四线转换、测试、保护、扫描、提供铃流通路等功能，数字用户电路还要完成编译码功能，用户电路一般是由厚膜电路为中心组成的。

2. 控制系统

程控交换机控制系统的作用包含两个方面：一是分析、收集输入的信息，并进行处理；二是编辑命令，并向话路系统或输入/输出系统发送命令。

3. 输入/输出系统

中央控制系统要配备一些常规的外围设备，为了安装测试和维护运转的需要，一般包括打印机和终端等，还要配备如磁盘驱动器、磁带机等外存储器。终端系统根据需要可能包含维护终端和计费终端等；外存中存放交换机的全部程序和数据，其存储容量较大，对于常用程序来说，既存在于内存中，又存在于外存中，这是为了保证当发生故障的内存的内容消失时，可从外存输入信息。

1.5 交换系统的基本功能

通信网中通信接续的类型，即交换节点需要控制的基本接续类型主要有本局接续、出局接续、入局接续和汇接（转接）接续 4 种，如图 1.5-1 所示。

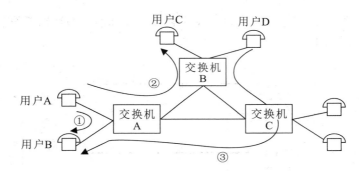

图 1.5-1 交换系统的接续类型

1. 本局接续

本局接续是指仅在本局用户之间建立的接续，即通信的主、被叫都在同一个交换局。如图 1.5-1 中的交换机 A 的两个用户 A 和 B 之间建立的接续①就是本局接续。

2. 出局接续

出局接续是指主叫用户线与出中继线之间建立的接续，即通信的主叫在本交换局，而被叫在另一个交换局，如图 1.5-1 中交换机 A 的用户 A 与交换机 B 的用户 C 之间建立的接续②，对于交换机 A 来说就是出局接续。

3. 入局接续

入局接续是指被叫用户线与入中继线之间建立的接续，即通信的被叫在本交换局，而主叫在另一个交换局，如图 1.5-1 中交换机 A 的用户 A 与交换机 B 的用户 C 之间建立的接续②，对于交换机 B 来说就是入局接续。

4. 汇接（转接）接续

汇接接续是指入中继线与出中继线之间建立的接续，即通信的主、被叫都不在本交换局，如图 1.5 - 1 中的交换机 B 的用户 D 与交换机 A 的用户 B 之间建立的接续③，对于交换机 C 来说就是转接接续。

由交换系统完成的 4 种接续类型，可以得出交换系统必须具备的最基本的功能有：

（1）正确识别、接收从用户线或中继线发来的通信发起信号。

（2）正确接收、分析从用户线或中继线发来的通信地址信号。

（3）按目的地址正确地进行选路以及在中继线上转发信号。

（4）控制连接的建立、拆除。

（5）控制资源的分配、释放。

1.6 电话网的编号方案

1. 编号原则

在通信网中，编号方案（Numbering Plan）包含号码结构及其分配规则，具体是指为国际长途网、国内长途网、本地网、特种业务以及一些新业务等各种呼叫所规定的号码编排和规程。有效的编号方案关系到对用户寻址（Addressing）和计费的准确性。任何通信网的编号方案都应做到既有利于网络的运行和扩容，又便于用户记忆和使用。因此编号方案对网络的基本结构有着重大影响。号码也是一种资源，正确地使用这一资源可使网络获得更大的技术经济效益，否则将引起资源的浪费，因此编号方案直接影响网络的建设费用。制定编号方案的基本原则大致有以下几点：

（1）编号方案要与网络安排统一考虑，做到统一编号。

编号方案实际上是网络组织的一个重要组成部分，因此在确定网络组织方案时必须与编号方案统一考虑。例如，在划定了电话局区域范围后，号码怎样分配最有利；又如在一个区内，电话网中具有不同制式的交换机情况下，怎样组织汇接号码，怎样分配号码才能使原有设备变动最小；再如有时为了便于号码从近期向远期顺利过渡，号码位长也要留有余地，以使号码升位不影响通信。

（2）近远期结合。

在近期编号安排上要适当照顾自然交换区域划分的联系，在远期要留有一定的备用区号，即既要满足近期需要，又要考虑远期的发展。规划期内要留有一定的备用号码。一般情况下，一次编号后不再作变动。编号方案是以业务预测和网络规划为依据的。业务预测确定了网络的规模容量、各类性质用户的分布情况以及电话局的设置情况，由此可确定号码的位长和容量以及局号的数量；网络规划中电话局、区的划分又具体地确定了号码的分配方案。值得强调指出的是，在编制号码计划时对规划期的容量要有充分的估计，对号码的容量要留有充分的余地。这是由于业务预测有时不准确，尤其是处于发展振兴时期的地区和部门，通信业务需求将发展很快，目前的业务预测方法有时与此不相适应，实际的发展可能高于业务预测的容量。此外，局号中可能出现一些新兴的业务，如移动通信等。电话业务和非话业务号码有足够的余量，就可避免因号码不足而限制网络发展或出现网络改造的不利情况。在近远期关系问题上，当远期需要号码扩容时，要注意近远期的自然过渡，使这种过渡对已有的网络及号码变动量小。

（3）尽可能避免改号。

改号对用户来说是很反感的事。随着电话网的发展，改号对用户的影响越来越大。在全国实行长途自动化后，尤其是在开放国际自动化电话业务后，这种影响不仅涉及本电话网用户，而且涉及全国用户甚至国外用户，因此在今后电话网的设计中应把避免改号作为一条重要原则予以考虑。从用户的角度来看，号码的升位也是改号，且影响面较大。因此，要把网络全面规划好，该升位的有条件时及早升位。

（4）尽可能缩短号长，以节省设备投资和缩短接续时间。

编号方案应符合 ITU－T 的 Q11 建议，即国内电话号码有效号码的总长度不能超过10 位。同时应尽可能缩短编号号长和具有规律性，以方便用户使用。同时长、市号码容量运用充分，应尽可能使长、市自动交换设备简单，以节省投资。

2. 中国 PSTN(公众电话网)编号制度

国家通信网自动电话编号方式如下：

（1）在同一闭锁编号区内，采用闭锁编号方式。

同一闭锁号的用户之间相互呼叫时拨统一的号码，即市话局＋用户号码。

（2）长途拨号采用开放编号方式。

在呼叫闭锁编号区以外的用户时，用户需加拨长途字冠"0"和长途区号。

（3）全国编号采用不等位制。

不同城市（或县）根据其政治、经济各方面的不同地位给予不同号长的长途区号。不同城市的市话号码长度也可以不相等，但每一城市（或县）的长途区号加市话号码的总位数最多不允许超过 10 位（不包括长途自动冠号"0"）。

（4）字冠及首位号码的分配使用。

"0"为国内长途全自动电话冠号。"00"为国际全自动电话冠号。"1"为长途及本地特种业务号码、新业务号码、网号的首位号码、无线寻呼号码、网间互通号码、话务员坐席群号码的首位号码等。"2～9"为本地电话号码的首位号码，其中首位 9 包括模拟移动电话号码等的首位号码。

（5）本地电话网的编号。

本地电话网的编号位长一般情况下采用等位编号，但应能适应在同一本地网中号码位长差一位编号的要求。

（6）国内长途自动交换网的编号。

国内长途自动交换网采用不等位编号逐步向等位编号过渡的方案。国内长途电话号码由长途区号和本地网号码组成。国内电话号码的格式为：长途区号＋本地电话号码。长途区号有 2～4 位 3 种位长，其编号规律如下：

① 首位为"2"的长途区号号码长度为两位，即 2X。

② 首位为 3、4、5、7、8、9 的长途区号长度为 3 位或 4 位，其中：第二位为奇数时号码位长为 3 位，如 $3X_1X$（X_1 为奇数 1、3、5、7、9 时，X 为 0～9）；第二位为偶数时，号码位长部分为 3 位，部分为 4 位。随着一些省、市长途编号区的扩大，4 位区号的数量将渐减逐少，3 位区号的数量逐步增加，其结构以首位为 3 为例：$3X_2X$ 或 $3X_2XX$（X_2 为偶数 0、2、4、6、8 时，X 为 0～9）。

③ 首位为"1"的长途区号分为两类，一类作为长途区号，另一类作为网号或业务的接入码。其中"10"为两位，其余号码根据需要分别为 2 位、3 位或 4 位。

④ 首位为"6"的长途区号除 60、61 留作台湾使用外，其余号码为 62X～69X 共 80 个号码作为 3 位区号使用。

综上所述，目前我国 PSTN 长途区号的分配见表 1.6－1。

表 1.6－1 中国 PSTN 长途区号编码

编号区	包括的省、自治区	城市名称	编号	其他本地电话网编号区
		北 京	10	
		上 海	21	
		天 津	22	
3	河 北	石家庄	311	312～310,331～330
	山 西	太 原	351	341～340,352～350
	河 南	郑 州	371	372～370,391～390
4	辽 宁	沈 阳	24	411～410,421～420
	吉 林	长 春	431	432～430,441～440
	黑龙江	哈尔滨	451	452～450,461～460
	内蒙古	呼和浩特	471	472～470,481～480
5	江 苏	南 京	25	511～510,521～520
	山 东	济 南	531	532～530,541～540
	安 徽	合 肥	551	552～550,561～560
	浙 江	杭 州	571	572～570,581～580
	福 建	福 州	591	592～590,501～500
				62X～63X
6	台 湾			60X～61X
7	湖 北	武 汉	27	711～710,721～720
	湖 南	长 沙	731	732～730,741～740
	广 东	广 州	20	751～750,761～760
	广 西	南 宁	771	772～770,781～780
	江 西	南 昌	791	792～790,701～700
	海 南	海 口	898	899～890
				64X～67X
8	四 川	成 都	28	811～810
		重 庆	23	821～820,831～830,841～840
	贵 州	贵 阳	851	852～850,861～860
	云 南	昆 明	871	872～870,881～880
	西 藏	拉 萨	891	892～895,801～800
				68X～69X

编号区	包括的省、自治区	城市名称	编号	其他本地电话网编号区
9	陕 西	西 安	29	911~910,921~920
	甘 肃	兰 州	931	932~930,941~940
	宁 夏	银 川	951	952~950,961~960
	青 海	西 宁	971	972~970,981~980
	新 疆	乌鲁木齐	991	992~990,901~900
				部分 1XX

(7) 网络和业务接入号码的分配。

首位为 1 的网络和业务接入号码主要是用于紧急业务号码、新业务号码、长途市话特种业务号码、网间互通号码、网号等。它的位长为 3 位或 4 位。具体号码分配见表 1.6-2。

表 1.6-2　网络和业务接入号码

号 码	名 称
111	市话线务员与测量台联系
112	障碍申告
113	国内人工长途挂号
114	电话查号
115	国际人工长途挂号和查询
116	国内人工长途查询
117	报时
118	郊区人工长途挂号（农话人工挂号）
119	火警
110	匪警
121	天气预报
122	道路交通事故报警
123	全国（含国际）联网无线人工寻呼
124	全国（含国际）联网无线自动寻呼
1251	全国无线电寻呼联网漫游登记和查询台
1258	全国 GSM 数字移动通信网短消息业务中心人工台
1259	全国 GSM 数字移动通信网短消息业务中心自动台
126	本地无线人工寻呼
127	本地无线自动寻呼（127＋BP 机号码）
128	省内联网无线人工寻呼

续表一

号 码	名 称
129	省内联网无线自动寻呼(129+BP机号码)
120	急救中心
131～137	留作网间互通接入码
138～139	主网数字移动通信 900 MHz GSM 网接入码
130	联通数字移动通信 900 MHz GSM 网接入码
161	分组交换数据网 CHINA PAC 同步拨号入网
162	分组交换数据网 CHINA PAC 异步拨号入网
163	计算机互联网 CHINA NET 拨号入网
1641	电子信箱业务网 CHINA MAJL
1642	电子数据互换业务网 CHINA EDl
1643	传真存储转发自动拨号器入网
1644	传真存储转发语音应答方式入网
1645	传真存储转发 ASCLL 字符方式入网
1646	可视图文
165	备用
166	语音信箱(166+PQR)
167	备用
168	自动信息服务台(168+5 位)
169	中国公众多媒体通信网拨号入网
160	人工信息服务台
171,172	备用
173	国内立接制长途半自动挂号
174	国内长途查号
175	半自动来话台群
176	国内长途半自动查询
177	半自动班长台
178	半自动去话呼叫本端或对端人工台
179	备用
170	国内话费查询台
181～183	备用
184	邮政编码查询
185	邮政速递业务查询
186～187	备用

续表二

号　码	名　　称
188	电话交费台
189	电话受理台
180	用户投诉台
191	联通无线人工寻呼
192	联通无线自动寻呼
193～190	备用
101～102	备用
103	国际半自动挂号及国内国际话务员互拨
104～105	备用
106	国际半自动查询
107	国际半自动班长台
108	直拨受话付费和直拨话务员受话付费号码
109	备用
100	国际长途全自动话费查询

3. 国际电话网编号方案

ITU－T 在 E.163 建议中为电话网制定了统一的编号方式。所谓统一，即全世界所有用户中，每个用户只有一个固定的互不相重的国际通话用号码。这个号码不随发话地点及路由的变化而改变，其位数也应当有所限制。

ITU－T 在 E.163 建议中规定的国际电话号码结构如图 1.6－1 所示。它由国家号码和国内有效号码组成。这里"有效号码"是指不包括该国国内长途字冠的国内号码，即拨国际号码时，不拨对端国的国内长途字冠。

图 1.6－1　国际电话号码结构(E.163 建议)

一个国家原则上用一个国家号码表示，因而全世界需配置 3 位（十进制数）国家号码。又由于构成国家号码的位数要尽量少，所以 ITU－T 把全世界分成 9 个编号区并分别给各国分配 1 位、2 位、3 位的号码。表 1.6－3 列出了部分国家被分配的国家号码。应该指出，这种分配方案是极不合理的。

E.163 建议，国家号码与国内号码的总位数不超过 12 位（不包括国际长途字冠）。

用户拨打国际长话的拨号顺序为：国际长途字冠＋国家号码＋国内长途区号＋市话号码。其中：

表 1.6 – 3　国际编号方案的部分国家号码

区　域	国家名称	国家号码	区　域	国家名称	国家号码
1（北中美）	加拿大	1	5（南美）	古　巴	53
	美　国	1		阿根廷	54
	墨西哥	1	6（东南亚 大洋洲）	澳大利亚	61
2（非洲）	埃　及	10		新西兰	64
	南　非	27		泰　国	66
	埃塞俄比亚	251	7（前苏联）	俄罗斯	7
3（欧洲）	荷　兰	31	8（亚洲）	日　本	81
	比利时	32		朝　鲜	82
	法　国	33		越　南	84
	意大利	39		中　国	86
4（欧洲）	罗马尼亚	40		柬埔寨	855
	瑞　士	41	9（西南亚）	印　度	91
	英　国	44		巴基斯坦	92
	德　国	49			

国际长途字冠：国内交换机识别国内呼叫国外的首冠数字由各国自定，如中国为 00、比利时为 91。

国家号码（CC）：表示被叫所在国的国家号码。

国内长途区号（TC）：表示同一国家（或使用同一国家号码的国家群）中的长途区号，为 1 至数位（不包括国内长途字冠）的数字。

市话号码：同一城市（或同一国内长途区号）中用于识别用户的数字。

例如，比利时用户呼叫北京 68422288 时，拨号为：91—86—10—68422288（不含长途字冠正好 12 位）。

1.7　交　换　方　式

随着电子技术和计算机技术的快速发展，通信交换技术也取得了长足的进步。根据不同的交换方法及交换所用的媒介，目前通信网中的交换方式主要有：电路交换、多速率电路交换、快速电路交换、分组交换、帧交换、帧中继交换、ATM 交换、IP 交换、光交换和软交换等。

1. 电路交换

电路交换是最早出现的交换方式，也是电话通信中使用的交换方式。用户需要通信时，交换机就在收发终端之间建立一条临时的电路连接，该连接在通信期间始终保持接通状态，直到通信结束才被释放。交换机所要做的就是将入线和指定出线的开关接通或断开，并在通信期间提供一条专用电路而不做差错检验和纠正，这种工作方式即为电路交换，它是一种实时的交换。传统电话交换网中的交换局、窄带综合业务数字网中的交换局、GSM 数字通信系统的移动交换局和智能网中的业务交换点使用的均是电路交换技术。

电路交换的主要特点有以下几个方面：

（1）通信整个连接期间始终有一条电路线被占用，信息传输时延小。

（2）发送端送出的信息通过连接节点，被无限制地传送到接收端，即具有电路的透明性，这种透明性是指交换节点未对用户信息进行任何修正或解释。

（3）对于一个固定的连接，其信息传输时延是固定的。

电路交换的主要缺点有以下几个方面：

（1）由于所分配的带宽是固定的，造成网络资源的利用率降低，不适合突发业务的传送。

（2）通信的传输通路是专用的，即使没有信息传送时他人也不能利用。因此，采用电路交换方式进行数据通信时，其效率较低。

（3）通信双方在信息传输速率、同步方式、编码格式、通信规程等方面要完全兼容，这使不同速率、不同通信协议之间的用户无法接通。

（4）通信线路的固定分配与占用方式会影响其他用户的再呼入，因此会造成线路利用率低。

电路交换适合于电话交换、高速率传真业务和文件传送的使用，但它不适合突发业务和对差错敏感的数据业务使用。

2. 分组交换

分组交换是为了适应计算机通信的需求而发展起来的一种先进的通信技术，它具有网络可靠性高、信息传输质量高和线路利用率高的特点，有利于不同类型终端间的相互通信，并提供高质量、灵活的数据通信业务。

分组交换实质上是在存储—转发基础上发展起来的，兼有电路交换和报文交换的优点。分组交换在线路上采用的是动态复用技术，信息传送时按一定长度分割为许多"数据—分组"小段。每个分组通过标识后，在一条物理线路上采用动态复用技术，可同时传送多个"数据—分组"。将用户发送端的数据暂存在交换机的存储器内，继续在通信网内转发。到达接收端时，再去掉分组头，将各数据字段按顺序重新装配成完整的报文。此过程决定了分组交换比电路交换的电路利用率要高很多。

分组交换减少了节点的存储量，构成完整消息的各分组信息可以以分组为单位，独立地进行交换，然后通过不同路由传送到目的地。分组交换是报文交换的一种特殊形式，考虑到组网与存储，可以使用虚拟电路交换技术。

3. ATM 交换

ATM 交换是一种先进的交换方式，既能像电路交换方式一样适用于实时业务连接，又能像分组交换方式一样适用于非实时业务连接。实际上，它是基于分组交换的一种改进。ATM 交换是以信元为单位进行数字信息的交换与传输。信元具有 53 B 的固定长度，包括 5 B 的信头和 48 B 的信息域。发送前，信息必须经过分割、封装成统一格式的信元，在接收端完成相反的操作，以恢复数据原来的形式。在通信过程中信息信元的再现，取决于信息要求的比特率或信息瞬间的比特率。

ATM 交换方式采用了虚连接技术，即将逻辑子网和物理子网分离。ATM 首先选择路径，在两个通信实体之间建立虚通路（VC），将路由选择与数据转发分开，使传输中间的控制较为简单，以解决路由选择瓶颈问题。设立虚通道（VP）和虚通路（VC）两级寻址，虚通道由两节点间复用的一组虚通路组成，网络的管理和交换功能主要集中在虚通道这一级，减少了网管和网控的复杂性；一条链路上可以建立多个虚通路，一条虚通路上传输的数据单元均在相同的物理线路上进行传输，且保持其先后顺序。ATM 交换方式克服了分组交换中无序接收的缺点，保证了数据的连续性，更适合于多媒体数据的传输。

4. IP 交换

IP 交换是由 Ipsilon 公司提出，专用于 ATM 网传送 IP 分组的技术，其目的是使 IP 更快并确保业务质量上的支持。IP 交换的基础概念是流的概念，核心是对流进行分类传送。此方法旨在同时获得无连接 IP 的强壮性以及 ATM 交换的高速、大容量的优点。

IP 交换技术打算抛弃面向连接的 ATM 软件，在 ATM 硬件的基础之上直接实现无连接的 IP 选路，就是在 ATM 交换机硬件的基础上附加一个 IP 路由软件及控制交换的驱动器构成的。对于持续期长、业务量大的用户数据流在 ATM 硬件中直接进行交换，因此传输时延小、传输容量大；而对于持续期短、业务量小、呈突发分布的用户数据则通过 IP 交换控制器中的 IP 路由软件完成转送，省去了建立虚通路的开销，提高了效率。

IP 交换的缺点是只支持 IP，其效率直接取决于具体的用户业务环境，适于持续期较长、业务量大的数据传送；反之则效率将大打折扣。

5. 光交换

光交换技术是指不经过任何光/电转换，在光域直接将输入的光信号交换到不同的输出端，也是一种光纤通信技术。光交换技术可分成分组光交换和光路光交换两种类型，国际上现有的分组光交换单元由电信号来控制，即所谓的电控光交换。随着光器件技术的发展，光交换技术的最终发展趋势将是光控光交换。

目前，带宽需求量迅猛增长，光通信技术成为 21 世纪初最具发展潜力的技术。光分组交换技术将成为一项重要的通信技术得到广泛应用。

6. 软交换

软交换独立于传送网络，主要完成呼叫控制、资源分配、协议处理、路由、认证、计费等主要功能；同时可以向用户提供现有电路交换机所能提供的所有业务，并向第三方提供可编程能力。软交换是网络演进以及下一代分组网络的核心设备之一，包括媒体/接入层、传输层、控制层、业务/应用层的一种体系结构。也就是说，它是下一代网络呼叫与控制的核心，是下一代网络的控制功能实体，为下一个网络具有实时性的业务提供呼叫控制和连接控制功能。

目前软交换完成的功能主要有媒体网关接入功能、呼叫控制功能、互连互通功能、支持开放的业务/应用接口功能、认证和授权功能、业务提供功能、计费功能、资源控制功能和服务质量（QoS）管理功能、协议和接口功能等。

1.8　项目扩展：电话机故障分析与处理

1.9　项目任务一：电话机安装及组网

按照图 1.9－1 所示，在学习电话机组成的前提下，收集交换设备及电话终端的安装手册，学习安装规范标准，以小组为单位，开展电话机及线缆的安装调试并进行组网训练。

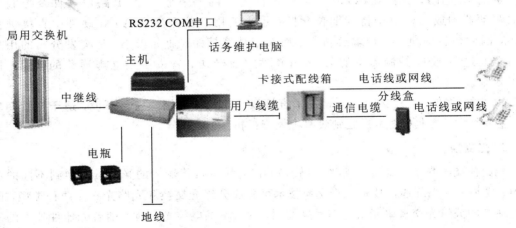

图 1.9－1　交换机的组网图

1.10　项目任务二：电话线 RJ11 接头制作

以 RJ11 接头为例，使用电话线和网线通用的压线钳，制作电话线两端接头，并使用测线仪测试制作电话线的连通性。

项目总结一

（1）实现通信的三个基本要素；

（2）交换机的发展历程；

（3）电话编码的基本原则；

（4）交换设备（交换机）的组成；

（5）交换过程区分用户的方法；

（6）交换的工作方式；

（7）交换系统的基本接续类型。

项目评价一

评价项目	评价内容	分值	自我评价	小组评价	教师评价	得分
知识点	通信的基本概念					
	交换的意义					
	交换机的基本组成					
	交换机的工作方式					
	用户编码原则					
项目输出	电话拓扑图					
	电话编码规划表					
	电话互拨流程图					
环境	教室环境					
态度	迟到　早退　上课					
综合评估（优、良、中、及格、不及格）						

项目练习一

第2章 数字交换原理与数字交换网

教学课件

知识点：

- 了解模拟信号数字化方法；
- 了解多路复用的概念；
- 掌握基本的交换原理；
- 掌握时分交换方式；
- 掌握空分交换方式；
- 掌握组合交换方式（TS、ST、TT、TST、STS 等交换）；
- 理解串/并变换原理及应用；
- 了解数字交换网用芯片及其应用。

技能点：

- 具有模拟信号数字化的分析能力；
- 掌握 PCM 帧结构；
- 熟悉多路复用的基本功能；
- 掌握数字交换原理；
- 具有典型的二级、三级数字交换网的分析能力；
- 掌握数字时分交换芯片 MT8980 的功能与应用；
- 掌握数字空分交换芯片 MT8816 的功能与应用。

任务描述：

根据实验室实验环境，组建空分交换实验环境，测试验证空分交换网络功能；组建时分交换实验环境，测试验证时分交换网络功能。

项目要求：

1. 项目任务

（1）掌握程控交换中空分交换的基本原理与实现方法；

（2）通过对空分交换芯片 MT8816 的实验，熟悉空分交换网络的工作过程；

（3）掌握程控交换中时分交换的基本原理与实现方法；

（4）通过对时分交换芯片 MT8980 的实验，熟悉时分交换网络的工作过程。

2. 项目输出

（1）输出空分交换网络的电路框图，并分析工作过程；

（2）输出时分交换网络的电路框图，并分析工作过程。

资讯网罗：

（1）搜罗并学习通信交换原理；

（2）搜罗并阅读《HD8623 程控交换实验手册》；

（3）搜罗并阅读空分交换芯片 MT8816 功能；

（4）搜罗并阅读时分交换芯片 MT8980 功能。

2.1　模拟信号的数字化处理与多路复用技术

2.1.1　模拟信号的数字化处理

通信中的信号大致分为模拟信号和数字信号两类。模拟信号是指在数值上连续变化的信号，这种信号的某一种参量可以取无限多个数值，且直接与消息相对应，如声音信号、图像信号、模拟视频信号等；数字信号则是一种离散信号，由许多脉冲组成，这种信号的某一参量只能取有限个数值，且不直接与消息相对应，如电报信号、数据信号、数字视频信号等。

数字信号具有保密性强、抗干扰性强、适合纳入 ISDN 等优点而被广泛使用，在实际应用中常将模拟信号转换为数字信号。

1. 数字信号的调制（模/数变换）

所谓数字信号的调制，是指模拟信号转换为数字信号的过程。数字信号常用的调制方法有脉冲编码调制（PCM）和增量调制（ΔM）。图 2.1-1 所示为脉冲编码调制的模型。

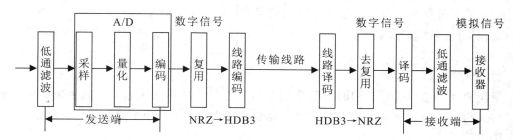

图 2.1-1　脉冲编码调制的模型

由图 2.1-1 可得，模拟信号转换成二进制数字信号必须经过抽样、量化和编码三个步骤，此过程通常称为模拟信号数字化。如用户语音信号通过话筒时，声音通过模/数（A/D）转化器完成了数字化过程。

由于通常的数字通信系统和计算机中都采用二进制信号，所以对多进制的数字信号再进行二进制编码，使之最终成为二进制数字信号。

2. 脉冲编码调制

脉冲编码调制在发送端主要通过抽样、量化和编码完成模拟信号到数字信号的变换（A/D 转换），而在接收端主要通过译码和滤波完成逆变换——数/模（D/A）转换。

1）采样

模拟信号变成数字信号的第一步工作就是要对模拟信号进行采样。采样的目的是使模拟信号在时间上离散化，即通过采样脉冲控制采样器的开关电路，取出模拟信号的瞬时电压值，从而将连续的话音信号变成离散的电压信号，如图 2.1-2 所示。

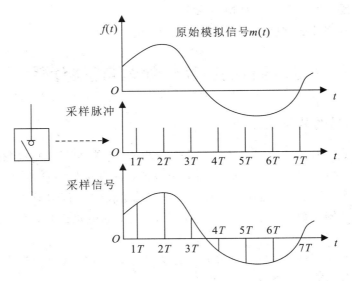

图 2.1-2 话音信号采样

所抽取的每个幅度值为采样值，显然，该采样值可以看做是按幅度调制的脉冲信号，称为脉冲幅度（PAM）信号。PAM 信号的幅度取值是连续的，不能用有限幅度值来表示，我们认为它仍然是模拟信号。

为了使采样信号无失真地还原为原始信号，根据奈奎斯特采样定理，采样频率 f_s 应大于话音信号的最高频率的两倍，实际话音信号的采样频率 f_s 取 8000 Hz，则采样周期 T 为 1/8000，即 125 μs。

2）量化

量化的目的是将采样得到的无限个幅度值用有限个状态来表示，以减少编码的位数。其原理是用有限个电平表示模拟信号的采样值。量化方法大体上有舍去法、补足法及四舍五入法三种。

四舍五入法是将每个采样后的幅值用一个邻近的"整数"值来近似，图 2.1-3 所示为四舍五入量化法的示意图。把信号归纳为 0～7 级，共 8 级，并规定，小于 0.5 的为 0 级，

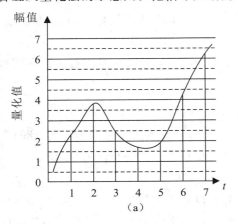

（a）

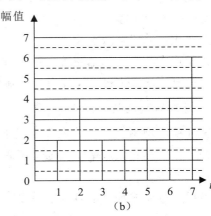

（b）

图 2.1-3 四舍五入量化法的示意图

0.5～1.5 之间为 1 级等。经过这样的量化，连续的采样值就被归到了 0～7 级中的某一级。图 2.1-3(b)就是量化后的值。

把无限多种幅值量化成有限的值必然会产生误差。我们把量化值与信号值之间的差异称作量化误差。量化误差是数字通信中的主要噪声来源之一。减少信号的量化噪声有以下两种方法：

（1）增加量化级数：增加量化级数可减小量化误差，但量化级数的增加会使编码位数增加，要求存储器容量加大，对编码器的要求也会提高。

（2）采用非均匀量化的方法。图 2.1-3 所示为一种均匀量化。在均匀量化时，由于量化分级间隔是均匀的，对大信号和小信号量化阶距相同，因而小信号时的相对误差大，大信号的相对误差小。非均匀量化是一种在信号动态范围内，量化分级不均匀、量化阶距不相等的量化。例如，若使大信号的量化分级数目少，则量化阶距大；若使小信号的量化分级数目多，则量化阶距小。这样可以改善小信号量化误差大的问题。非均匀量化叫做"压缩扩张法"，简称压扩法，其原理框图如图 2.1-4 所示。

图 2.1-4　非均匀量化的原理框图

在发送端，首先将输入信号送到幅度压缩器进行压缩，然后再送到均匀量化器量化并编码；在接收端，将收到的数字信号通过解码器进行译码，然后通过与压缩器特性相反的幅度扩张器进行扩张，恢复为原来的信号。

非均匀量化就是非线性量化，其压、扩特性采用的是近似于对数函数的特性。CCITT 建议采用 A 律和 μ 律两种压缩率。

北美各国的 PCM 设备采用 μ 律，其压缩系数(μ)为 255，用十五折线来近似。欧洲各国、中国的 PCM 设备采用 A 律，其压缩系数(A)为 87.6，用十三折线来近似。图 2.1-5、表 2.1-1 给出了十三折线法和 A 律压缩法各折线段的斜率。

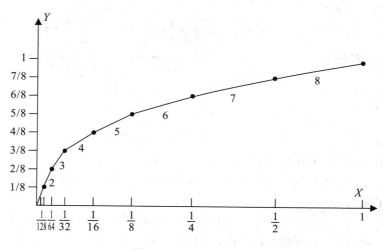

图 2.1-5　十三折线法

表 2.1 - 1   A 律压缩法的各折线段的斜率

折线段	1	2	3	4	5	6	7	8
斜率	16	16	8	4	2	1	0.5	0.25

因篇幅受限,X、Y 负方向的关于原点对称的另一部分没有画出。

A 律十三折线压缩编码规则为:A 律信号样值有正负之分,采用一位码来表示正负,这一位二进制码 D_1 被称为极性码。比特"1"表示正极性,说明采样值为正;比特"0"表示负极性,说明采样值为负。

十三折线在第一象限有 8 大段,每一段斜率不同,则代表的压缩律不同,采用 3 位二进制码($D_2 D_3 D_4$)表示 8 个不同的段落,这 3 位被称为段落码,如表 2.1 - 2 所示。其中每一大段内再依据 Y 轴均分为 16 个小段,采用 4 位二进制码($D_5 D_6 D_7 D_8$)表示。由于各段长度不尽相同,均分后各段间的小段的长度也就不等。把 Y 轴第 1 段等分为 16 份,每个等分作为一个最小的均匀量化间距 Δ。在第 1~8 段内每小段依次应有 1Δ、1Δ、2Δ、…、64Δ,如表 2.1 - 3 所示。

表 2.1 - 2   每个话音信号取样值编码的码组格式

D_1	$D_2 D_3 D_4$	$D_5 D_6 D_7 D_8$
极性码	段落码	段内码

表 2.1 - 3   各段内均匀量化级

各段折线序号	1	2	3	4	5	6	7	8
各段内均匀量化级	Δ	Δ	2Δ	4Δ	8Δ	16Δ	32Δ	64Δ

3)编码

编码就是把量化后的幅值用代码表示。代码的种类很多,在通信技术中常采用二进制代码。实际应用中,通常用 8 位二进制代码表示一个量化采样值。PCM 信号的形成如图 2.1 - 6 所示。

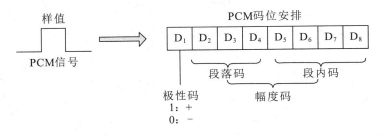

图 2.1 - 6   PCM 信号的组成形式

- 极性码:由高 1 位表示,用以确定样值的极性。
- 幅度码:由 2~8 位共 7 位码表示(代表 128 个量化级),用以确定样值的大小。它由段落码和段内码组成。

① 段落码:由高 2~4 位表示,用以确定样值的幅度范围。段落码是指将十三折线分为 16 个不等的段(非均匀量化),其中正、负极各 8 段,量化级为 8,由 3 位二进制码表示。

② 段内码:由低 5~8 位表示,用以确定样值的精确幅度。段内码是指将上述 16 个段的每段再平均分为 16 段(均匀量化),量化级为 16,由 4 位二进制码表示。

PCM 信号在信道中是以每路一个采样值为单位传输的，因此单路 PCM 信号的传输速率为 $8 \times 8000 = 64$ kb/s。我们将速率为 64 kb/s 的 PCM 信号称为基带信号。

PCM 常用码型有单极性不归零（NRZ）码、双极性归零（AMI）码、三阶高密度双极性（HDB3）码等。

（1）单极性不归零码。单极性不归零（NRZ）码如图 2.1－7 所示。

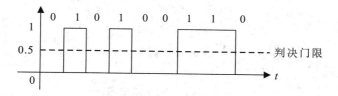

图 2.1－7　NRZ 码

NRZ 码具有如下特点：

① 信号"1"表示有脉冲，信号"0"表示无脉冲。

② 信号中有直流分量，直流信号衰耗大，不利于远距离传输。因此，NRZ 码一般不用于长途线路，主要用于局内通信。

（2）双极性归零码。双极性归零（AMI）码如图 2.1－8 所示。

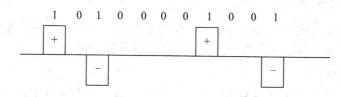

图 2.1－8　AMI 码

AMI 码具有如下特点：

① "1"的极性交替变换，因此不存在直流分量。

② 在图 2.1－8 所示的一组信码中，有多个连续零信号出现，这样会使中继器长时间收不到信号而误认为是无信号，进而影响时钟频率的提取。

（3）三阶高密度双极性（HDB3）码。HDB3 码如图 2.1－9 所示。HDB3 码具有如下特点：在一组信码中，连"0"信号数目限制在三个以下，当出现第四个连"0"信号时，就自动加入一个"1"信号取代第四个"0"信号，从而解决了过多连续"0"信号的出现。被加入的这个"1"信号是人为设置的，称为破坏点。为了使接收端能够识别并去除破坏点，破坏点"1"应与 AMI 码的极性交替规律相违背。HDB3 码适合远距离传输，常用于长途线路通信。

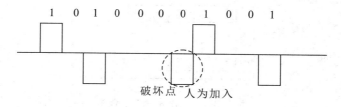

图 2.1－9　HDB3 码

4）解码和重建

在接收端，把数字信号恢复为模拟信号，需要解码和重建两个处理过程。

（1）解码。解码是把接收到的 PCM 代码转变成与发送端一样的 PAM 信号，如图 2.1-10 所示。

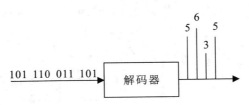

图 2.1-10　解码示意图

（2）重建。在 PAM 信号中包含原始话音信号的频谱，因此可将 PAM 信号通过低通滤波器分离出所需要的原始话音信号，这一过程即为重建。

PCM 信号在传输中，为了减少噪声和失真的积累，通常采用再生中继器消除干扰，放大信号来增大传输距离。再生中继器用来完成输入信码的整形、放大等工作，以使信号恢复到良好状态。

2.1.2　多路复用技术

如果每一个用户分配一个物理的通道，则会造成物理资源的浪费。为了提高线路的利用率，通常让多个用户共享一个物理通道，这就是多路复用技术。

1. 多路复用的概念

多路复用技术提高了硬件资源的利用率，降低了通信网中硬件资源的成本。目前，通信中的多路复用技术主要有频分复用和时分复用。

1）频分复用

频分复用（FDM）是指把传输信道的总带宽划分成若干个子频段，每个子频段可作为一个独立的传输信道使用，每对用户所占用的仅仅是其中的一个子频段，如图 2.1-11 所示的信道 1、信道 2、…、信道 n。

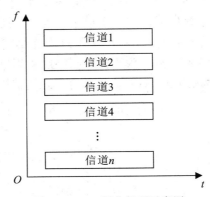

图 2.1-11　频分复用示意图

2）时分复用

时分复用（TDM）是将信道的传输时间划分成若干个时隙，每个传输信号独立占用其中的一个时隙，每个传输信号在相应的时隙内传输，如图 2.1-12 所示的信道 1、信道 2、…、信道 n。

　　由此可见，频分复用是按频率划分信道的，而时分复用是按时间划分信道的；频分复用可在同一时间传送多路信息，而时分复用在同一时间只传送 1 路信息，频分复用的多路信息是并行传输的，而时分复用的多路信息是串行传输的；实际应用中频分复用多用于模拟通信，而时分复用多用于数字通信。目前，程控数字交换机采用的多路复用技术为时分复用。

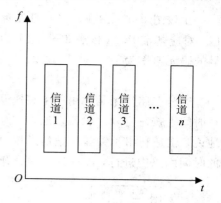

图 2.1-12　时分复用示意图

2. PCM 信号的时分复用

　　为了提高信道的利用率，常对基带 PCM 信号进行时分复用的多路调制，如图 2.1-13 所示。

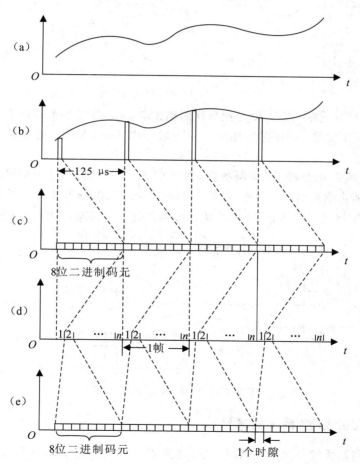

图 2.1-13　PCM 信号的时分复用

(a) 原始模拟语音信号；(b) 采样后形成的 PAM 信号；(c) 基带 PCM 编码信号；
(d) 多路基带 PCM 信号调制后形成的 TDM PCM 信号；(e) 第 2 路基带 PCM 信号

比较图 2.1-13(b)~(e)可发现，在 125 μs 采样周期内，PAM 信道每传送一个采样值，对应基带 PCM 传送 8 bit，而 TDM PCM 则可以传输 $n \times 8$ bit。因此，TDM PCM 信号的码元速率为

$$R_1 = n \times 64 (\text{kb/s})$$

时分多路复用是利用一个高速开关电路(采样器)来实现的。高速开关电路使各路信号在时间上按一定顺序轮流接通，以保证任一瞬间最多只有一路信号接在公共信道上。具体地说，就是利用时钟脉冲把信道按时间分成均匀的间隔，每一路信号的传输被分配在不同的时间间隔内进行，以达到互相分开的目的，如图 2.1-14 所示。

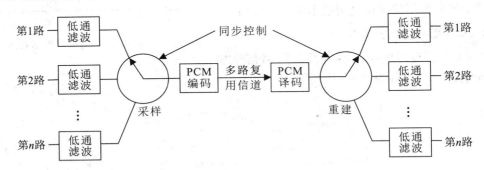

图 2.1-14 时间分割信道原理

所以就 PCM 时分制而言，就是把采样周期 125 μs 分割成多个时间小段，以供各个话路占用。若有 n 条话路，则每路占用的时间小段为 $125/n$。显然，路数越多，时间小段将越小。

我们知道，每路信号经 PCM 调制后，都是以 8 bit 采样值为一个信号单元传送的，因此，每个 8 bit 所占据的时间为 1 个"时隙"(Time Slot, TS)，n 个时隙就构成了一个帧。因此，一路基带 PCM 在 TDM PCM 中周期地每帧占有 1 个时隙，如图 2.1-15 所示。

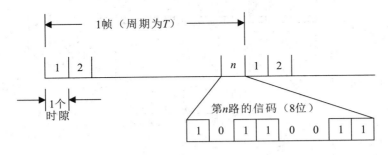

图 2.1-15 帧与时隙的关系图

2.1.3 PCM30/32 路系统的帧结构

将所用话路都采样一次的时间叫帧长，也就是同一个话路采样两次的时间间隔。因为每个话路的采样频率是 8000 Hz，即每秒采样 8000 次，所以两个采样值之间的时间间隔是 1/8000，等于 125 μs，这也就决定了帧长是 125 μs。由于编码需要时间，所以每个样值应达到一定的宽度，这个时间宽度就是时隙，即每个话路在一帧中所占的时间等于 3.91 (125/32) μs，每个时隙的样值编为 8 位码，因此每位码占用的时间是 0.489(3.91/8) μs。

PCM30/32 路基群帧结构如图 2.1 - 16 所示。

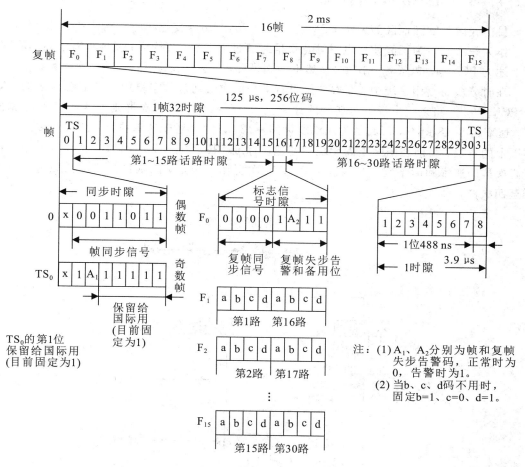

图 2.1 - 16　PCM30/32 基群的帧结构

帧同步时隙为 TS_0，每隔 1 帧传送 1 次，传送帧同步码的帧，定义为偶帧。帧同步码中第 1 位保留给国际用，后面 7 位码为帧定位信号。奇数帧的 TS_0 的第 2 位码固定为"1"，以便接收端能区分是奇数帧。第 3 位码为帧失步告警码，用于向对端局告警，同步时该位码为"0"，表示对方局至本局同步情况正常；反之，当对方局至本局的同步情况失常时，即置该位为"1"，通知对方已失步无法工作。第 4～8 位码可作其他信号用，在未用前，暂固定为"1"。

TS_{16} 为标志信号时隙。由于电话的标志信号频率较低，目前采样频率采用 500 Hz，为语音采样频率的 1/16，因而将连续发生的 16 个帧作为 1 个复帧，30 个话路的标志信号由 1 个复帧来表示。1 个复帧的第 0 帧（即 F_0 帧）的 TS_{16} 用来表示复帧同步信号，F_0 的前 4 位码为复帧同步码，第 6 位为复帧失步告警，同步时为"0"，失步时为"1"，余下的码位备用。第 1～15 帧的 TS_{16} 用来表示话路标志信号，由于每路的标志信号的信息类型不多，因此每一路标志信号采用 4 位码，这样一个时隙可送两路标志信号，在 F_1～F_{15} 这 15 帧内传送 30 路标志信号。

2.1.4 PCM 的一次群和高次群

目前我国和欧洲地区等采用 PCM 系统，以 2048 kb/s 传输 30/32 路话音、同步和状态信息作为一次群。为了能使如电视等宽带信号通过 PCM 系统传输，就要求有较高的码率。而上述的 PCM 基群（或称一次群）显然不能满足要求，因此出现了 PCM 高次群系统。

在时分多路复用系统中，高次群是由若干个低次群通过数字复用设备汇总而成的。对于 PCM 30/32 路系统来说，其基群的速率为 2048 kb/s。其二次群则由 4 个基群汇总而成，速率为 8448 kb/s，话路数为 4×30 话路＝120 话路。对于速率更高、路数更多的三次群以上的系统，目前在国际上尚无统一的建议标准。图 2.1-17 所示为欧洲地区采用的各个高次群的速率和话路数。我国也对 PCM 高次群作了规定，区别只是我国只规定了一次群至四次群，没有规定五次群。

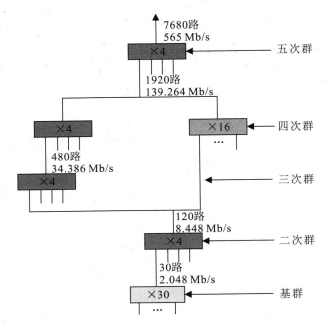

图 2.1-17　PCM 的高次群

PCM 系统所使用的传输介质和传输速率有关。基群 PCM 的传输介质一般采用市话对称电缆，也可以在市郊长途电缆上传输。基群 PCM 可以传输电话、数据或 1 MHz 可视电话信号等。

二次群速率较高，需采用对称平衡电缆、低电容电缆或微型同轴电缆。二次群 PCM 可传送可视电话、会议电话或电视信号等。

三次群以上的传输需要采用同轴电缆或毫米波波导等，它可传送彩色电视信号。

目前传输介质向毫米波发展，其频率可高达 30～300 GHz。例如，用地下波导线路传输，速率可达几十吉比特/秒，可开通 30 万路 PCM 话路。采用光缆、卫星通信则可以得到更大的话路数量。

上述高次群系列，除了通过数字复用设备由若干个低次群汇接构成外，也可由宽带模拟信号编码所得的数字信号送入各高次群信道传输而构成。采用宽带模拟信号进行编码时所需的采样频率及所得的码率举例见表 2.1-4。

表 2.1-4　各种宽带模拟信号编码的参数

名　　称	频带宽度/kHz	路数	采样频率/kHz	编码位数(方式)	数码率/(kb/s)
载波基群	60~108	12	112	13(线性)	1556
载波超群	312~552	60	576	12(线性)	6912
载波主群	812~2044(60~1300)	300	2600	10(线性)	26 000
载波 16 超群	60~4028	960	8432	10(线性)	84 320
可视电话	0~1000	—	2048	4(DPCM)	8192
电视	0~6000		13 300	9(线性)	119 700
高质量广播	0~15	—	32	13(线性)	448

图 2.1-18 给出了一种高次群 PCM 的混合复接体制。

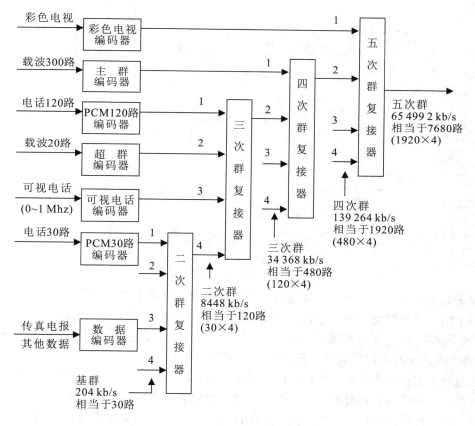

图 2.1-18　PCM 30/32 路高次群复用概况

2.2　数字交换原理

数字交换是将数字化了的语音信号从一个时隙(例如分配给 A 用户的时隙)搬到另一个时隙(例如分配给 B 用户的时隙)上,从而达到传送语音信号的目的。数字交换的最大特点就是"时隙交换"。

2.2.1　时隙交换的基本概念

数字交换是通过时隙交换来实现的，数字交换的实质就是把信息在时间位置上进行搬移。时隙交换一般采用随机存储器来实现。图 2.2－1 所示为一个实现一套 PCM 系统的 30 个话路间交换的随机存储器。

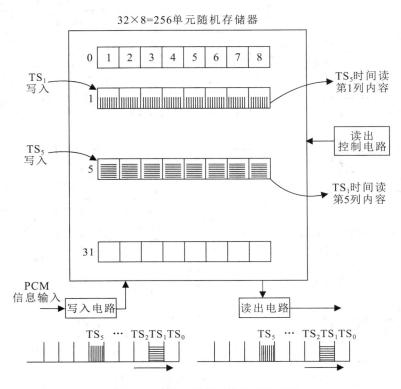

图 2.2－1　30 话路交换的随机存储器

数字交换机的根本任务是要通过数字交换来实现任意两个用户之间的语音交换，即要在这两个用户之间建立一条数字语音通道。因为数字交换的特点是单向的，要完成双向通话，就必须同时建立两个通路即四线交换。数字交换就是通过数字交换网，实现在不同 PCM 链路的各个时隙间的数字信息交换，即时隙交换。

从直观上看，首先应保证各话路信号经交换后不改变其内容，且各路之间不应互相串扰。另外，一列排列整齐的多路时分信号经过交换网后应能按照需要任意排列。为满足这些要求，交换网应具有足够大的空间，用来存储输入语音信号，使之保留一段时间，以便重新编排输出的次序。简单地说，时隙交换是采用空间换取时间的方法来满足要求的。因此，输出信号一定比输入信号延迟了一段时间，而延迟的时间不会超过一帧。

在同一条 PCM 复用线内进行时隙交换，对于 30/32 路 PCM 的一次群来说，最多只能提供 30 个话路时隙。数字交换机给每个用户分配一个固定时隙，因此要在任意两个用户（两个不同时隙）间进行数字交换。数字交换网需要具有两种基本功能：

（1）在一条复用线上进行不同时隙的交换功能。

（2）在不同复用线之间进行同一时隙的交换功能，分别由 T 接线器和 S 接线器所完成。通过对 T 接线器和 S 接线器进行不同的组合，提供不同容量的交换网。

图 2.2-2 为数字交换网的示意图。设数字交换网输入端和输出端各接有 n 条 PCM 链路，通过数字交换网能使输入端任意一条 PCM 的任一时隙的 8 bit 编码的数字信息交换到输出端任意一条 PCM 的任意一个时隙，即完成任意 PCM 任意时隙之间的数字信息交换。图 2.2-2 中表示了 PCM_1 输入线 TS_2 的数字信息 A 交换到 PCM_n 输出线的 TS_3，PCM_2 输入线 TS_5 的信息 B 交换到 PCM_1 输出线的 TS_{21}，PCM_n 输入线 TS_{17} 的信息 C 交换到 PCM_n 输出线 TS_2 的情况。

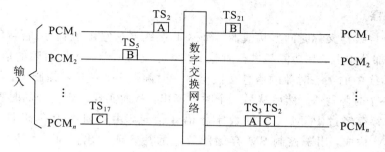

图 2.2-2　数字信息间的交换

在此把时隙交换的概念延伸一下。如图 2.2-3 所示，在交换机中，给每个用户分配一个固定的时隙（TS），用户的语音信息数字化后就装载在各个时隙之中，也可以理解为语音在该固定的时隙里进行接收和发送。如甲用户和乙用户正在通话，他们分别占用的固定时隙为 TS_i 和 TS_j，则甲用户发语音信息为"A"，乙用户发语音信息为"B"。

甲用户的发语音信息"A"或收语音信息"B"都固定使用时隙 TS_i，而乙用户的发语音信息"B"或收语音信息"A"都固定使用 TS_j。

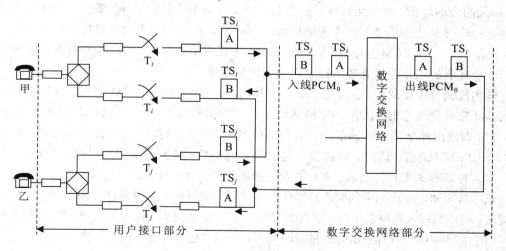

图 2.2-3　时隙交换概念示意图

甲、乙两个用户要互相通话时，甲用户的语音信息"A"要在 TS_i 时隙中送至数字交换网络，在 TS_j 时隙中被取出送至乙用户；乙用户的语音信息"B"也必须在 TS_j 时隙中送至数字交换网，在 TS_i 时隙中从数字交换网被取出送至甲用户。这样反复循环，就是时隙交换。

在这种情况下有两个问题：一是在每个时隙到来时用户都要对交换网进行一次发送和接收，其接收的都是上一次对方时隙到来时写入的语音信息，这次被取走；二是对一个用户来说，接收的信息总是要晚一点，这就是所谓的网络延迟现象。

顺便指出，交换网除了提供通话用户间的连接通路外，还提供必要的传送信令的通路。

2.2.2　T 接线器和 S 接线器

利用随机存储器原理来完成时隙交换功能的设备称为数字交换网。在程控数字交换系统中的数字交换网基本上有两类：T 接线器和 S 接线器。

1. T 接线器

T 型时分接线器又称时间型接线器，简称 T 接线器。它由语音存储器(SM)和控制存储器(CM)两部分组成，其功能是进行时隙交换，完成同一母线不同时隙的信息交换，即把某一时分复用线中的某一时隙的信息交换至另一时隙。SM 在 CM 控制下，将数字化了的语音信号从一个时隙写入，然后从另一个时隙读出，从而实现语音信号的时隙交换。

SM 用于暂存经过 PCM 编码的数字化语音信息，由随机存取存储器(RAM)构成。CM 也由 RAM 构成，用于控制 SM 存储器信息的写入或读出。SM 存储的是语音信息，CM 存储的是 SM 的地址。

SM 用来暂时存放数字编码的语音信息的大小与入复用线(或出复用线)上的时隙数有关。如果一条入复用线(或出复用线)上有 n 个时隙，那么 SM 对应地必须有 n 个单元。由于每个时隙上传输的是 8 位编码，所以 SM 每个单元的大小也应该是 8 位。例如，一个 T 接线器的入复用线(或出复用线)上的时隙数为 512，那么该接线器的 SM 有 512 个存储单元，每个单元的大小为 8 bit，SM 的容量为 512×8 bit。

CM 与 SM 的大小相等，假设 SM 有 n 个单元，那么 CM 也应该有 n 个单元。但是每个 CM 单元的大小与 SM 的单元数目 n 有关系。设 CM 每个单元为 c bit，那么 c 至少应该满足条件 $2^c = n$，才能控制寻址到 SM 的所有单元。假设入/出复用线上的时隙数为 512，那么 SM 就应具有 512 个单元，CM 也有 512 个单元，且每个单元为 9 bit，CM 的容量就应该为 512×9 bit。

T 接线器的工作方式有输出控制和输入控制两种。

输出控制方式即顺序写入、控制读出，如图 2.2-4(a)所示。SM 的写入顺序是按时钟计数器状态变化进行的，因此，PCM 入线上各时隙信号按时钟顺序依次写入 SM 的存储单元。SM 的读出地址由 CM 的值指定，即当时钟到规定的时隙时，读取 CM 内容；再根据 CM 给出的 SM 地址，读出 SM 内指定地址单元的信息，送至出线相应时隙。

输入控制方式即控制写入、顺序读出，如图 2.2-4(b)所示。

顺序写入和顺序读出中的顺序是指按照 SM 的地址顺序，由时钟脉冲来控制 SM 的写入或读出；而控制写入和控制读出中的控制是指按 CM 中的内容，由时钟控制 SM 的写入或读出。至于 CM 中的内容都是由处理机控制写入和清除，按时钟脉冲的顺序依次读出的。

1) T 接线器的工作原理

图 2.2-4(a)中的 T 接线器的输入和输出线各为一条有 32 个时隙的 PCM 复用线，则 SM 和 CM 的存储单元数均为 32。如果占用时隙 3(TS_3)的用户 A 要和占用时隙 19(TS_{19})的用户 B 通话，在 A 讲话时，就应该把 TS_3 的语音脉码信息交换到 TS_{19} 中。由于采用输出

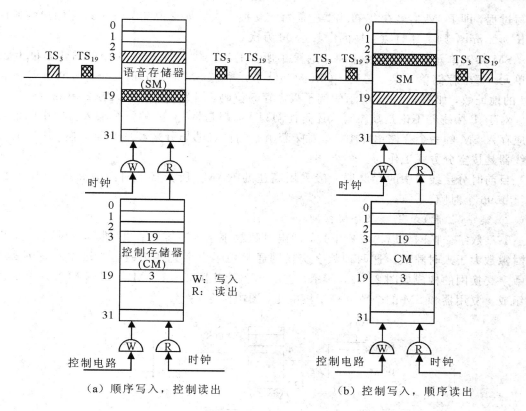

（a）顺序写入，控制读出　　　　　　　（b）控制写入，顺序读出

图 2.2 - 4　T 接线器

控制方式，SM 由时钟脉冲控制顺序写入，当第 3 个脉冲到来时，把 TS_3 的脉码信息写入 SM 内的地址为 3 的存储单元内。此脉码信息的读出受 CM 控制，必须在第 19 个脉冲到来时读出。因此，在 CM 中的地址为 19 的存储单元中由处理机写入 3。这个 3 表示 SM 的存储单元地址。当第 19 个脉冲到来时，根据 CM 中地址 19 中的 3，读取 SM 内第 3 个单元中的语音脉码信息，放入输出线的 TS_{19}，完成把 TS_3 中的信号交换到 TS_{19} 中的任务。

同理，在 B 用户讲话时，应通过与 B 对应的输入线，把 TS_{19} 中的信号交换到与 A 对应的输出线 TS_3 中，这一过程和上述相似，在 TS_{19} 时刻到来时，把 TS_{19} 中的信号写入 SM，而读出这一信号的时刻是下一帧的 TS_3。在 SM 中第 19 个存储单元中存储相应 TS_{19} 的语音信息，在 CM 中由处理器在第 3 个单元中写入 19，即相应的 SM 中的第 19 存储单元地址。

如果采用输入控制方式（见图 2.2 - 4（b）），则把 TS_3 的语音脉码信息交换到 TS_{19} 中，那么 SM 由 CM 给出写入的存储单元地址，CM 中由处理器在地址为 3 的存储单元写入 19。当第 3 个脉冲到来时，从 CM 中读出第 3 个单元中的 19，TS_3 的脉码信息写入 SM 内的地址为 19 的存储单元内，此脉码信息的读出受时钟脉冲控制。当第 19 个脉冲到来时，读出 SM 内第 19 单元中的语音脉码信息。相反地把 TS_{19} 中的信号交换到 TS_3 中，即在 TS_{19} 时刻到来时，把 TS_{19} 中的信号写入 SM，而读出这一信号的时刻是下一帧的 TS_3。在 SM 中第 3 个存储单元中存储相应 TS_{19} 的语音信息，在 CM 中由处理器在第 19 个单元中写入 3，即相应的 SM 第 3 个存储单元地址。

为输入时隙选定一个输出时隙后，使整个通话期间保持不变，对每一帧都重复以上的读写过程，即 PCM 信号在 T 接线器中需每帧交换一次。如果说 TS_3 和 TS_{19} 两用户的通话时长为 2 min，则上述时隙交换的次数达 96 万次。

SM 存储单元的位数取决于每个时隙中所含的码位数。图 2.2-4 中的 SM 容量为 32 个单元，每个存储单元存 8 位码。CM 的存储单元数与 SM 相同，但每个存储单元只需存 SM 的地址数，如图 2.2-4 所示的例子只需存 5 位码，因为 SM 地址只有 $2^5=32$ 个。

对于 T 接线器不论是顺序写入还是控制写入，都是将 PCM 的每个输入时隙中的信号对应存入 SM 的一个存储单元中，这意味着由空间位置的划分来实现时隙交换，所以时分接线器是按空分方式工作的。

目前时分接线器中的存储器一般采用高速的 RAM，所交换的时隙数高达 512、1024 甚至 4096 个时隙。

2）集中（扩散）式 T 型数字交换网

T 型数字交换网可以构成集中式，即出时隙数小于入时隙数；也可以构成扩散式，即出时隙数大于入时隙数。这两种数字交换网通常用于数字交换机的用户级中。集中式 T 型数字交换网的构成如图 2.2-5 所示，它由 n 个复用器和 n 个 SM、一个 CM 和一个分路器组成。复用器和 SM 的个数 n 等于集中比，图中假定 $n=4$。

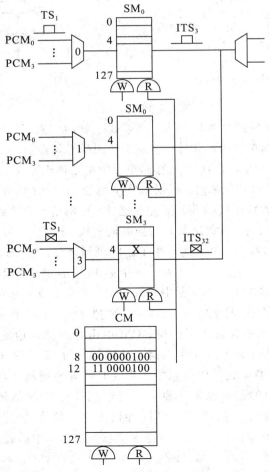

图 2.2-5　集中式 T 型数字交换网

每个 SM 即接入 128 个时隙，由复用器汇接 4 条 PCM 合成。集中式采用将 n 个 SM 的输出端并接于一条总线上来实现。这里 SM 采用输出控制方式，各复用器输出端各时隙的信息内容分别按顺序依次写入相应的与 SM 对应的存储单元之中。所有 SM 的读出则受同一个 CM 控制，该 CM 的存储单元数和 SM 一样多，但存储器的字长（控制字长）则由 SM 的存储单元数和个数共同确定。整个控制字由两部分组成，如图 2.2-6 所示。一部分用来确定 SM 的存储单元地址，指出由哪个存储单元读出；另一部分确定由哪个 SM 读出。例如，SM 的容量为 128×8 bit，集中比为 4，则控制字的字长为 (7+2) 位＝9 位，前 7 位用来确定语音存储。

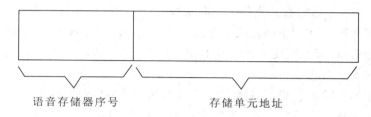

语音存储器序号　　　　　存储单元地址

图 2.2-6　控制存储器的字长

对于 T 接线器，应注意以下 3 点：

（1）T 接线器的 CM 是由控制单元写入数据的。实际上，CM 就相当于一条同步时分复用线上各时隙之间信息交换的交换控制表，向 CM 写入不同的控制信息，就能实现不同时隙间信息的交换。

（2）SM 需要在一个时隙内完成一次读操作和一次写操作，CM 也要在一个时隙内至少完成一次读操作（如果控制单元向 CM 写数据，那么 CM 必须在一个时隙内完成一次读操作和一次写操作），所以构成 T 接线器的 SM 与 CM 的访问速度必须能满足在一个时隙内各完成一次读写操作。

（3）经过 T 接线器交换的信息存在着时延，时延最好的情况是入复用线上第 i 个时隙的信息要交换到出复用线上第 i 个时隙；时延最坏的情况是入复用线上第 i 个时隙的信息要交换到出复用线上第 $i-1$ 个时隙，那么从入复用线上来的第 i 个时隙的信息将会存储在 SM 中，直到下一帧第 $i-1$ 个时隙到来时，才从出复用线上输出，其时延为 $n-1$ 个时隙的时间（n 为 1 帧的时隙数）。

2. S 接线器

S 型时分接线器又称空间接线器，简称 S 接线器。其功能是完成"空间交换"，即在许多根入线中选择一根接通出线，但是要在入线和出线的某一时隙内接通。

1）S 接线器的基本组成

S 接线器由 $m×n$ 交叉点矩阵和 CM 组成。在每条入线 i 和出线 j 之间都有一个交叉点 K_{ij}，当某个交叉点在 CM 控制下接通时，相应的入线即可与相应的出线相连，但必须建立在一定时隙的基础上。

空间接线器的交叉点矩阵即开关阵列，一般具有相同数量的入线和出线。一个 $N×N$ 的空间接线器有 N 条输入复用线与 N 条输出复用线。N 条输入复用线与 N 条输出复用线共同组成一个开关阵列，这个开关阵列有 N^2 个交叉点，每个交叉点有接通与断开两种状态，这些交叉点的状态由该输入复用线或输出复用线所对应的 CM 来控制。实际的空间接线器的交叉点矩阵多使用选择器构成，例如一个 8×8 的空间接线器的交叉点矩阵可由 8 个 8 选 1 的选择器构成。

空间接线器的 CM 控制每条输入复用线与输出复用线上的各个交叉点开关在何时打开或闭合。空间接线器 CM 的数量等于输入线数或输出线数，而每个 CM 所含的单元数等于输入线或输出线所复用的时隙数。一个 $N \times N$ 的空间接线器具有 N 条输入复用线与 N 条输出复用线，则其需要 N 个 CM，每个 CM 对应一条输入复用线或输出复用线，控制该输入复用线或输出复用线上的所有交叉点的接续和断开。假设每条复用线上一帧有 n 个时隙，那么每个 CM 就应该具有 n 个单元。假设每个 CM 单元的比特数为 m，则 m 应该满足 $2^m = N$。例如，一个 4×4 的空间接线器有 4 条输入复用线和 4 条输出复用线，每条入线与出线复用了 32 个时隙，那么需要 4 个 CM，且每个 CM 有 32 个单元，每个单元的大小为 2 bit。

2）S 接线器的工作原理

空间接线器的 CM 控制交叉点矩阵的工作有两种方式：输入控制方式与输出控制方式。如果 CM 按照输入复用线配置，即控制每条输入复用线上应该打开的交叉点开关，则把这种控制方式叫做输入控制方式；如果 CM 按照输出复用线配置，即控制每条输出复用线上应该打开的交叉点开关，则把这种控制方式叫做输出控制方式。空间接线器的这两种控制方式分别对应空间接线器的两种工作方式。

（1）输入控制方式。在输入控制方式下，CM 的数量取决于输入复用线数，每条输入复用线对应着相同编号的 CM，CM 所含有的单元数等于输入复用线所复用的时隙数。

图 2.2-7 为输入控制方式的空间接线器。该空间接线器的大小为 $N \times N$，其 CM 有 N 个 CM，图中每一列代表一个 CM，用来控制编号相同的输入复用线上的所有开关。每个 CM 的单元数为 n，标号为 $0 \sim n-1$，分别对应 $TS_0 \sim TS_{n-1}$。在 TS_0 到来时，对于入线 0 来说，从第 0 号 CM（图中 CM 左起第一列）第 0 号单元（图中第一列第一个单元）读出数据 1，表明在 TS_0 到来时，应该打开输入复用线 0 与输出复用线 1 相交叉的开关，关闭其他开

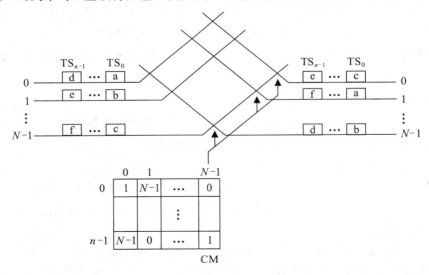

图 2.2-7　空间接线器的输入控制方式

关，使入线 0 上 TS_0 时隙的信息 a 交换到出线 1 的 TS_0 上（注意，空间接线器只能实现不同复用线之间的空间交换，时隙不变）。由此还可以看到，在 TS_0 内，入线 1 上的信息 b 交换到出线 $N-1$ 上，而入线 $N-1$ 上的信息 c 交换到出线 0 上。各条入线上 TS_{n-1} 时隙上的信息同样在 CM 的控制下完成了交换。

采用这种控制方式应设法避免同一条出线被一条以上的入线选中，即在各存储器中同一时隙的对应存储单元中，不应写入同样的内容，否则几条入线的同名时隙的脉码在同一时刻送到一条输出总线上会导致传输的混乱。

（2）输出控制方式。在输出控制方式下，CM 的数量取决于输出复用线的数量，每条输出复用线对应着相同编号的 CM，CM 所含有的单元数等于输出复用线所复用的时隙数。

图 2.2-8 为输出控制方式的空间接线器。该空间接线器的大小为 $N×N$，其 CM 有 N 个，图中每一列代表一个 CM，用来控制编号相同的输出复用线上的所有开关。每个 CM 的单元数为 n 个，标号为 $0\sim n-1$，分别对应 $TS_0 \sim TS_{n-1}$。图中出线 0 由第 0 号 CM（图中 CM 左起第一列）控制其与入线的所有交叉点，当 TS_0 到来时，其对应的第 0 号单元（图中第一列第一个单元）的数据为 1，表明在 TS_0 时隙内，应该打开出线 0 与入线 1 相交叉的开关，关闭其他开关，使入线 1 上 TS_0 时隙的信息 b 交换到出线 0 的 TS_0 上。由此还可以看到，在 TS_0 内，入线 0 上的信息 a 交换到出线 $N-1$ 上，而入线 $N-1$ 上的信息 c 交换到出线 1 上。

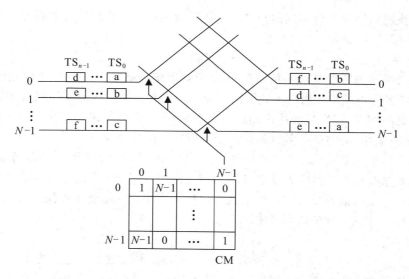

图 2.2-8　空间接线器的输出控制方式

输出控制方式的优点是可以实现多播，即某一条入线的某个时隙的信息可以同时在多条出线上输出。

上面介绍了空间接线器的两种控制方式，空间接线器不管工作在哪种方式下，都具有以下两个特点：

（1）只完成空间交换，不进行时隙交换，即完成输入复用线与输出复用线相同时隙内信息的空间交换。

（2）空间接线器按时分方式工作。空间交换单元的输入线和输出线都是时分复用线，交叉点矩阵的各个开关均按照复用时隙而高速接通和闭合，因而它按照时分方式工作。

空间接线器一般用于构成数字电话交换系统中的交换网，以完成对 PCM 信号的交换。

S 接线器对应于出入线的各个交叉点是按时隙复用而高速工作的。从这个意义上说，在数字交换中的空分接线器是以时分方式工作的，各个交叉点在哪些时隙应闭合及断开，完全取决于处理器通过 CM 所完成的选择功能；而空分方式工作的时分接线器在双方通话时一直保持不变。

空分接线器中的 CM 也是高速的随机存取存储器，交叉点矩阵可采用高速电子门电路组成的选择器，目前其开关速率可达数千次每秒。

3. 集中与扩展

上述 T、S 接线器都是单向传输交换网。对于电话用户（其他双工终端亦如此），通信时需占用收、发两个方向的各一个时隙信道。如果为每个用户固定一个时隙信道，再把包含 n 个时隙信道的总线接到一个 $n \times n$ 的交换网上实现交换，虽可行但不够经济，因为每个用户线的话务量很小，同一时刻会有多数信道处于空闲状态，从而使交换网使用效率下降。为此，在系统设计时，可通过计算和实际调查确定忙时可能同时出现的通话对数 m 作为分配时隙信道的依据，这样就可以先把 n 个用户线通过一个 $n \times m$ 交换网收敛到 m 个时隙信道上，然后通过一个 $m \times m$ 的交换网进行交换，最后再通过一个 $m \times n$ 的交换网扩散到 n 条用户线上。

可将交换网归纳为 3 种不同的类型，分别称为集中型、分配型和扩展型，有时也叫做集中级、分配级和扩展级。

1）集中级

集中级交换网的特点是输入信道数 n 大于输出信道数 m，其主要功能是进行话务集中，把数量较多但不经常使用的入线上的话务量集中到数量较少但承担较大的话务量的出线上。交换机的用户级（直接和用户相接的交换网）对用户呼出来说是集中级，它把用户线（数量多而话务量小）上的话务量收敛集中于数量较少的链路上。

由于输出信道少于入线，在用户级的 n 个用户中，如有 m 个用户正在通话，第 $m+1$ 个用户摘机要求呼出时，将因为没有可用的信道而产生呼损，因此这一级是交换机产生呼损的原因之一。输入信道数与输出信道数之比称为集中比，在数字程控交换机中，集中比应由话务量和处理机的处理能力确定。

2）分配级

分配级交换网的特点是输入信道数与输出信道数大致相等。它的主要功能是进行交换。这一级通常位于集中级和扩展级之间，入线上的话务量来自集中级，经这一级进行分配交换送至扩展级。如果这一级的出线是不分组的，一般是无阻塞的，因为入线数和出线数相等，在任何时刻，任一输入信道总可找到一个输出信道。但如果出线是分组的，则对于某一组出线而言，就可能出现阻塞。例如，电话交换机的选组级是典型的分配级，其出线分为若干组，如本局、出局、长途、特服等。

3）扩展级

扩展级交换网的功能与集中级正好相反，其特点是输入信道数 m 小于输出信道数 n。用在用户级时，出线接用户，入线接分配级的输出端，其主要任务是把数量少但较繁忙的链路上的话务量扩展到为数众多的用户线上。

基于上述分析，经济实惠的交换网，应是集中级为一个 $n \times m$ 的交换网，分配级是一个 $M \times M$ 的方形交换网，而扩展级是一个 $m \times n$ 的交换网。由于电话用户线为双向传输，而数字交换网为单向传输，故每个用户电路需要连接集中级的一条入线和扩展级的一条出线（而中继线为用户公用，话务量较大，故无须集中与扩展）。

为了计算级间链路数 m，先分析一下具有上述结构的交换系统的阻塞概率。由于分配级入线与出线相等，可以看做是一个无阻塞网络，这样，本局呼叫的阻塞仅在集中级出线信道全部被占用时发生。

在实际的程控交换系统中，集中级和扩展级一般置于用户级（机框或模块）内。例如，将 n 个用户机框的输出总线物理地复连起来便可实现 n 倍的集中比，这样做虽然服务等级在特殊情况下降低了，但换取的是设备数量的大大减少。而分配级即为由上述 T、S 接线器构成的数字交换网。

2.3　数字交换网

交换网又称接续网络，是数字电话交换系统的交换核心，其主要功能是把它所连接的时分数字话路成对地连接起来，建立所需要的接续。在容量较小的程控数字交换机中，其交换网可以是单级的 T 接线器；但容量较大时，其交换网就是由 T 接线器和 S 接线器多级组合而成，构成 TST、STS 和 TSST 等结构。使用较多的是三级组合，如 TST 和 STS 组合，以 TST 居多。

2.3.1　TT 二级时分交换网

TT 二级数字交换网是由输出 T 接线器和输入 T 接线器组成的。图 2.3-1 所示的交换网有 8 个输入 T 接线器和 8 个输出 T 接线器（$p = 8$）。每个 T 接线器的 SM 都有 256 个存储单元，CM 也有 256 个存储单元。输入 T 接线器接 8 条 PCM 输入线，即有 8 端脉码输入。输出 T 接线器也接 8 条 PCM 输出线，即有 8 端脉码输出。故在此例中是有 64 端脉码进行交换。

输入 T 接线器和输出 T 接线器之间要经过并/串变换电路和串/并变换电路。并/串变换是 8 条并行码输入和 8 条串行码输出，因而传输速率均为 2.048 Mb/s。串/并变换是 8 条串行码的输入线和 8 条并行码的输出线，传输速率均为 2.048 Mb/s。

在并/串电路中，输入时隙为 256 个，而在输出线中，每条线上却只有 32 个时隙，但 8 条线上的总时隙数为 256 个，总时隙数应相等。这 8 条输出线分别与 8 个输出 T 接线器相接。

输入 T 接线器采用读出控制方式，输出 T 接线器采用写入控制方式。

现假定 $HW_0 TS_1$ 中的语音 a 要交换到 $HW_{63} TS_{31}$ 中，$HW_{63} TS_{31}$ 中的语音 b 要交换到 $HW_0 TS_1$ 中。CPU 根据这一要求应在 $TA_0 \rightarrow TB_7$ 间和 $TA_7 \rightarrow TB_0$ 间各找到一条空闲的链路，以完成交换接续。在 $TA_0 \rightarrow TB_7$ 间找到空闲时隙（中间时隙）ITS_3，在 $TA_7 \rightarrow TB_0$ 间找到空闲时隙 ITS_4（中间时隙）。之后，CPU 向 CM 下"写"令，向 CMA_0 下"写"令，令其在 $31^\#$ 单元中写入 $8^\#$ 地址；令 CMB_0 在 $39^\#$ 单元写入 $8^\#$ 地址；令 CMA_7 在 $32^\#$ 单元中写入 $255^\#$ 地址；令 CMB_7 在 $24^\#$ 单元中写入 $255^\#$ 地址。

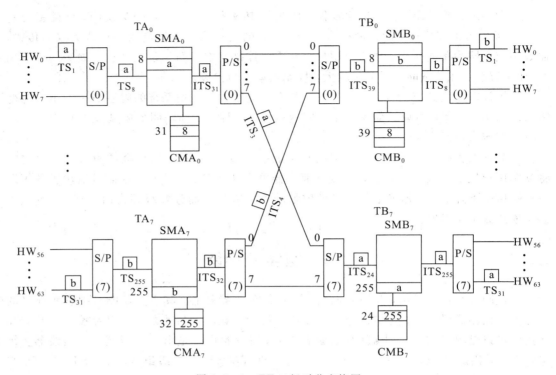

图 2.3-1 TT 二级时分交换网

写入后，通话即开始。HW_0TS_1 用户语音 a 在 TS_1 时隙时送来，经串/并变换后(因是 8 端脉码输入，因而总的时隙号应为 $TS_8(8×1+0=8)$)，按顺序存入 SMA_0 的 8# 单元(顺序写入)。读出时隙应使中间链路时隙为 ITS_3，为了能使语音信息送至 TB_7，它应由并/串变换后的第 7 条输出线上输出，这样才能到达 TB_7，故 P/S(0) 的输入时隙应为 ITS_{31} $(8×3+7=31)$。所以在 CMA_0 中应在 31# 单元中写入 8# 地址，在 TS_{31} 时将 SMA_0 中 8# 单元里的 a 信息读出。经 P/S 变换后，在 ITS_3 时送至 TB_7 的 S/P(7)0# 输入线上。在 S/P(7) 的 0# 输入线的 ITS_3 时隙送来的信息 a 经 S/P 变换其输出时隙应为 $ITS_{24}(8×3+0=24)$。由于 TB_7 是写入控制的，输入是 ITS_{24}，输出应为 ITS_{255}(因接受语音的是 $HW_{63}TS_{31}$，在 SMB_7 里存储单元是 256 个，其序号是 0~255，所以端号应从 HW_0 开始，即 HW_{56} 相当于 HW_0，故 HW_{63} 应按 HW_7 对待，相当于 HW_7TS_{31}，总时隙号应为 $(8×31+7=255)$，因此，在 CMB_7 的 24# 单元写入 255# 地址，在 CM 的控制下，在 ITS_{24} 时隙时将语音信息 a 存入 SMB_7 的 255# 单元里，在 ITS_{255} 时顺序读出，经 P/S 变换，在 HW_{63} 的输出线上 ITS_{31} 时送出。

同理，由 $HW_{63}TS_{31}$ 送出的语音信息 b 经中间时隙 ITS_4 送至 HW_0TS_1，中间过程与上述相同，在此不再赘述。

这种交换网是有阻塞的，随着网络的扩大，阻塞越来越大，网络容量减小，又会使中间链路的速率提高，故这种 TT 时分接续网络很少使用。

2.3.2 TTT 三级时分交换网

图 2.3-2 是 TTT 三级时分数字交换网，它是由输入 TA 级、中间 TC 级和输出 TB

级三级组成的。T 接线器的容量均采用 256 个单元 SM 和 CM，TA 级和 TC 级是采用读出控制方式，TB 级是采用写入控制方式。各级都有 16 个 T 接线器，每个 TA 接线器都接 8 条 PCM 输入线，每个 TB 接线器都接 8 条 PCM 输出线。所以这个网络可进行 128 端脉码交换。每个 T 接线器都配有复用器（S/P）和分路器（P/S）。

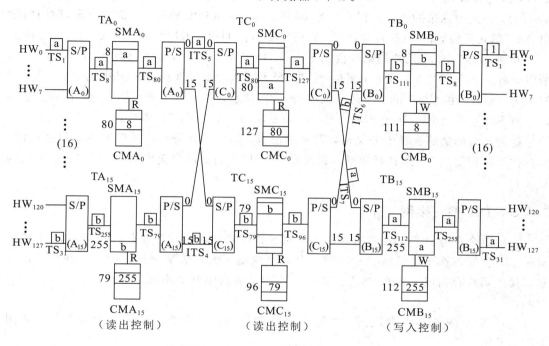

图 2.3 - 2　TTT 三级时分交换网

假设有两个用户要求通话，即 $HW_0 TS_1$ 用户语音 a 要与 $HW_{127} TS_{31}$ 用户语音 b 通话。

CPU 根据用户要求，首先找出两组空闲的中间时隙。将语音信息 a 从 TA_0 接线器送至 TB_{15} 接线器，这中间的链路是较多的，可以进行各种选择，假定选中 ITS_5 和 ITS_7 这两条链路，即由 TA_0 经 TC_0 送至 TB_{15} 这条路由。另一条路由是将语音信息 b 从 TA_{15} 接线器送至 TB_0 接线器，这中间的链路也是较多的，同样可以做各种选择，假定选中 ITS_4 和 ITS_6，即由 TA_{15} 经 TC_{15} 送至 TB_0。这两组路由选定后 CPU 即向各 CM 下"写"令。

在 TA_0 至 TB_{15} 这条路由上，命令 CMA_0 在 $80^\#$ 单元里写入 $8^\#$ 地址，在 CMC_0 的 $127^\#$ 单元里写入 $80^\#$ 地址，在 CMB_{15} 的 $112^\#$ 单元里写入 $255^\#$ 地址。写入后，这条话路即建立，用户的语音就可以传递了。

在 HW_0 的 TS_1 用户在 TS_1 时隙时将语音 a 送至 $S/P(A_0)$，经串/并变换后，变成 TS_8（因为输入是 8 端 HW，所以应变为 $8×1+0=8$）存入 SMA_0 的第 8 号单元（顺序写入）。由于选定的中间时隙是 ITS_5，是由 $P/S(A_0)$ 第 0 号线输出，故送入 $P/S(A_0)$ 的时隙号应为 TS_{80}（$16×5+0=80$），所以，CMA_0 是在 $80^\#$ 单元里存入 $8^\#$ 地址，在 TS_{80} 时从 SMA_0 的 $8^\#$ 单元中读出语音信息 a，送至 $P/S(A_0)$，经并/串变换后变成 $0^\#$ 线上的 ITS_5 输出，送至 $S/P(C_0)$ 的 $0^\#$ 输入线上，经串/并变换变成 TS_{80}（$16×5+0=80$）送入 SMC_0 的 80 号单元（顺序写入）。由 $P/S(C_0)$ 送至 $S/P(B_{15})$ 是选中 ITS_7，送入 $P/S(C_0)$ 的时隙应为 TS_{127}（$16×7+15=127$），故在 CMC_0 的 $127^\#$ 单元写入 $80^\#$ 地址，在 TS_{127} 时将存放在 SMC_0 内的

80 号单元里的语音 a 输出至 P/S(C_0)，经并/串变换由 $15^\#$ 输出线送出至 S/P(B_{15}) 的 $0^\#$ 输入线。经 S/P(B_{15}) 的串/并变换，在 TS_{112}($16\times7+0=112$) 时送至 SMB_{15}。SMB_{15} 是写入控制方式，其输出是送给 HW_{127} TS_{31} 用户，这一时隙对于 SMB_{15} 来讲，就相当于 HW_7 TS_{31}，故总时隙应是 TS_{255}，所以在 CMB_{15} 中的 $112^\#$ 单元里写入 255 号地址。于是，在 TS_{112} 时，将此时送来的语音 a 存放在 SMB_{15} 的 $255^\#$ 单元(控制写入)，而在 TS_{255} 时隙时读出 $255^\#$ 单元里的 a 信息(顺序读出)。经 P/S(B_{15}) 在 HW_{127} 输出线的 TS_{31} 送出语音信息。

同理，HW_{127} TS_{31} 用户的语音信息 b 送给 HW_0 TS_1 用户时，CPU 选中了 ITS_4 和 ITS_6，所以向各 CM 下"写"令，命令 CMA_{15} 在 $79^\#$ 单元写入 255 号地址；在 CMC_{15} 的 $96^\#$ 单元里写入 $79^\#$ 地址；在 CMB_0 的 111 号单元里写入 $8^\#$ 地址。写入后，通路即建立，语音信息 b 即通过 SMA_{15} 经 SMC_{15} 送至 SMB_0，经并/串变换而送至 HW_0 TS_1 用户。

这种网络的链路选择十分灵活，阻塞率很低，如果设计得好，可近似为无阻塞网络。但软件系统较复杂，链路选择较难。目前在 2000 门左右的用户交换机中，使用这种方式的较多。

2.3.3 TST 型交换网

一般单个 T 接线器的交换容量较小，而 S 接线器往往很少单独使用。无论是 T 接线器还是 S 接线器都不足以组成实用的时分接续网络。大型数字交换机的交换网往往由 T 和 S 接线器组合而成，形成 TST、TSST、TTT 等各种组合。不同交换机其组合方式不尽相同。

TST 交换网是三级交换网，两侧为时分接线器，中间的一级为空分接线器，如图 2.3-3 所示。

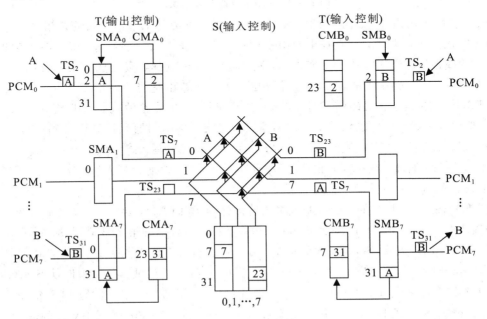

图 2.3-3 TST 交换网

网络中有 8 条输入 PCM 复用线及 8 条输出 PCM 线,每线包含 32 个时隙(即复用度为32),实际上由于经交换机终端进行复用及串/并变换,时隙数可能更高。每条输入线接至一个 T 型接线器(称为输入 T 级),每个 T 接线器配置一个 SM 和一个 CM,SM 有 32 个存储单元,它分别对应 32 个时隙,CM 的 32 个存储单元分别对应于 SM 的存储地址;每条输出 PCM 复用线从输出 T 级接出。输入 T 级采用输出控制方式,输出 T 级采用输入控制方式。中间级 S 接线器包含 8×8 的交叉矩阵和 8 个 32 位存储单元的 CM,采用输入控制方式,分别连接到两侧的 T 型接线器。

现以 PCM_0 的 TS_2 与 PCM_7 的 TS_{31} 通话为例来说明 TST 交换网的工作原理。因数字交换机中通话路由是四线制的,因此,应建立 A→B 和 B→A 两条路由。先看 A→B 方向,PCM_0 的 TS_2 到输入 T 级,当 TS_2 到来时,该时隙的语音信息 A 写入 SMA_0 的第 2 存储单元,由处理器寻找到一个空闲的内部时隙 TS_7,则在输入 T 级的 CMA_0 中第 7 存储单元中写入 SMA_0 的地址 2,在中间 S 级的 CM_0 中的第 7 个存储单元写入出线 PCM_7 的 7,在第 7 个输出 T 级的 CMB_7 中第 7 个存储单元写入 SMB_7 的地址 31。在 TS_7 时读出输入 T 级 SMA_0 中第 2 个存储单元的话音信息 A;中间的 S 级在 CM_0 的控制下,闭合交叉点 07,将信息 A 送至输出 T 级。输出 T 级把脉码信息 A 送至 SMB_7 地址 31 的存储单元,然后在 TS_{31} 时读出送至 PCM_7 的 TS_{31},这个过程每帧完成一次,从而实现 A→B 方向的通话。

再看 B→A 方向的通话,脉码信息由 PCM_7 的 TS_{31} 送来,顺序写入到输入 T 级 SMA_7 的第 31 单元,CMA_7 的 23 存储单元中写入 31,控制 TS_{23} 时读出 SMA_7 中第 31 单元的语音信息;S 级 CM_7 的 23 单元存 0,控制 TS_{23} 时闭合交叉点 70,将信息送至第 0 个输出 T 级;输出 T 级根据 CMB_0 第 23 个单元中的 2,将信息写入 SMB_0 的单元 2 内,下一帧 TS_2 时顺序读出送到 PCM_0 的 TS_2,完成 B→A 方向的通话。在整个通话过程中,CM 中的值不变,话终拆线,只需将相应 CM 中的值清 0 即可。

数字交换系统中的话路部分是四线制的,来、去话都是单向传输、单向交换的,A→B 的路由确定后,B→A 的路由也随即要建立,这个反向路由的建立虽可以自由确定,但这样处理机需两次寻找通道。最常用的是采用反相法,所谓反相法就是正反向路由相差半帧时隙,即 A→B 方向的内部时隙选定为时隙 i,则 B→A 所用的内部时隙序号为 $i+(n/2)$。n 为接到交叉矩阵的复用线上的复用度(即 TST 交换网络中的内部时隙总数)。图 2.3-3 给出的 TST 交换网的内部时隙总数为 32,所以,上例中当 A→B 方向选用内部时隙 TS_7 时,B→A 方向的内部时隙就采用 $7+(32/2)=23$ 时隙。

TST 交换网内部时隙的选择采用反相法有如下好处:

(1) 在 A→B 方向找到空闲时隙时,也就决定了 B→A 方向的内部时隙,减少了空闲时隙测选工作。

(2) 对于正向路由,相应的输入 T 级和输出 T 级分别只使用了 CM 的上半部分,而对于反向路由,输入 T 级和输出 T 级只分别使用了相应 CM 的下半部分。因此,输入 T 级和输出 T 级其对应的 CM 可以合并,即由一个 CM 同时负责输入和输出 T 级,同样查找空闲时隙只需查存储器容量的一半。

对于上述 TST 交换网,因输入 T 级和输出 T 级的 SM 每一路对每一存储单元不可更改，若 SM 中有损坏，则它所对应的输入通路或输出通路不能使用。如 SMA_0 的第 2 个存储单元损坏，而 PCM_0 的 TS_2 的信息必须写入 SMA_0 的第 2 个单元，因而 PCM 的 TS_2 就不能使用或者通话质量变差。如果把图 2.3-3 中的输入 T 级和输出 T 级的工作方式对调一下，即输入 T 级采用输入控制方式而输出 T 级采用输出控制方式，中间 S 级仍采用输入控制方式（如图 2.3-4 所示），要完成 PCM_0 的 TS_2 用户 A 与 PCM_7 的 TS_{31} 用户 B 之间的通话，在 A→B 路由，内部空闲时隙仍为 TS_7，则 CMA_0 的第 2 个存储单元中写入 7，CM_0 的第 7 个存储单元中写入 7，CMB_7 的第 31 个存储单元中写入 7，对于 SM 为 SMA_0 的第 7 个单元和 SMB_7 的第 7 个单元中写入语音信息；在 B→A 路由，由反相法得到内部时隙为 23，则 CMA_7 的第 31 个存储单元中写入 23，CM_7 的第 23 个存储单元中写入 0，CMB_0 的第 2 单元中写入 23，SM 为 SMA_7 的第 23 个单元和 SMB_0 的第 23 单元中写入语音信息。由此可见，对于输入 T 级和输出 T 级而言，要交换的内容不再固定存在于指定的 SM 单元，而是根据 CPU 分配存入可改变的 SM 存储单元。因此，若 SM 中有若干单元发生故障，只需用软件将该路由示忙状态，CPU 分配时就会避免使用这些单元，不影响外部通路，如果修复，则可解除示忙状态，恢复这些单元的使用。

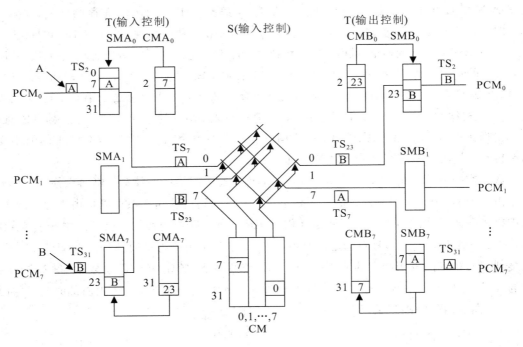

图 2.3-4　另一类型的 TST 交换网

由图 2.3-4 可知，输入 T 级和输出 T 级的 CM 合并后，正向路由和反向路由在 CM 的同一地址中写入两个值，但这两个值用二进制码表示，只是最高位不同，由电路很容易实现最高位的反相。因此实际是写入一个值，在需要的时候对最高位反相而得到另一个值。

关于 TST 网，有以下 3 个方面必须注意：

（1）交换网一般建立双向通路，即除了建立上述 A→B 方向上的信息传输，还要建立

B→A 方向上的信息传输，因此，内部时隙的选择一般采用"反相法"，即两个方向的内部时隙相差半个帧（该帧是指 TST 网输入线或输出线的复用帧）。在图 2.3－3 和图 2.3－4 的 TST 交换网中，复用帧大小为 32，半帧为 16 时隙，故若 A→B 方向上选择了内部时隙 TS_5，那么 B→A 方向上的内部时隙就是 TS_{21}（16＋5＝21）。一般地，设 TST 交换网输入线或输出线的帧为 F，选定的 A→B 方向上的内部时隙为 $TS_{A→B}$，则 B→A 方向上的内部时隙为 $TS_{B→A}＝TS_{A→B}＋F/2$。

（2）在一般情况下，TST 网络存在内部阻塞，但概率非常小，约为 10^{-6}。

（3）构成 TST 交换网的第 1 级 T 接线器和第 3 级 T 接线器一般采用不同的控制方式，但无论采用输入控制方式还是输出控制方式，除了操作方式不同外，本质是一样的。

2.3.4　STS 交换网

STS（空分—时分—空分）三级时分交换网是由输入 S 级、中间 T 级和输出 S 级组成的。STS 交换网的输入、输出级都是 S 接线器，中间一级为 T 接线器。STS 交换网结构如图 2.3－5 所示。

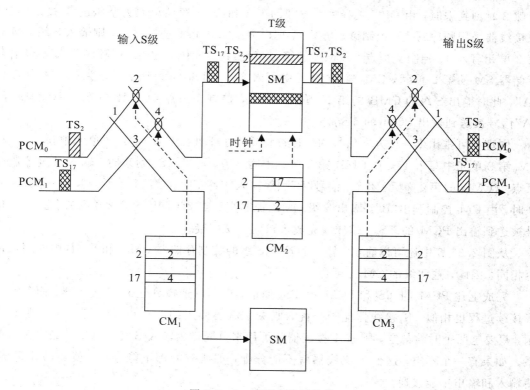

图 2.3－5　STS 交换网结构

STS 交换网的输入、输出这两级都采用 S 型接线器，中间的一级为 T 型接线器。图 2.3－6 为 STS 交换网的一种形式，其输入 S 级采用输出控制方式，T 级也采用输出控制方式，而输出 S 级采用输入控制方式。

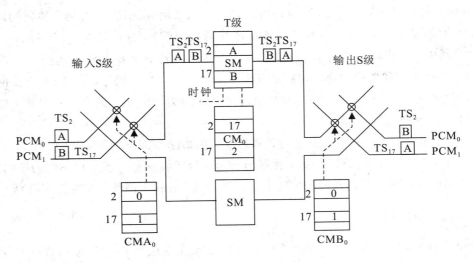

图 2.3 - 6　STS 交换网

现假定 PCM$_0$ 中 TS$_2$ 的信号"A"和 PCM$_1$ 中 TS$_{17}$ 的信号"B"相交换，即 A→B 方向，在时隙 2 时刻到来时，由 CPU 选择一个 SM 的第 2 和第 17 存储单元为空闲的 T 接线器（因该接线器采用顺序写入、控制读出方式），现设分配第 0 个 T 型接线器，则输入 S 级 CMA$_0$ 第 2 单元写入 0，控制交叉点 2（CMA 的第 2 单元）在 TS$_2$ 闭合，将"A"顺序写入 T 级语音存储器 SM 的第 2 单元，CM$_0$ 第 17 单元中写入 2，在 TS$_{17}$ 时刻到来时，由 CM$_0$ 控制读出"A"，此时输出 S 级的 CMB$_0$ 的第 17 单元中为 1，控制交叉点 4（CMB 的第 4 单元）闭合，"A"信号被送到输出 PCM$_1$ 的 TS$_{17}$。

同理也可推出 B→A 方向信号的传递过程，即处理机在 CMA$_0$ 第 17 单元中写入 1，在 CM$_0$ 第 2 单元中写入 17，在 CMB$_0$ 第 2 单元中写入 0，则当 TS$_{17}$ 到来时，输入 S 级控制交叉点 4（CMA 的第 4 单元）闭合，信号"B"顺序写入 T 级 SM 的第 17 单元，当下一个 TS$_2$ 到来时，由 CM$_0$ 控制读出"B"，输出 S 级 CMB$_0$ 控制交叉点 2（CMB 的第 2 单元）闭合，"B"信号被送到输出 PCM$_0$ 的 TS$_2$，这样就完成了双向的交换接续。

从图 2.3 - 6 中还可以看出，输入和输出 S 级的控制存储器 CMA 和 CMB 中的写入内容相同，因此，这两级的 CM 都可合并。

完成上述 PCM$_0$ 的 TS$_2$ 和 PCM$_1$ 的 TS$_{17}$ 通信，也可以选择其他的 T 接线器，而且其交换接续过程也相似。T 接线器能否分配，取决于需要使用的 TS$_2$ 和 TS$_{17}$ 存储单元是否空闲，只要这两个时隙都空，则该 T 接线器就可用来分配作为输入 S 级和输出 S 级之间的联系。如果有一个不空，这个 T 接线器就不能分配，如所有的都不能分配，就会出现阻塞，使输入和输出不能接通。

对于中间 T 级采用输入控制方式时的 STS 交换网，其工作原理也与上述相似。

2.3.5　TST 和 STS 两种交换网的比较

下面从成本、路由选择、可靠性、配合同步和内部阻塞等五个方面，对 TST 和 STS 这两种网络做比较。

（1）网络成本：T 接线器大量使用随机存储器，S 接线器大量使用数据选择开关和一些随机存储器，如果随机存取存储器价格便宜，则采用 TST 交换网有利。由于微电子技术的进步、集成电路集成度的提高、存取速率的加快及随机存储器价格的迅速下降，因此从成本来看选用 TST 交换网将更有利。

（2）路由选择：TST 交换网比较简单，因为 TST 交换网中进行交换时只需要找一对空闲时隙就行了；而在 STS 交换网里，经过中间 T 级时，因其出入时隙已经指定，要去找满足这一指定条件的语音存储器，就比在 TST 交换网中无条件地去找空闲的内部时隙要复杂。路由选择复杂意味着要占用更多的计算机内存容量及更多的计算时间。因此，从这个角度看，宜选择 TST。

（3）网络的安全度：STS 交换网的中间 T 级如果损坏一个，只影响一条路由，影响面不大；而 TST 交换网由于只有一条链路可选择，当中间 S 级发生故障时，就有很大的影响。不过现在的程控数字交换机都设计了双套交换网。采用了双套交换网后，TST 和 STS 两种交换网安全度的差别就不大了。

（4）网同步：在采用准同步方式中往往要加入局缓冲寄存器，若数字交换局是 TST 交换网，则通常可省去局缓冲寄存器，如交换局内是 STS 交换网就省不了。显然就同步配合而言，STS 最不利。

（5）交换网的内部阻塞：内部阻塞即因无内部空闲话路造成呼叫损失的情况，TST 和 STS 两种交换网都可以设计成为无阻塞网络，相差不多。

由上面比较可知，以 TST 交换网较好，其唯一缺点是安全性、可靠性差，但也因采用双套网络而得到了克服。这从程控数字交换机的发展过程也证明了这一点，早期的数字时分交换网大都采用 STS 交换网，而在 20 世纪 80 年代新设计的程控数字交换机中大都采用 TST 交换网。

2.3.6　其他类型交换网

在数字程控交换机中采用的交换网还有 TSST、TSSST 和 SSTSS 等类型。它们都是以 TST 和 STS 交换网为基础的，只是增加了 S 的级数以减少总的交叉点数，从而降低成本，因此它们的工作原理与 TST 或 STS 交换网相似。

1. TSST 交换网

日本 NEC 公司生产的 NEAX-61 是典型的 TSST 时分交换网结构。

TSST 交换网的结构如图 2.3-7 所示。图中的输入、输出为 T 级模块（以 T 型接线器为主构成的交换网），中间为两级由若干个 S 型接线器组成的空分模块。每个 T 级模块入端有 16 条 PCM 复用线，每线有 32 个时隙；出端为 8 条复用线，每线有 64 个时隙。也就是说，每个 T 级模块有 32×16（入端）$= 64 \times 8$（出端）$= 512$ 个时隙，是完全可以实现 512 个时隙内部交换的。TSST 交换网共有 128 个 T 级模块，这样有 $128 \times 512 = 65\ 536$ 个时隙。如果每个时隙对应一个端口，那么这个网络最大容量为 65 536 个用户。

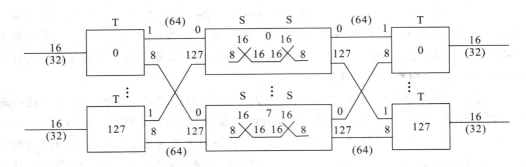

图 2.3 - 7　TSST 交换网的结构

中间级为两级空分接线器，由 8 个空分模块组成。每个空分模块均由 16 台 8×16 的 S 型接线器和 16 台 16×8 的 S 型接线器组成，这样可以使得每一条输入的复用线（每线含 64 个时隙）选到所有输出复用线中的任何一条，即空分级是全利用度的。

输出 T 级的每一模块，其输入复用线为 8 条，输出复用线为 16 条，即还原为 PCM 基群。

2. SSTSS 交换网

SSTSS 是意大利 Telettra 公司的 DTN - 1 数字交换机的交换网所采用的结构，这种网络是在两侧各配备两级 S 接线器，中间为一级 T 接线器。

SSTSS 交换网的结构如图 2.3 - 8 所示，它共分为两级。第 1 级交换网含第 1 个和第 5 个空分级，每个空分级由 15 个 8×14 的交叉矩阵组成。进入第 1 级的每一条复用线上有 128 个时隙，相当于由 4 套 PCM 进一步复用形成的二次群，这样空分级的每个交叉点承担了 128 个时隙接续工作。第 2 级交换网含第 2 个和第 4 个空分级及中间的时分级，共有 14 个模块。每个模块均采用 15×8 交叉点矩阵作为输入级，中间级由 8 个具有 128×128 时隙交换功能的 T 型接线器组成，输出级由 8×15 的交叉点矩阵组成。

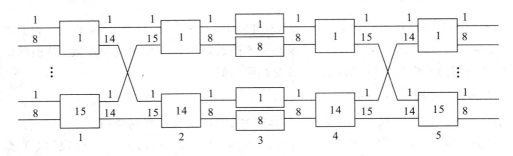

图 2.3 - 8　SSTSS 交换网的结构

2.3.7　数字交换网用芯片及其应用

1. 单 T 数字交换网组成与工作原理

单 T 型数字交换网由时分接线器、复用器和分路器三大部分组成，如图 2.3 - 9 所示。

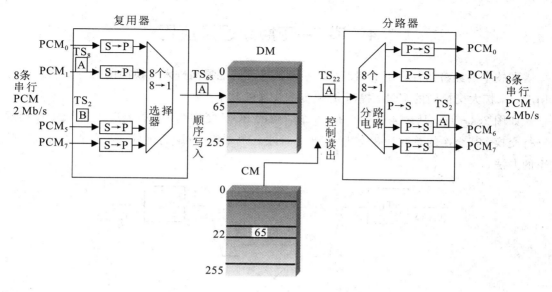

图 2.3 - 9　单 T 数字交换网构成

2. 数字交换网芯片及应用

目前集成度较高的新型数字交换电路中，MT8980D 是 Mitel 公司生产的 8×32 时隙数字交换电路。256×256 数字接线器芯片结构原理如图 2.3 - 10 所示。

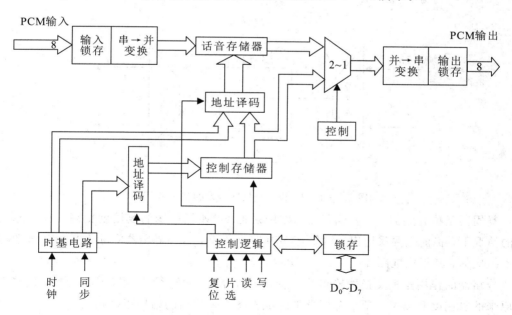

图 2.3 - 10　256×256 数字接线器芯片结构原理图

CPU 通过数据线 $D_0\sim D_7$ 来控制芯片工作，它可以通过各种指令使得芯片的 8 条 PCM 线的每个"交叉接点"接通或释放。256×256 的交换网芯片的交换速率为 2 Mb/s。

2.4　串/并变换原理及应用

在技术及经济条件许可的情况下，一般都尽可能地提高进入交换网的时分复用线的复用度，来扩大交换网的容量，提高 T 和 S 接线器的效率。

如图 2.4-1(a)所示 4 条各具有 32 个时隙的 PCM 复用线，它们经过一个 TST 交换网进行交换，其交换的总数为 $32×4=128$ 个时隙。图 2.4-1(b)为另外一种节省硬件提高效率的办法。

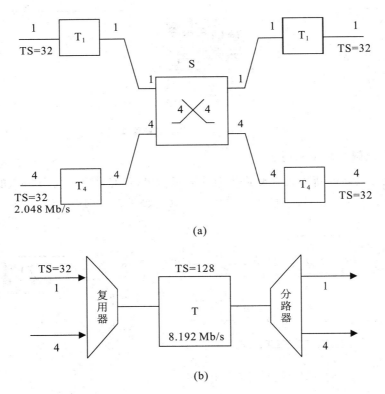

图 2.4-1　与 TST 交换网等效的 T 交换网

复用器又称并路器，其客观存在的作用是把 PCM 复用线的复用度提高。在复用度较高的情况下，目前主要采用串/并(S/P)变换降低码率，这种复用器实际上是由几级数据选择器组成的，其组成框图如图 2.4-2 所示。

分路器的作用是把交换网输出的信息先进行分路，再进行并/串(P/S)变换，使其恢复为原来的复用度和码率。所以分路器的组成框图与复用器的结构正好相反。

为了提高交换机的运行速度和数字交换网的容量，一般将 4 组只有 32 个时隙的 PCM 一次群复接在一条 PCM 线上进行传输。这样既可提高 PCM 复用线上的时隙复用度（即每帧时隙数），又可以减少接线器数量，提高接线器效率，降低成本。如图 2.4-3 所示，有 4 路 PCM 一次群进入一个交换网进行交换，交换的总时隙数为 $4×32=128$ 个，用图 2.4-3 (a)、(b)所示的两种方法进行交换。

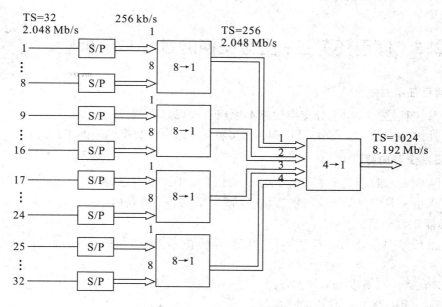

图 2.4 - 2　复用器的组成

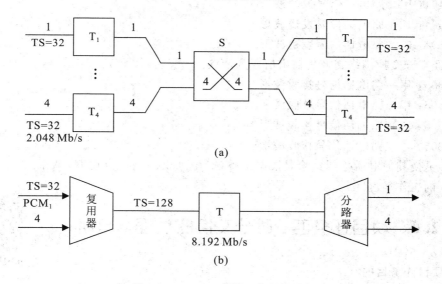

(a)

(b)

图 2.4 - 3　TST 等效网络的结构

　　图 2.4 - 3(a)中采用的是 TST 等效网络，输入和输出各用了 4 个 T 型接线器和 1 个 S 型接线器。图 2.4 - 3(b)所示就是 PCM 复用技术，由一个复用器、一个分路器和一个 T 接线器完成如图 2.4 - 3(a)所示的 TST 功能。这时 1 帧的时间仍为 125 μs，但总时隙数却为 32×4＝128，图 2.4 - 3(b)中的 T 接线器交换的数码率将提高到 4×2.048＝8.192 Mb/s，比图 2.4 - 3(a)中的 2.048 Mb/s 高很多，它也要求 T 接线器存储器芯片的存取速率要高。

2.5　项目任务三：空分交换的过程与分析

1. 项目任务目的

（1）掌握程控交换中空分交换的基本原理与实现方法。

（2）通过对空分交换芯片 MT8816 的实验，熟悉空分交换网络的工作过程。

2. 项目任务内容

利用自动交换网络进行两部电话单机通话，对工作过程做记录。

（1）以甲一路（号码：48）与甲二路（号码：49）为例，进行两路电话用户间的正常呼叫，两路电话能正常通话。

（2）本任务中空分交换芯片 MT8816 的所有信号输入的测量点和所有信号输出的测量点如下：

① 空分交换网络输入信号测量点：

TP304：甲一路电话信号发送波形。

TP404：甲二路电话信号发送波形。

TP504：乙一路电话信号发送波形。

TP604：乙二路电话信号发送波形。

② 经空分交换网络交换后输出信号测量点：

TP305：甲一路电话信号接收波形。

TP405：甲二路电话信号接收波形。

TP505：乙一路电话信号接收波形。

TP605：乙二路电话信号接收波形。

（3）更换其他电话呼叫组合，根据步骤（2）中列出的测量点说明，验证空分交换芯片 MT8816 的工作情况。

2.6　项目任务四：时分交换的过程与分析

1. 项目任务目的

（1）掌握程控交换中时分交换的基本原理与实现方法。

（2）掌握数字时分交换芯片 MT8980 的特性及对其编程的要求，通过对时分交换芯片 MT8980 的实验，熟悉时分交换网络的工作过程。

2. 项目任务内容

分析 MT8980 的时分交换功能，利用自动交换网络进行两部电话单机通话，记录工作过程。

（1）以甲一路（号码：48）与甲二路（号码：49）为例，进行两路电话用户间的正常呼叫，两路电话能正常通话。

（2）本任务中空分交换芯片 MT8980 的所有信号输入的测量点和所有信号输出的测量

点，即各路电话用户语音输出的 PCM 编码数字信号如下：

① 时分交换网络输入信号测量点：

TP307：甲一路电话信号发送波形。

TP407：甲二路电话信号发送波形。

TP507：乙一路电话信号发送波形。

TP607：乙二路电话信号发送波形。

② 时分交换网络输出信号测量点(时分交换后输出点)：

TP308：甲一路电话信号接收波形。

TP408：甲二路电话信号接收波形。

TP508：乙一路电话信号接收波形。

TP608：乙二路电话信号接收波形。

(3) 更换其他电话呼叫组合，根据步骤(2)中列出的测量点说明，验证时分交换芯片 MT8980 的工作情况。

项目总结二

(1) 话音信号在线路中传递的方法；

(2) 模拟信号转化成数字信号的方法；

(3) 一条线路上传递多个用户的实现方法；

(4) 多个用户在一条线路上的区分；

(5) 多用户通信时用户路由的区分；

(6) 路由选择中进行的存储和接续；

(7) 交换的基本过程。

项目评价二

评价项目	评价内容	分值	自我评价	小组评价	教师评价	得分
理论知识	模拟信号数字化					
	多路复用的概念					
	基本的交换原理					
	时分交换方式					
	空分交换方式					
	组合交换方式（TS、ST、TT、TST、STS 等交换）					
	串/并变换原理及数字交换网用芯片的应用					

任务输出	输出空分交换网络的电路框图，并分析工作过程				
	输出时分交换网络的电路框图，并分析工作过程				
环境	教室环境				
态度	迟到 早退 上课				
综合评估(优、良、中、及格、不及格)					

项目练习二

第 3 章　ZXJ10 程控交换机的结构

教学课件

知识点：

- 掌握程控交换机的硬件系统；
- 掌握程控交换机的软件系统；
- 了解 ZXJ10 交换机的系统组成；
- 了解 ZXJ10 交换机的单元组成；
- 了解 ZXJ10 交换机的单板组成；
- 了解 ZXJ10 的基本配置方法；
- 了解 ZXJ10 交换机的硬件物理配置；
- 了解 ZXJ10 交换机的配置验证。

技能点：

- 具有交换机的组网能力；
- 具有交换机物理连线识别能力；
- 具有交换机物理单板配置能力；
- 具有交换机物理单元配置能力；
- 具有交换机物理配置验证能力。

任务描述：

学习 ZXJ10 交换机的系统结构、单元组成、单板类型等，在仿真实验环境中进行 ZXJ10 交换机物理配置，具体包括 1 个机架、4 个机框(用户框、交换框、控制框、中继框) 和 6 个功能单元模块(用户单元、主控单元、中继单元、交换单元、时钟单元、信令单元)，完成单板配置及单元配置。

项目要求：

1. 项目任务

(1) 根据项目需求，进行物理配置规划；

(2) 完成仿真系统实验室的物理单板配置；

(3) 完成仿真系统实验室的物理单元配置；

(4) 完成仿真系统实验室的物理配置验证。

2. 项目输出

(1) 输出 ZXJ10 交换机的板位图；

(2) 输出 ZXJ10 交换机的物理配置流程；

(3) 输出 ZXJ10 交换机的后台告警监控图。

资讯网罗：

(1) 搜罗并学习中兴 ZXJ10 交换技术手册；

(2) 搜罗并阅读 ZXJ10 程控交换机配置手册；

（3）搜罗并阅读 ZXJ10 程控交换机指导手册；

（4）搜罗并阅读 ZXJ10 工程资料；

（5）分组整理、讨论相关资料。

3.1 程控交换机的硬件系统

程控交换机的主要任务是实现用户间通话的接续。完成这个主要任务的硬件可以划分为三大部分，即话路系统、控制系统和输入/输出系统，如图 3.1-1 所示。话路系统主要包括各种接口电路（如用户线接口和中继线接口电路等）和交换（或接续）网；控制系统在纵横制交换机中主要包括标志器与记发器，而在程控交换机中，控制系统则为电子计算机，包括中央处理器（CPU）和存储器；输入/输出系统主要包括时钟、电源和监控设备等。程控交换机实质上是采用计算机进行"存储程序控制"的交换机，它将各种控制功能与方法编成程序，存入存储器，利用对外部状态的扫描数据和存储程序来控制、管理整个交换系统的工作。

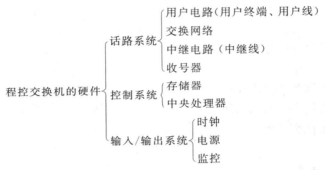

图 3.1-1 程控交换机硬件系统组成

3.1.1 话路系统

话路系统可以分为用户级和选组级两部分，主要包括用户电路、用户集线器、中继线接口、信号部件、数字交换网（即选组级）以及用户处理机等部件。

1. 用户级话路

用户级话路由用户电路和用户集线器组成。用户电路是用户线与交换机的接口电路，若用户线连接的终端是模拟话机，则用户线称为模拟用户线，其用户电路称为模拟用户电路，应有模/数（A/D）转换和数/模（D/A）转换的功能。

1）模拟用户电路

在程控数字交换机中，用户电路应具有七大功能，其框图如图 3.1-2 所示。

（1）馈电（B）：向用户话机馈电是采用−48 V（或−60 V）的直流电源供电。

（2）过压保护（O）：用户外线可能受到雷电袭击，也可能和高压线相碰。

（3）振铃控制（R）：由于振铃电压为交流（90±15）V，频率为 25 Hz，当铃流高压送往用户线时，就必须采取隔离措施，使其不能流向用户电路的内线，否则将引起内线电路的损坏。一般采用振铃继电器实现。

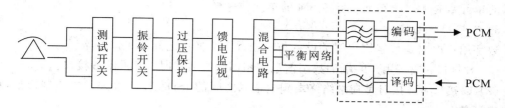

图 3.1-2　模拟用户电路的功能框图

（4）监视（S）：监视用户线的通/断状态，及时将用户线的状态信息送给处理机处理。

（5）编译码和滤波（C）：完成模拟信号和数字信号间的转换。

（6）混合电路（H）：进行二/四线转换。

（7）测试（T）：用于及时发现用户终端、用户线路和用户线接口电路可能发生的混线、断线、接地、与电力线碰接以及元器件损坏等各种故障，以便及时修复和排除。

2）用户集线器

用户集线器是用来进行话务量的集中（或分散）的。

如图 3.1-3 所示，SMU 代表上行通路话音存储器（SM），LCMU 代表下行通路用户级 T 集线器的控制存储器。一个控制存储器按集中比（16∶1）的要求，可控制 16 个 SM。控制存储器的单元数为 128 个单元，每个单元地址对应输出母线的一个时隙。

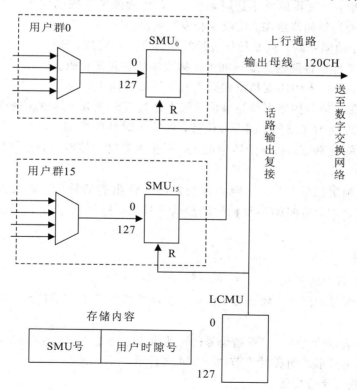

图 3.1-3　用户级 T 集线器复用示意图

上行通路和下行通路的用户级 T 集线器分别采用读出控制方式和写入控制方式。LCMU 和 LCMD 的内容分别代表 SM（SMU 和 SMD）的读出地址和写入地址，所以控制存储器的单元数是 128 个单元，与各 SM 的单元数一样。

3）数字用户电路

数字用户电路是数字用户终端设备与程控数字交换机之间的接口电路。

（1）S 接口：数字用户终端的数字信息采用四线制方式时，应采用 S 接口。

（2）U 接口：U 接口是在网络终端到电话局之间的 ISDN 用户线采用二线制市话电缆的接口设备。

2. 中继器

1）模拟中继器

模拟中继器是数字交换机与其他交换机之间采用模拟中继线相连接的接口电路，它是为数字交换机适应模拟环境而设置的。

2）数字中继器

数字中继器是连接数字局之间的数字中继线与数字交换网的接口电路，它的输入端和输出端都是数字信号，因此，不需要进行模/数和数/模转换。数字中继器主要完成以下任务：

（1）码型变换：将线路上传输的 HDB$_3$ 码型变成适合数字中继器内逻辑电路工作的 NRZ 码。

（2）时钟提取：时钟提取电路是用来从 PCM 传输线上送来的码流中提取发端送来的时钟信息，以便控制帧同步电路，使收端和发端同步。

（3）帧同步：帧同步的目的是使接收端帧的时序一一对应，即从 TS$_0$ 开始，使后面的各路时隙一一对应，保证各路信息能够准确地被收端的各路所接收。

（4）帧定位：使输入的码流相位和局内的时钟相位同步。

（5）信号控制：信号控制电路是将传输线上通过 TS$_{16}$ 时隙送来的信令码提取出来，按复帧的格式将其变换为连续的 64 kb/s 信号，在输入时钟的控制下，写入控制电路的存储器，在本局时钟的控制下，从存储器中读出；再在本局时钟控制下，把信号送入 TS$_{16}$，再送往交换机。

（6）帧和复帧定位信号插入：因为在交换网络输出的信号中，不包含帧和复帧的同步信号，故在发送时，应将帧和复帧的同步信号插入，这样就形成了完整的帧和复帧的结构。

3. 信号部件

1）数字音频信号的产生

（1）单音频信号的产生：数字交换机中，单音频信号是由数字信号发生器产生的数字信号音。

（2）双音频信号的产生：双音频信号的产生和单音频信号产生的原理相同，也可以通过线性叠加，找出波形的对称性来节约 ROM 的容量。

2）数字音频信号的发送

在程控数字交换机中，各种数字音频信号大多是通过数字交换网送出的，和普通话音信号一样处理。

通常用 T 集线器发送音频信号。要想将数字音频信号发送给某个用户，首先要将数字音频信号存放在 T 集线器的某个指定单元,当需要对某个用户送去音频信号时,则可从该单元中取出,然后送至该用户的所在时隙上。

　　3)数字音频信号的接收

　　各种信号音都是由用户话机来接收的。这种音频信号在用户电路中经过译码变成模拟信号自动接收。

　　多频信号由接收器接收,一般采用数字滤波器滤波,通过数字逻辑识别电路识别后取得。多频信号有两种:一种是由用户电路送来的按钮话机双音多频(DTMF)信号;另一种是由中继线接口电路送来的多频互控(Multi-Frequency Controlled,MFC)信号。

3.1.2　控制系统

　　程控交换机的控制系统一般可分为 3 级:第一级是电话外设控制级;第二级是呼叫处理控制级;第三级是维护测试级。这 3 级的划分可能是"虚拟"的,仅仅反映控制系统程序的内部分工;也可能是"实际"的,即分别设置专用的或通用的处理机来分别完成不同的功能。

1. 处理机控制方式

　　1)集中控制

　　若在一个交换机的控制系统中,任一台处理机都可以使用系统中的所有资源(包括硬件资源和软件资源),执行交换系统的全部控制功能,则该控制系统就是集中控制系统。

　　集中控制方式的优点是处理机能了解整个系统的状态和控制系统的全部资源,功能的改变只需在软件上进行,较易实现。

　　2)分散控制

　　(1)话务容量分担和功能分担。

　　① 话务容量分担:每台处理机只分担一部分用户的全部呼叫处理任务,即承担了这部分用户的信号接口、交换接续和控制功能;每台处理机所完成的任务都是一样的,只是所面向的用户群不同而已。

　　② 功能分担:将交换机的信令与终端接口功能、交换接续功能和控制功能等基本功能,按功能类别分配给不同的处理机去执行;每台处理机只承担一部分功能,这样可以简化软件,若需增强功能,在软件上也易于实现。其缺点是当容量小时,也必须配备全部处理机。

　　(2)静态分配和动态分配。

　　在分散控制系统中,处理机之间的功能分配可能是静态的,也可能是动态的。

　　① 静态分配:资源和功能的分配一次完成,各处理机根据不同分工配备一些专门的硬件。

　　② 动态分配:每台处理机可以执行所有功能,也可以控制所有资源,但根据系统的不同状态,对资源和功能进行最佳分配。

　　(3)分级控制系统和分布式控制系统。

　　根据各交换系统的要求,目前生产的大、中型交换机的控制部分多采用分散控制方式下的分级控制系统或分布式控制系统。

　　① 分级控制系统:按交换机控制功能的高低层次分别配置处理机。

　　② 分布式控制系统:分布式控制有 3 种方式,即功能分散、等级分散和空间分散方式。功能分散方式是每台处理机负责一种功能。等级分散方式是在一群处理机中,每一台处理机担任一定角色,逐级下控。

2. 双处理机的工作方式

双处理机结构有 3 种工作方式，即同步双工工作方式、话务分担工作方式和主/备用工作方式。

1）同步双工工作方式

同步双工工作方式是在两台处理机中间加一个比较器组成，两台处理机合用一个存储器（也可各自配备一个存储器，但要求两个存储器的内容保持一致，应经常核对数据和修改数据）。这种工作方式的缺点是对偶然性故障，特别是对软件故障处理不十分理想，有时甚至会导致整个服务中断。

2）话务分担工作方式

话务分担工作方式的两台处理机各自配备一个存储器，在两台处理机之间有互相交换信息的通路和一个禁止设备。

3）主/备用工作方式

主/备用工作方式的两台处理机，一台为主用机，另一台为备用机。主用机发生故障时，备用机接替主用机进行工作。备用方式有两种，即冷备用和热备用。

3. 存储器

中央控制系统中的存储器一般可划分为两个区域：数据存储器和程序存储器。数据存储器也称暂时存储器，用来暂存呼叫处理中的大量动态数据，可以写入和读出。

3.2　程控交换机的软件系统

3.2.1　程控交换机软件系统概述

程控交换机的软件基本结构如图 3.2-1 所示。运行程序又称为联机程序，其中的执行管理程序是多任务、多处理机的高性能操作系统；呼叫处理程序完成用户的各类呼叫接续；故障处理程序、故障诊断程序共同保证程控交换机不间断运行；维护管理程序提供人机界面完成程控交换机的运行控制和测试等。

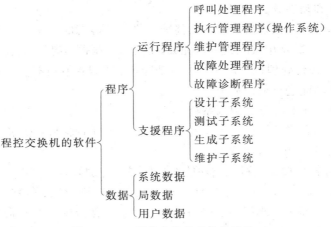

图 3.2-1　程控交换机的软件结构

3.2.2　程控交换机的软件组成

1. 运行程序

运行程序是交换机中运行使用的、对交换系统各种业务进行处理的软件总和。

1）呼叫处理程序

呼叫处理程序负责整个交换机所有呼叫的建立与释放，以及交换机各种新服务性能的建立与释放。它主要有以下功能：

（1）交换状态管理；

（2）交换资源管理；

（3）交换业务管理；

（4）交换负荷控制。

2）执行管理程序（或操作系统）

执行管理程序负责对交换系统（尤指处理机）的硬件和软件资源进行管理和调度。它主要有以下功能：

（1）任务调度；

（2）I/O 设备的管理和控制；

（3）处理机间通信的控制和管理；

（4）系统管理。

3）维护管理程序

维护管理程序用于维护人员存取和修改有关用户和交换局的各种数据，统计话务量和打印计费清单等各项任务。

4）故障处理程序

故障处理程序亦称系统恢复程序，负责对交换系统作经常性的检测，并使系统恢复工作能力。

5）故障诊断程序

故障诊断程序是用于确定硬件故障位置的程序。对于多数程控交换机来说，可将故障诊断到某块印制电路板（PCB）。

故障诊断程序通常采用以下工作方式：

（1）开机诊断：交换机加电后，首先自动对所有硬件部件进行诊断，将结果报告给系统恢复程序。

（2）人-机命令诊断：由操作人员通过人-机命令指定对交换机某一部件执行诊断。

（3）自动诊断：当系统恢复程序发现运行中的交换机有故障部件时，用备用部件代替该部件，并调用故障诊断程序对其进行诊断。

2. 支援程序

各类支援程序又称为脱机程序，其数量比运行程序要大得多。支援程序按其功能可划分为设计子系统、测试子系统、生成子系统和维护子系统。

1）设计子系统

设计子系统用在设计阶段，作为功能规范和描述语言（SDL）与高级语言间的连接器以及各种高级语言与汇编语言的编译器、链接定位程序及文档生成工作。

2）测试子系统

测试子系统用于检测所设计软件是否符合其规范。

3）生成子系统

生成子系统用于生成交换局运行所需的软件（即程序文件），它包括局数据文件、用户数据文件和系统文件。

（1）局数据文件。在软件中心的操作系统控制下，由局数据生成程序将原始局数据文件自动生成规定的局数据的文件结构形式。

（2）用户数据文件。用户的各种数据是处理用户呼叫所必需的文件，新添或更改个别用户数据，可直接在运行局用键盘命令来实现。

（3）系统文件。系统文件包括系统程序、系统数据和一级局数据。

4）维护子系统

维护子系统用于对交换局程序的现场修改（或称补丁）的管理与存档。

3. 数据

1）数据的分类

数据通常可分为系统数据、局数据和用户数据三类。

2）表格

数据常以表格的形式存放，包括检索表格和搜索表格两种。

（1）检索表格。

① 单级索引表格：所需的目的数据直接用索引查一个单个表格即可得到。

② 多级索引表格：只有通过多级表格检索查找，才能得到所需的目的数据。

（2）搜索表格。在搜索表格中，每个单元都包含有源数据和目的数据两项内容。

3.2.3 程序的系统管理

1. 软件管理技术

1）实时处理技术

在交换机中，许多处理请求都有一定的时间要求，所谓实时处理（Real Time Processing）就是指当用户无论在任何时候发出处理要求时，交换机都应立即响应，受理该项要求，并在允许的时限范围内及时给予执行处理，实现用户的要求。

（1）定期扫描。由于用户呼叫处理请求是随机的，而处理机又不可能对每一设备进行连续监视，因此，要对其所控制的设备进行周期性的监视扫描（即定期扫描）。

（2）多级中断。多级中断是用来按时启动实时要求较严格的程序。

（3）队列。所谓队列就是排队，按先进先出的原则进行处理。

2）多重处理

一个交换机面对众多的用户，在同一时间里会有许多用户摘机呼叫，每一呼叫都伴随着许多事情要处理，如识别用户类型，向用户送拨号音，接收和分析用户拨号号码。

(1) 按优先顺序依次处理。将需要处理的任务加以分类，排定处理的先后顺序。

(2) 多道程序同时运行。将每次的用户呼叫过程分成若干段落，每一段落称为进程（或称任务）。处理机在处理某个用户呼叫时，完成一个任务后，并不等待外设动作，而是即刻去处理另一呼叫请求，这样就可使多个呼叫"同时"得到处理。

3) 群处理

所谓群处理，是指执行一个程序可对多个输入同时处理。这种群处理的方法常用于用户线或中继线的扫描监视。

4) 多处理机

在多处理机控制的系统中，处理机之间可按负荷分担方式或功能分担方式工作，因此许多处理机同时运行。

2. 程序的级别划分

程序的执行级别可划分为三级：故障级、周期级和基本级。

1) 故障级程序

故障级程序是实时性要求最高的程序。平时不用，一旦发生故障，就须立即执行。其任务是识别故障源，隔离故障设备，换上备用设备，进行系统再组成，使系统尽快恢复正常状态。

2) 周期级程序

周期级程序是实时要求较高的程序。周期级程序都有其固定的执行周期，每隔一定的时间就由时钟定时启动，又称为时钟级程序。

3) 基本级程序

基本级程序对实时性要求不太严格，有些没有周期性，有任务就执行，有些虽然有周期性，但一般周期都较长。

3. 程序的启动控制

程序执行管理的基本原则有以下四条：

(1) 基本级按顺序依次执行。

(2) 基本级执行中可被中断插入，在被保护现场后，转去执行相应的中断处理程序。

(3) 中断级在执行中，只允许高级别中断进入。

(4) 基本级被时钟中断插入后的恢复处理应体现基本级中的级别次序。

4. 周期级的调度管理

周期级程序中各个程序的执行周期不同，面对众多的周期级程序，需要用时间表来调度控制。

时间计数器是周期级中断计数器，它是根据时间表单元数设置的，如果时间表有 24 个单元，则计数器即由"0"开始累加到"23"后再回到"0"。

屏蔽表又称有效位。时间表实际上是一个执行任务的调度表。转移表是存放周期级程序和任务的起始地址，它标明了要执行的程序逻辑的存放地址。由时间表控制启动的程序，其扫描周期并不都是 4 ms。

（1）8 ms 周期级中断到，读取时间计数器的值，根据其值读取时间表相应单元的内容。

（2）将屏蔽表的内容与该单元对应位的内容相与，其结果为"1"，即根据该位的号码，找到转移表中的相应行，而得到要执行的首地址；其结果为"0"，即不执行。

（3）执行该程序。

（4）等所有位均进行了上述处理，并执行完相应的程序以后，表明这一 8 ms 周期中已执行完周期级程序，可以转向执行基本级程序。

（5）当计数器计到 23 时，即对最后一个单元进行处理。当处理至最后一位时，将计数器清零，以便在下一个 8 ms 周期中断到来时重新开始。

5. 基本级程序的执行管理

1）循环队列

在队列中有队首指针、队尾指针及排队的处理要求 a、b、c。排队的单元是一定的，队首指针指的是出口地址，队尾指针指的是入口地址。

2）链形队列

链形队列是使一些位置凌乱的存储表的位置不动，而将其首地址按一定顺序加以编排，链接在一队列之中。

3）双向链队

上面所述的链队实际上是单向链队，这种链队虽然可以在中间插入或取出，但必须知道前一张表的指针内容，为此就不得不从头开始查找。

3.3　ZXJ10 系统特点

1. 系统模块化结构

ZXJ10 程控交换机由交换网络模块、消息交换模块、操作维护模块、外围交换模块和远端外围交换模块组成，如图 3.3-1 所示。

（1）交换网络模块（Switching Network Module，SNM）：用于完成网络交换功能。

（2）消息交换模块（Message Switching Module，MSM）：用于处理消息处理功能。

（3）操作维护模块（Operation Maintenance Module，OMM）：用于操作维护功能。

（4）外围交换模块（Peripheral Switching Module，PSM）：用于外网交换或单独成局。

（5）远端外围交换模块（Remote Switching Module，RSM）：用于远端少量用户交换接入。

2. 完善的 ISDN 功能

1）ISDN 接口

ZXJ10 提供如下三种标准 ISDN 接口：

（1）2B+D 接口：基本速率接口（2B+D），其中 B 为 64 kb/s 速率的数字信道，D 为 16 kb/s 速率的数字信道。

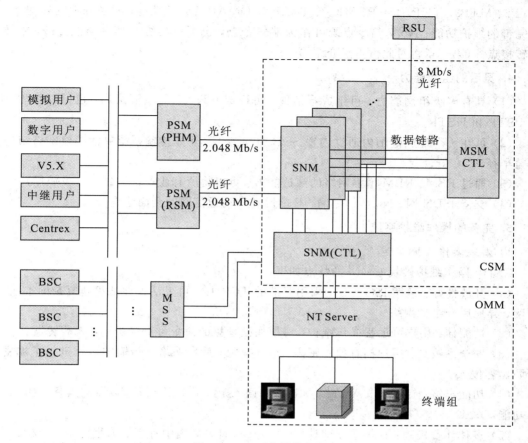

图 3.3 - 1　系统模块化结构

（2）30B＋D 接口：PRA（30B＋D）即基群速率 ISDN（Primary Rate Access）。基群速率 ISDN 通常分成 30 个 B 通路和 1 个 D 通路，每 B 通路和 D 通路均为 64 kb/s。

（3）标准 PHI 接入。

2）ISDN 业务功能

ZXJ10 提供如下 ISDN 业务功能：

（1）64 kb/s 不受限的业务；

（2）2×64 kb/s 不受限的业务；

（3）语音等业务。

3. 完备的局间信令系统

1）局间随路信令系统

ZXJ10 提供完整的 No.1 信令系统，不仅支持数字中继和多频互控，还可以提供各种模拟中继信令接口，使 ZXJ10 不但适合于公网的端局、本地汇接、国内国际长途汇接局，而且适合于各种专网的建设。另外，ZXJ10 众多的接口可方便地接入语音平台、特服台及各种人工台等，ZXJ10 同时支持数字中继与模拟中继的各种信令之间的汇接和转接业务。

2）局间共路信令系统

ZXJ10 No.7 信令系统严格依据 ITU - T 建议设计开发，全面实现 No.7 信令 MTP1、

MTP2、MTP3、TUP、ISUP、SCCP、TCAP 和 OMAP 等各项功能；具备强大的处理能力和完善的维护功能；No.7 信令点既可作为端信令点，也可作为综合信令转接点或独立信令转接点。（第 5 章将对此做重点介绍。）

4. 灵活的组网能力

（1）具有多级组网能力，可组成本地网，可构成 C2、C3 局或汇接局，也可以作为 SP 及 LSTP 和 HSTP。

（2）可在一个地区范围内通过内置 SDH 系统或 CFBI 光传输系统灵活组建网络结构，覆盖半径达 50 km。

（3）通过 RSM、RLM 增强网络的渗透能力，可以将所有业务扩展到郊区乡镇用户。

（4）支持 ISDN 网、No.7 信令网、智能网和移动通信网的全面建设。

5. 完备的操作维护系统

1）本地操作维护模块

ZXJ10 操作维护模块 OMM 的特点如下：

（1）开放性好：遵循 ISO/OSI，采用标准的 TCP/IP，可灵活方便地组建复杂的本地维护网、异地后台维护网络。

（2）性能佳：用户可远程操作维护，对模块处理机的命令可直接送达，无需转发。

（3）安全系数高：用户拥有独立密码，单独权限；后台网络上传输的数据进行了加密，严防黑客侵入。

（4）功能丰富：提供中文 Windows 操作界面，提供了丰富的管理功能，具备完善的日志功能。

（5）多种计费机制：提供了立即计费、Centrex 计费、集中计费、远程计费、脱机计费等多种形式，还提供了多种计费数据的备份方式，确保了计费数据的安全性。

（6）可连接多个网络终端，连接方式多样（局域网、拨号、专线等），方便地实现近远程终端的查询、收费等。

2）集中网管系统

ZXJ10 集中网络管理系统遵循原邮电部网管及集中监控的技术规范和要求，采用 Client/Server 的模式设计、树形结构、Unix Server 平台、SYBASE 关系数据库、TCP/IP 网络互联协议、Windows 界面系统、分布式处理网络系统等先进技术，能实现集中维护、集中计费、网络管理、故障管理和静态配置管理，系统能支持标准 Q3 接口。

3.4　ZXJ10 系统组网

3.4.1　ZXJ10 前台网络组网方式

ZXJ10 系统是模块化结构，基于容量型全分散的控制方式，既可以单模块成局，又可以多模块组网。在组网方式上打破了交换机传统的星形组网方式，采用了多级树形组网方案。

时钟源可以设于任何模块，而不必局限于中心模块；中心模块与各交换模块间可以采用光纤连接，可采用多种速率的内外置式 PDH 和 SDH 设备进行组网。

模块可以再带模块，各模块地位平等。多模块组网最多只能有三级。不论是单模块还是多模块成局，每个模块都有一个模块号。前台网络的树形结构最多有 3 级，最多包含 64 个模块，即从 1 号模块到 64 号模块。

1. PSM 单独成局

PSM 单独成局时，单模块成局的模块号固定为 2，如图 3.4 - 1 所示。

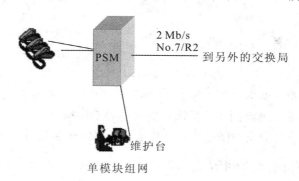

图 3.4 - 1　PSM 单模块成局

2. 多模块成局

多模块成局时有两种情况，一种是 PSM 作为中心模块，一种是 CM 作为中心模块。

1）PSM 作为中心模块

PSM 作为中心模块时的组网方式如图 3.4 - 2 所示。其中作为中心模块的 PSM 的模块号为 2，其余模块的模块号可以从 3 号开始到 64 号，任意分配。以 PSM 为中心，可以构成三级网络，即 PSM - PSM - PSM/RSM，最后一级可以带远端用户模块 RLM。

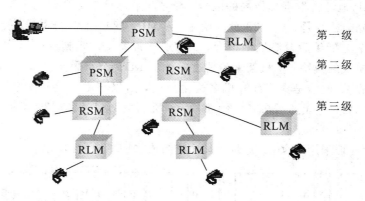

图 3.4 - 2　PSM 多模块成局

2）CM 作为中心模块

以 CM 为中心的三级树形组网的基本形式与 PSM 为中心的情况相同，如图 3.4 - 3 所示。其中 CM 由消息交换模块 MSM 和交换网络 SNM 两个模块构成，这里 MSM 的模块号固定为 1，SNM 的模块号固定为 2，这里模块的模块号可以从 3 号开始到 64 号，任意分配。

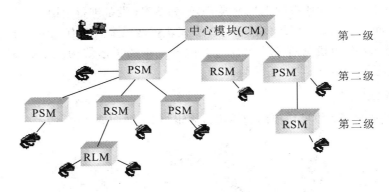

图 3.4－3　CM 多模块成局

以中心模块作为第一级时，中心模块不能携带用户；以外围交换模块作为第一级时，第一级能携带用户。在树形组网中，相邻两级互连的模块构成父子关系，每个模块只能有一个父模块；同一级的两个模块间也可以互连起来，构成兄弟关系。

3.4.2　ZXJ10 后台网络组网方式

ZXJ10 前台与后台采用 TCP/IP 协议进行网络间通信。

前台主备主控板(MP)提供以太网口，通过网线连接到后台服务器。当前台网络采用多模块成局的组网方式时，OMM 只需要与 2 号 SNM 模块的主备 MP 连接，就可以操作维护整个交换局的所有模块。OMM 也可以提供远端服务器，只对某一个模块进行操作维护。

前后台 TCP/IP 网络需要给每个节点分配一个 IP 地址。这个 IP 网络中的节点包括三类，即前台主/备 MP、后台服务器和后台维护终端(客户端)。每个节点都有一个独立的节点号，节点的 IP 地址将根据交换局的区号、局号和节点号三部分信息产生。

节点号的分配原则是：1～128 分配给主/备 MP，129～133 分配给后台 NT Server 服务器，134～239 分配给后台终端维护台，254 用于告警箱。机架上位置在左侧的 MP，节点号是该 MP 模块的模块号；机架上位置在右侧的 MP，节点号是该 MP 的模块号加 64。

后台终端的 IP 地址是根据计算机名称生成的，所以在后台终端安装的时候要注意输入正确的计算机名，不能随意命名。例如，计算机名为 ZX102500129 表示 1 号局、区号为 25 的 129 服务器。

节点的 IP 地址采用 C 类 IP 地址，其比特组成如图 3.4－4 所示。

图 3.4－4　IP 地址比特位

- 前 3 位"110"：C 类地址标识，3 位。
- 4～13 位"A"：本地所在 C3 网的长途区号，转换为 10 位二进制数，取值范围为 010～999。
- 14～16 位"－"：保留项，3 位，暂填 0，留待以后扩充。

- 17～24 位"B"：交换局编号（局号），8 位二进制数。在本 C3 网内对所有 ZXJ10 编号，本设备的编号数，取值范围为 0～255。
- 25～32 位"C"：表示节点号。

例如，区号为 25，局号为 1，8KPSM 单模块成局，左边 MP 对应的 IP 地址如下：

11000000 . 11001000 . 00000001 . 00000010

即为：左边 MP 对应的 IP 地址为 192.200.1.2；右边 MP 对应的 IP 地址为 192.200.1.66；服务器对应的地址为 192.200.1.129；后台维护终端的地址为 192.200.1.134。

3.5　PSM/RSM

PSM 是 ZXJ10 中基本独立的模块，其主要功能是完成本交换模块（PSM）内部用户之间的呼叫处理和话路交换，以及将本交换模块（PSM）内部的用户和其他外围交换模块的用户之间呼叫的消息和话路接到 SNM 中心交换网络模块上。对于 8K 网 PSM，其结构示意图如图 3.5-1 所示。主要的功能单元包括用户单元、数字中继单元、模拟信令单元、主控单元、交换单元和时钟同步单元。

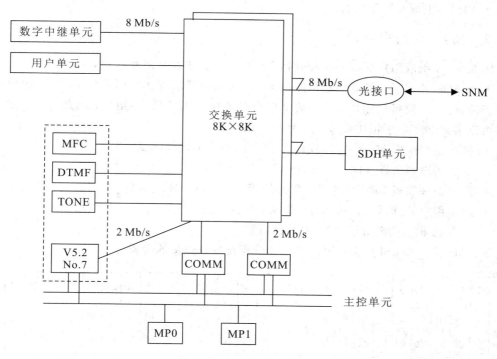

图 3.5-1　PSM 结构示意图

3.5.1　8K 外围交换模块（PSM/RSM）

一个 8K 外围交换模块最多为 5 个机架，其中 ♯1 机架为控制柜，配有所有的公共资源、两层数字中继和 1 个用户单元，可以独立工作。其他 4 个机架为纯用户柜（机架号为 2～5），只配用户单元。根据用户线数量，单模块结构分为单机架、2 机架到 5 机架。其控制架如图 3.5-2 所示。

#1	#2	#3	#4	#5	
BDT	BSLC1	BSLC1	BSLC1	BSLC1	第六层
BDT	BSLC0	BSLC0	BSLC0	BSLC0	第五层
BCTL	BSLC1	BSLC1	BSLC1	BSLC1	第四层
BNET	BSLC0	BSLC0	BSLC0	BSLC0	第三层
BSLC1	BSLC1	BSLC1	BSLC1	BSLC1	第二层
BSLC0	BSLC0	BSLC0	BSLC0	BSLC0	第一层

图 3.5-2 单模块机架排列图

图 3.5-2 中各背板含义如下：

- BSLC0：用户框背板（缺省时配有用户处理器 SP 单板）。
- BSLC1：用户框背板（缺省时配有用户处理器 SPI 单板）。
- BNET：交换网及交换网接口层背板。
- BCTL：控制层背板。
- BDT：中继及资源层背板。

3.5.2 用户框（用户单元）

图 3.5-3 所示用户框属于满配置情况，主要由以下几种单板构成：

- 用户板（40 块）：可以为模拟用户板 ASLC，也可以为数字用户板 DSLC，每块模拟用户板可接入 24 路模拟用户，每块数字用户板可接入 12 路数字用户，因此，两个用户框最多可以接入 960 路模拟用户或 480 路数字用户。
- 多功能测试板 MTT：实现用户话机、用户线的硬件测试。
- 数字用户测试板 TDSL：配 DSLC 板时使用。
- 用户处理器板 SP：实现用户单元的管理、接口和处理功能。
- 跨层用户处理器接口板 SPI：实现用户框互连。
- 电源 A 板：提供机框电源和振铃电路。
- 用户层背板 BSLC 板：用户单元各单板安装和连接的母板。

1	2	3	4	5	6	7	8	9	10	11	12	13	14	15	16	17	18	19	20	21	22	23	24	25	26	27
电源A		用户板	用户板	用户板	用户板	用户板	用户板	用户板	用户板	用户板	用户板	用户板	用户板	用户板	用户板	用户板	用户板	用户板	用户板	用户板	用户板			SPI	SPI	电源A
1	2	3	4	5	6	7	8	9	10	11	12	13	14	15	16	17	18	19	20	21	22	23	24	25	26	27
电源A		用户板	用户板	用户板	用户板	用户板	用户板	用户板	用户板	用户板	用户板	用户板	用户板	用户板	用户板	用户板	用户板	用户板	用户板	用户板	用户板	MTT	TDSL	SP	SP	电源A

图 3.5-3 用户框（用户单元）

一个用户单元包含两个用户框，用户单元是交换机与用户之间的接口单元。用户单元与 T 网的连接是通过两条 8 M 的 HW 线实现的。这两条 8 M 的 HW 线通过一条电缆由 SP 板接到 T 网的 DSNI－S 板。每条 HW 线的最后两个时隙（126 时隙、127 时隙）用于与 MP 通信；倒数第三个时隙（125 时隙）是忙音时隙，用来连接音源板（模拟信令板）的忙音。两条 HW 线的其余 250 个工作时隙是由 SP 通过 LC 网络动态分配给用户使用的，如图 3.5－4 所示。

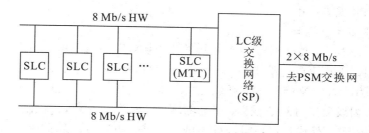

图 3.5－4　用户单元时隙动态分配示意图

用户单元可安装 40 块模拟用户板，每块模拟用户板可以支持 24 个模拟用户，即用户单元可以承载 960 用户。两条 HW 线可提供 250 个工作时隙。SP 根据用户在摘机队列中的次序分配时隙给该用户，一旦时隙占用满，由 SP 控制通过忙音时隙给后续的起呼者送出忙音，因此用户单元可以实现 1:1 到 4:1 的集线比。

BSLC 机框为 SP（SPI）板、POWA、MTT、TDSL 及各种用户板提供支撑，为它们之间的控制话路提供通道。另外，也为电源监控提供 RS485 总线接口。BSLC 占两个框位，分别为 SP 本层和 SPI 跨层，两个框位合称为一个用户单元。由 SP/SPI 驱动 8 MHz、2 MHz、8 KHz 等时钟供用户板和测试板使用。SP 与用户板之间有两条双向 8M HW 线供话路使用，还有两条双向 2M HW 线供 HDLC 通信使用。

1）模拟用户电路

模拟用户电路在程控数字交换机中应具有七大功能，即所谓的 BORSCHT 功能。

2）数字用户电路

数字用户电路（Digital Line Circuit，DLC）是数字用户终端设备与程控数字交换机之间的接口电路。数字用户终端设备有数字话机、个人计算机、数字传真机及数字图像设备等，这些终端设备都是以数字信号的形式与交换机相沟通。为了使终端设备的数据能够可靠地进行发送和接收，要求数字用户电路必须具备以下基本功能：

（1）提供两个可双向传输数字话音或数据的基本通道 B（64 kb/s）；

（2）一个双向传输控制信号和低速数据的信号通道 D（16 kb/s，其中 8 kb/s 传送信号，8 kb/s 传送低速数据）。

3）用户单元处理器 SP 板

用户处理器 SP 板用于 ZXJ10 交换机用户单元的处理。SP 板向用户板及测试板提供 8 MHz、2 MHz、8 kHz 时钟；提供两条双向 HDLC 通信的 2M HW，还提供两条双向话路使用的 8M 业务 HW 线。

SP 板与 T 网联系是通过 SP 提供两条双向 8M 业务 HW 线连接至 T 网的 DSNI－S 板。SP 能自主完成用户单元内的话路接续，由于用户单元超过 128 路用户，SP 与驱动板都实行主备用工作方式。

4）用户处理器接口板 SPI

用户处理器接口板 SPI 用于 ZXJ10 交换机的用户单元，为 SP 板和跨框的用户板、测试板提供联络通道。SP 板的信号经 SPI 板转换、驱动送至跨框用户层，包括 8 MHz、2 MHz、8 kHz 时钟以及 HDLC 通信的 2M HW、8M 话路 HW 线等；反之亦然。

SPI 也实行主备用工作方式，其主备状态由 SP 板决定，同时 SPI 板有硬件措施确保两块 SPI 板不会同时成为主用。

5）多功能测试板 MTT

多功能测试板 MTT 位于 ZXJ10 交换机的用户层，主要用于单元内模拟用户内线、用户话机的硬件测试，另外在远端用户单元自交换时可提供音资源及 50 路 DTMF 收号器等。MTT 板作为 ZXJ10 交换机 112 系统的物理承载，可完成多模拟用户外线、内线及用户终端的测试。内线测试可对信号音、馈电电压、铃流等进行测试。用户终端测试可以对用户话机的拨号性能、外线环流环阻进行测试。另外，如果用户久不挂机，则还可以对用户送催挂音。

3.5.3　交换网框（数字交换单元＋时钟同步单元）

BNET 层占一个框位，包括两个功能单元，即数字交换单元和时钟同步单元。CKI 板和 SYCK 板为时钟同步单元，其余单板构成交换单元。1 块 CKI 板用于外部时钟同步基准的接入（BITS 和 E8K），2 块 SYCK 互为主备用，SYCK 对外部时钟基准进行同步后再向本层机框及整个模块提供时钟。如果本模块没有 BITS 时钟，则不需要配置 CKI 板，SYCK 可直接同步外部的 E8K 时钟。

1. 数字交换单元（也称为 T 网）

数字交换单元位于外围交换模块的 BNET 层，包括一对网板（DSN）、四对驱动板（DSNI）、一对光纤接口板（FBI）和交换网背板（BNET）。

BNET 框内配置主备两块 DSN 板，DSN 板为 8 KB 的交换网板，提供 64 对双向的 8M HW 单端信号。

BNET 框内配置两块 MP 级的 DSNI 板，每块 MP 级的 DSNI 将两条 8M HW 转为 16 条 2M HW 的双端 LVDS 信号（每条 2M HW 的有效带宽为 1M），通过电缆与控制框进行互连，控制框的时钟也是通过相同的电缆由 MP 级的 DSNI 提供的。两块 MP 级的 DSNI 一共可以提供 32 条 2M HW。

BNET 框内最多可配置 4 对主备的普通 DSNI（与 FBI 板位兼容），每对 DSNI 板通过 16 条双向单端信号与 DSN 相连，并将单端信号转为双端 LVDS 信号，用于与中继单元、用户单元和模拟信令单元相连。所需要的 DSNI 的数量的计算公式为 $INT[N/16] \times 2 + 2$，N 为模块内所有中继单元、用户单元、模拟信令单元、ODT 和内部传输设备用掉的 8M HW 的总数。如果本模块为近端模块，则在 20、21 槽位必须配一对主备用的 FBI 板，此时普通的 DSNI 最多只能配 6 块。

POWB 板配置两块，位置固定。其板位结构图如图 3.5-5 所示。其中 13、14 槽位的 DSNI 板是 DSNI-C，称为控制级或 MP 级的 DSNI 板；其余槽位的 DSNI 是 DSNI-S，称为功能级或 SP 级的 DSNI 板，两类 DSNI 板工作方式和功能都不相同。具体区别如下：

(1) DSNI - C 工作方式为负荷分担，DSNI - S 为主备用。

(2) DSNI - C 主要用于传输信令消息，DSNI - S 主要传输话音信息。

(3) DSNI - C 具有降速功能，DSNI - S 没有降速功能，这也是二者的本质区别。

(4) 二者之间可以通过跳线互相转化。

FBI 实现光电转换功能，提供 16 条 8M 的光口速率，当两个模块之间的信息通路距离较远，而传输速率又较高时，ZXJ10 机提供 FBI 光纤传输接口实现模块间的连接。

1	2	3	4	5	6	7	8	9	10	11	12	13	14	15	16	17	18	19	20	21	22	23	24	25	26	27
POWB		CKI	SYCK			SYCK			DSN		DSN	DSNI	DSNI	DSNI	DSNI	DSNI	DSNI	DSNI	DSNI	FBI	FBI					POWB

图 3.5 - 5　数字交换单元结构图

数字交换单元的主要功能包括：

(1) 支持 64 kb/s 的动态话路时隙交换，包括模块内、模块间及局间话路接续。

(2) 支持 64 kb/s 的半固定消息时隙交换，实现各功能单元与 MP 的消息接续。

(3) 支持 $n \times 64$ kb/s 动态时隙交换，可运用于 ISDN H0 H12 信道传输及可变宽模块间通信（$n \leqslant 32$）。

8K 交换网板 DSN 是一个单 T 结构时分无阻塞交换网络，容量为 8K×8K 时隙，HW 总线速度为 8 Mb/s，两块 DSN 板采用双入单出热主备用工作方式，因此一对 DSN 板提供 64 条 8 Mb/s HW，HW 号为 HW0～HW63。

1) HW0～HW3

DSN 板提供的 64 条 8M HW 线中，HW0～HW3 共 4 条 HW 线用于消息通信，通过 DSNI - C 板（13、14 板位的 DSNI）连接到 COMM 板。这 4 条 8M HW 线经 DSNI - C 板后降速成 32 条 1M HW 线，从 DSNI - C 的后背板槽位引出分别接入各 COMM 板，如图 3.5 -6 所示，在背板上 32 条 1M HW 的接头分别用标号 MPC0～MPC31 来表示，MPC0 与 MPC2 合成一个 2M 的 HW 连接到 COMM♯13，MPC1 与 MPC3 合成一个 2M 的 HW 连接到 COMM♯14，MPC4 与 MPC6 合成一个 2M 的 HW 连接到 COMM♯15，MPC5 与 MPC7 合成一个 2M 的 HW 连接到 COMM♯16，依次类推，由此可知一个 COMM 具有 32 个通信时隙的处理能力（STB 和 V5 板除外）。两块 DSNI - C 板采用负荷分担方式工作。

2) HW4～HW62

DSN 板其他的 8M HW 线主要用来传送话音（HW 中的个别时隙用于传送消息，以实现功能单元与 MP 通信或模块间 MP 通信），可以灵活分配，分别通过三对 DSNI - S 板连接到各功能单元，以及通过一对 FBI 板连接到中心模块 CM 或其他近端外围交换模块 PSM。FBI 板和 DSNI - S 板都是热主备用的。

如图 3.5 - 7 所示，一对 DSNI - S 或一对 FBI 能处理 16 条 8M HW。HW4～HW62 与槽位的对应关系如下：

• 21/22 槽位 DSNI - S(或 FBI)：4～19HW。

• 19/20 槽位 DSNI - S：20～35HW。

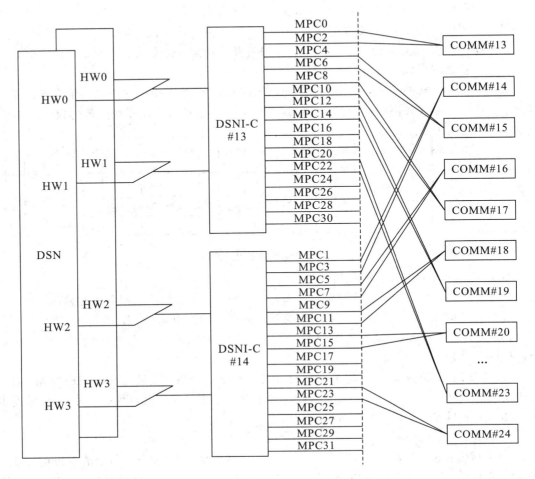

图 3.5-6 DSN 到 COMM 的连接示意图

- 17/18 槽位 DSNI-S：36~51HW。
- 15/16 槽位 DSNI-S：52~62HW。

一般的配置习惯是：HW4~19 用于模块间的连接，如果不需要连接其他模块，则 FBI 所在槽位可以混插 DSNI-S 板，可以将 HW4~19 连接到功能单元。

- 从 HW20 开始，用于同用户单元的连接，依次增加，每个用户单元占用两条 HW 线；
- 从 HW61 开始，用于同数字中继与模拟信令单元的连接，依次减少，每个单元占用一条 HW 线；
- HW62 作为备用 HW，也可用于连接功能单元。

在背板上，HW4~HW62 的接头分别用标号 SPC0~58 表示。物理电缆从 DSNI-S 对应的后背板槽位连接到功能单元，一个物理电缆里包含两条 8M HW，即两个 SPC 号对应一个物理电缆。

一个用户单元需要占用两条 8M HW，则连接用户单元和 T 网的物理电缆所对应的两个 SPC 号分别加 4，就得到该用户单元占用的 HW 号。

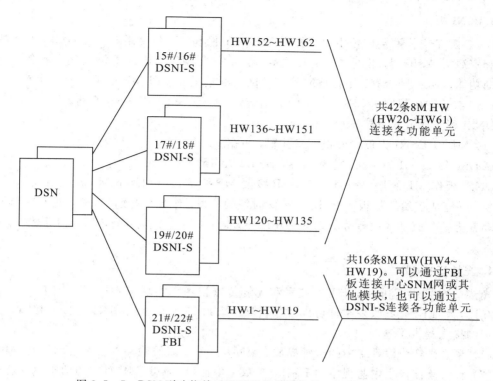

图 3.5 - 7　DSN 到功能单元以及到其他模块的 HW 线分配示意图

3）HW63

HW63 用于自环测试。

2. DSN 板

DSN 板单板容量为 8K×8K，可成对地独立用于外围交换模块中组成单 T 网，也可由若干对组成多平面作为 S 网使用。

（1）单级无阻塞的全时分交换网络：

- PSM 中一个交换网络单元 DSN 便是一个 T 网，称 T 网。
- SNM 中一个交换网络单元便是一个交换平面，称 S 网。

（2）容量：8K×8K，64 条 8M 双向 HW 线。

（3）工作状态：主/备用配置，主备用工作方式由 MP 决定。

（4）功能：话路交换及消息传递。

（5）HW 线的分布：

- 13/14 槽位的 DSNI - C：HW0～HW3。
- 21/22 槽位 DSNI - S（或 FBI）：4～19HW。
- 19/20 槽位 DSNI - S：20～35HW。
- 17/18 槽位 DSNI - S：36～51HW。
- 15/16 槽位 DSNI - S：52～62HW。
- HW63：用于自环测试。

3. DSNI 板

DSNI 数字交换网接口板主要是提供 MP 与 T 网和 SP（包括用户单元的 SP、数字中继 DTI 和资源板 ASIG）与 T 网之间信号的接口，并完成 MP、SP 与 T 网之间各种传输信号的驱动功能。MP 级 DSNI 板用于 MP 与 T 网的通信链路，即 MP—COMM—DSNI - C—T 网；SP 级 DSNI 板用于 SP 与 T 网的通信链路，即 SP—DSNI - S—T 网。

DNSI 板工作方式及位置如下：

（1）MP 级 DSNI 为负荷分担方式配置，占据 BNET 层 13～14 板位。

（2）SP 级 DSNI 为主/备配置，占据 BNET 层 15～24 板位。

DNSI 板作 MP 级接口板时，完成 SP 级至 MP 级的消息通道 8 Mb/s 流与 2 Mb/s 流的转换，并完成供给通信板 4 MHz/8 kHz 时钟的分发；作 SP 级接口板时，使 HW 线由单端驱动变为差分驱动或由差分驱动变为单端驱动，并完成供给各级 SP 的 8 MHz/8 kHz 时钟分发。

4. 光接口板 FBI

光接口板 FBI 板利用同步复接技术和光纤传输技术来实现中心局 CM 与 PSM、RSM 等的互连，本 FBI 光纤收发组件可以改进扩展为 STM - 1 同步网 SDH 的接入接口，为系统宽带网接入提供了基础。

（1）完成光纤传输系统中的时钟提取、帧同步定位、误码检测告警和自动抑制等功能。

（2）有供监控板集中监视用的 RS485 半双工串行口，实现 MP 对它的动态集中监控。

（3）FBI 可对光纤收/发误码进行统计告警，当统计值达到告警阈时，向 CPU 申请中断，进入软件主/备切换，同时向 MP 发出告警信息。

（4）提供主/备切换，切换有上电复位切换、人工按键切换、人机命令切换、故障告警软件切换等形式。

（5）系统来的同步时钟输入经时钟处理电路及 PLL 锁相环后，产生 8 kHz 同步时钟，并能够监视 8 MHz/8 kHz 时钟。

5. 时钟同步单元

数字程控交换机的时钟同步是实现通信网同步的关键。ZXJ10 的时钟同步系统由基准时钟板 CKI、同步振荡时钟板 SYCK 及时钟驱动板（在 8K PSM 上，时钟驱动功能是由 DSNI 板完成的）构成，为整个系统提供统一的时钟，又同时能对高一级的外时钟同步跟踪。在物理上时钟同步单元与数字交换网单元共用一个机框，BNET 板为其提供支撑及板间连接。

ZXJ10 单模块独立成局时，本局时钟由 SYCK 同步时钟单元根据由 DTI 或 BITS 提取的外同步时钟信号或原子频标进行跟踪同步，实现与上级局时钟的同步。

多模块成局时，其中一个模块同样从局间连接的 DTI 或从 BITS 提取到外同步信号或原子频标，实现与外时钟同步。然后通过模块间连接的 DTI 或 FBI，顺次将基准时钟传递到其他模块，其基本形式如图 3.5 - 8 所示。这里的外基准同步信号可能是 DTI 提取的时钟、BITS 时钟等。CKI 板提供 BITS 时钟接口，如果不使用 BITS 时钟，则系统可以不配置 CKI 板。本系统最高时钟等级为二级 A 类标准。

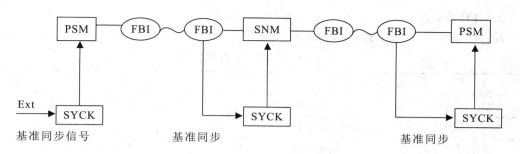

图 3.5 - 8　时钟同步示意图

SYCK 根据基准时钟产生系统时钟,模块内系统时钟分配关系如图 3.5 - 9 所示。

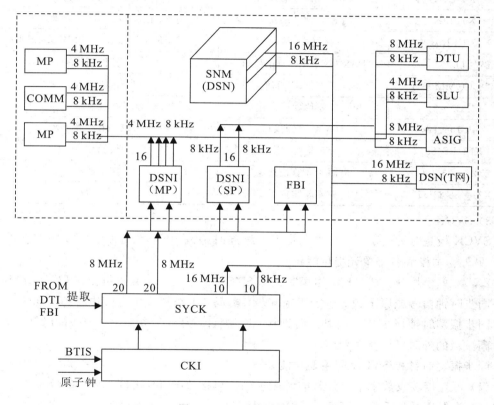

图 3.5 - 9　系统时钟分配

1) 功能原理

　　DSN 是 SM8 模块的语音和消息交换中心,用以完成 SM8 模块的语音时隙交换,并为模块内模块间消息提供半固定接续。DSNI 为 DSN 的 HW 提供电缆驱动,与各种用户单元、中继单元、模拟信令单元和 ZXJ10 交换机内部的传输设备进行相连,DSNI 还可以向这些单元提供时钟。所有的模块内模块间 HDLC 消息通过 DSN 半固定接续给 DSNI_MP,由 DSNI_MP 进行码速变换和电缆驱动,与控制框相连,从而实现模块内各单元与控制框的通信和模块间控制框之间的 HDLC 消息互通。DSNI_MP 还向控制框提供时钟。CKI 提供外部时钟基准的接口(BITS),SYCK 为整个 BNET 框的所有单板提供时钟,并通过DSNI 向模块中的其他单元提供时钟。

2）对外接口

BNET 框的对外接口如表 3.5－1 所示。

表 3.5－1 BNET 对外接口

接口标识	用　途	连接关系
X1_485_IN	电源 485 监控插座	接上机框
X1_485_OUT	电源 485 监控插座	接下机框
X56，X59	电源插座	接汇流条
X44～X55	BITS 接口	接外部 BITS 时钟基准
X2_E8K	E8K 时钟基准接口	接 DTI、MDTI 或 FBI
X3_E8K	E8K 时钟基准接口	接 DTI、MDTI 或 FBI
X25_CLK0～3	时钟输出接口	接 BRMT、BRMI、BFBI 或 BSNM
X27_COMM0～1	DSN 板 HDLC 通信接口	接控制框
X28_COMM0～1	DSN 板 HDLC 通信接口	接控制框
MPC0～31	模块间模块内通信接口	接控制框
SPC15～58	HW 和时钟接口	中继、用户等单元
X18_RS485	485 监控插座	接控制框
X21_485_IN	电源 485 监控插座	接上机框
X21_485_OUT	电源 485 监控插座	接下机框

3）SYCK

SYCK 板是时钟同步板，负责同步于上级局时钟或 BITS 设备（在 CKI 板存在的情况下），另外为本模块各个单元提供时钟。

ZXJ10 单模块独立成局时，本局时钟由 SYCK 同步时钟单元根据由 DTI 或 BITS 提取的外同步时钟信号或原子频标进行跟踪同步，实现与上级局或中心模块时钟的同步。

同步振荡时钟板 SYCK 与基准时钟板 CKI 配合，为整个系统提供统一的时钟，又同时能对高一级的外时钟同步跟踪。

同步振荡时钟板 SYCK 的主要功能如下：

（1）可直接接收数字中继的基准，通过 CKI 可接收 BITS 接口、原子频标的基准。

（2）为保证同步系统的可靠性，SYCK 板采用两套并行热备份工作的方式。

（3）ZXJ10 同步时钟采用"松耦合"相位锁定技术，可以工作于四种模式，即快捕、跟踪、保持、自由运行。

（4）本同步系统可以方便地配置成二级时钟或三级时钟，只需更换不同等级的晶振和固化的 EPROM，改动做到最小。

（5）整个同步系统与监控板的通信采用 RS485 接口，简单易行。

（6）具有锁相环路频率调节的临界告警，当时钟晶体老化而导致固有的时钟频率偏离锁相环控制范围（控制信号超过时钟调节范围的 3/4）时发出一般性告警。

（7）SYCK 板能输出 20 路 8 MHz/8 kHz 的时钟信号和 10 路 16 MHz/8 kHz 的帧头信号。为了提高时钟的输出可靠性及提高抗干扰能力，采用了差分平衡输出。

SYCK 板可以带电插拔，但严禁拔主用板。如果要拔主用板，要先将它倒换为备用。

4）CKI

时钟基准板 CKI 为 SYCK 板提供 2.048 Mb/s（跨接或通过）、5 MHz、2.048 MHz 的接口，其主要功能如下：

（1）接收从 DT 或 FBI 平衡传送过来的 8 kHz 时钟基准信号。

（2）循环监视各个时钟输入基准是否降质$\left(\dfrac{\Delta f}{f} > 2 \times 10^{-8}\right)$。

将各路时钟基准有无的状态通过 FIFO 传送到 SYCK 板。SYCK 将此信息通过 RS485 接口上报给 MON，再报告给 MP。SYCK 根据基准输入的种类通知 CKI 选取某一路时钟作为本系统的基准。

3.5.4 主控框/主控单元

BCTL 机框是 ZXJ10 交换机控制层，完成模块内部通信的处理以及模块间的通信处理。通过以太网接收后台对本模块的配置、升级并向后台报告状态；通过 HDLC 与其他外围 PP 协同完成用户通信的建立、计费和拆路。

ZXJ10 的主控单元对所有交换机功能单元、单板进行监控，在各个处理机之间建立消息链路，为软件提供运行平台，满足各种业务需要。

ZXJ10 的主控单元由一对主处理机板 MP、共享内存板 SMEM、通信控制板 COMM、环境监控板 PEPD、监控板 MON 和控制层背板 BCTL 等组成。BCTL 为各单板提供总线连接并为各单板提供支撑。主控单元占用一个机框。

1. 主控机框配置

1）BCTL 机框满配置

BCTL 机框满配置如图 3.5 - 10 所示。

1	2	3	4	5	6	7	8	9	10	11	12	13	14	15	16	17	18	19	20	21	22	23	24	25	26	27
电源B		SMEM			主控单元				主控单元			MPMP	MPMP	MPPP	MPPP	MPPP	MPPP	MPPP	MPPP	STB	STB	STB	V5	PEPD	MON	电源B

图 3.5 - 10 BCTL 机框满配置图

BCTL 占一个框位。MP 是主控板，两块板子互为主备用，通过背板的 AT 总线控制 COMM、PEPD、MON 板，两块 MP 板通过 SMEM 板交换数据；MP 板通过以太网与后台相连。COMM 是 MP 的协处理板，完成 HDLC 功能，通过 AT 总线与 MP 板通信，通过 2M HW 与网板相连。MON 通过 485 线监视电源、时钟等板子的状态，并通过 AT 总线向 MP 板汇报。PEPD 板通过一些传感器接口监视机房环境。两块 POWB 板为该层的板子提供电源。

通信控制板 COMM 是一类板，包括 MPMP（模块间通信板）、MPPP（模块内通信板）、STB（7 号信令板，每板 8 条 Link）、V5 通信板（每板 16 条 Link）和 U 卡通信板（每板 32 条 Link）。

2）功能原理

COMM 板位于 13～24 板位。COMM 板的类型包括 MPMP、MPPP、STB、V5 和 U 卡通信板。其中 MPMP 和 MPPP 板是成对工作的。各类 COMM 板的用途分别是：

（1）MPMP 用于多模块连接时，提供各模块 MP 之间的消息传递通道。

（2）MPPP 提供模块内 MP 与各外围处理子单元处理机（PP）之间的信息传递通道，其中固定由 15、16 槽位的一对 MPPP 提供 MP 对交换网板的时隙交换，接续控制通道。

（3）STB 提供 No.7 信令信息的处理通道。

（4）V5 板提供 V5.2 信令信息的处理通道。

（5）U 卡通信板提供 ISDN 话务台用户与 MP 之间的消息传递通道。

（6）MPMP 板和 MPPP 板提供的消息传递通道称为通信端口，通信端口是由通信时隙构成的，这些通信时隙也称为 HDLC 信道。

3）通信端口的分类

根据通信端口的用途，通信端口分为以下 3 种：

（1）模块间通信端口：用于两互连模块 MP 之间通信。

（2）模块内通信端口：用于 MP 与模块内功能单元通信。

（3）控制 T 网接续的超通信端口：用于 MP 控制 T 网接续。

在图 3.5-11 中，一个用户单元占用 2 个模块内通信端口，一个数字中继单元占用 1 个模块内通信端口，一个模拟信令单元占用 1 个模块内通信端口，MP 控制 T 网占用 2 个超信道的通信端口（port1 和 port2），模块间通信至少占用 1 个模块间通信端口（Mport1～Mport8），一块 MPMP 能处理 32 个通信时隙，并且 MPMP 是成对工作的，一对 MPMP 可以处理 8 个模块间通信端口，一块 MPPP 能处理 32 个通信时隙，并且 MPPP 也是成对工作的，一对 MPPP 板能处理 32 个模块内通信端口。

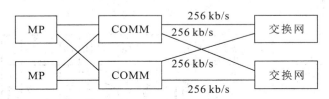

图 3.5-11　超通信端口配置图

要特别注意的是，15、16 槽位的 MPPP 板使用各自的前 8 个时隙固定用于 MP 控制 T 网，构成两个通信端口（一个端口包含 4 对时隙），即是控制 T 网接续的通信端口，也称为超信道。因此，15、16 槽位的 MPPP 板剩余的 24 对时隙只能构成 24 个模块内通信端口。

有些单元、单板的通信与告警监控不需要使用模块内通信端口，主要是通过 MON 板提供 RS485 串口、RS232 串口来实现，如 FBI、ODT、二次电源板等。烟雾、红外、温湿度主要是通过 PEPD 板来实现监控的。

2. MP 板

模块处理机板 MP 是交换机各模块的核心部件，它相当于一个功能强大且低功耗的计算机，位于 ZXJ10（V10.0）交换机的控制层，该层有主备两个 MP，互为热备份。目前常用的 MP 硬件版本有 MP B0111、MP B9908、MP B9903。各种硬件版本 MP 的功能基本相同，但是硬件配置和性能随着硬件版本的升级而逐步增强。

1）MP 的主要功能

（1）MP 提供总线接口电路，目的是提高 MP 单元对背板总线的驱动能力，并对数据总线进行奇偶校验，总线监视和禁止。

（2）分配内存地址给通信板 COMM、监控板 MON、共享内存板 SMEM 等单板，接受各单板送来的中断信号，经过中断控制器集中后由 MP 处理。

（3）提供两个 10M 以太网接口，一路用于连接后台终端服务器，另一路用于扩展控制层间连线。

（4）主备状态控制，主/备 MP 在上电复位时采用竞争获得主/备工作状态，主备切换有 4 种方式：命令切换、人工手动切换、复位切换和故障切换。

（5）其他服务功能，包括 Watchdog（看门狗）功能、5 ms 定时中断服务、定时计数服务、配置设定、引入交换机系统基准时钟作为主板精密时钟、节点号设置、各种功能的使能/禁止等。

（6）为软件程序的运行提供平台。

（7）控制交换网的接续，实现与各外围处理单元的消息通信。

（8）负责前后台数据命令的传送。

2）控制模式

在 PSM 内部 MP 主要采用两级控制结构，如图 3.5 - 12 所示。

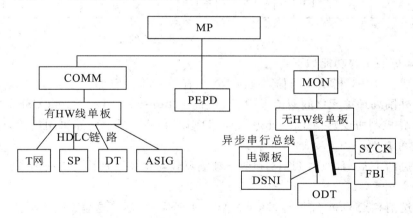

图 3.5 - 12　MP 控制结构

在 MP 硬盘的 C 盘根目录下，存放有以下几个主要目录：

（1）操作系统目录：C：\DOS、C：\DOSRMX，两个目录分别用于存放 DOS 操作系统和 IRMX 操作系统的相关文件。

（2）版本文件目录：C：\VERSION，用于存放 MP 版本文件 ZXJ10B。

（3）数据文件目录：C：\DATA，用于存放后台传送到前台的配置文件。在 DATA 目录下还有三个目录，分别是 TEMP、V0100、V0101。其中 TEMP 称为临时目录，保存后台传送到前台的数据文件，当 MP 作为备机时，该目录保存主机同步到备机的数据；V0100 和 V0101 目录下分别保存了交换机运行的所有数据，V0101 是 V0100 的备份目录，正常情况下，这两个目录下的文件应该完全一致。

（4）配置文件目录：C：\CONFIG，用于存放 MP 配置文件 TCPIP.CFG，该文件存放的配置信息如下，包括交换局的区号、局号以及后台服务器的节点号等信息，必须与后台设置一致。

LOCAL AREA CODE＝区号
ZXJ10B NUMBER＝局号
TCP－PORT＝5000
NTSERVER＝129
JFSERVER＝130

3. COMM 板

如图 3.5－13 所示，主控单元除了 MP 模块处理机外，主要包括 COMM 板。COMM 板包括五类：MPMP、MPPP、STB、V5、ISDN UCOMM。每块 COMM 板最多可同时处理 32 个 HDLC 信道，物理层为 2 MHW 线。每个逻辑链路（信道）可在 4 条 HW 中任意选择 1～32 个 TS，但总的时隙数不超过 32。

1	2	3	4	5	6	7	8	9	10	11	12	13	14	15	16	17	18	19	20	21	22	23	24	25	26	27
电源 B	SMEM	MP			MP			COMM	COMM	COMM	COMM	COMM	COMM	PEPD	MON	TNET	TNET	ASIG	ASIG	ASIG	DTI	DTI	DTI	DTI	DTI	电源 B

图 3.5－13　COMM 板槽位图

COMM 板的主要功能如下：

（1）完成模块内、模块间通信，提供 No.7 信令、V5、ISDN UCOMM 板的链路层。

（2）与外围处理单元之间通信采用了 HDLC（High-Level Data Link Control Protocol，高级数据链路控制协议），可同时处理 32 个 HDLC 信道。通信链路采用负荷分担方式，提高了系统的可靠性。

（3）通过两个 4 KB 双口 RAM 和两条独立总线与主备 MP 相连交换消息，与 MP 互相都可发中断信号。

MP 发送消息给 DSN 需要经过 COMM 和 DSNI－C 板。这里 COMM 和 DSNI－C 板的连接存在"奇对奇，偶对偶"的关系。也就是说 13、14 槽位的 DSNI－C 板和 COMM 板连通传消息时，13 槽位对应奇数槽位的 COMM 板。14 槽位对应偶数槽位的 COMM 板。如果这种连接中断，则整个系统将瘫痪。

4. PEPD 板

对于大型程控交换设备来说，一个完善的告警系统是必不可少的。它必须对交换机工作环境随时监测，并对出现的异常情况及时作出反应，给出报警信号，以便及时处理，避免不必要的损失。通过它对环境进行监测，并把异常情况上报 MP 作出处理。

PEPD 板要求具有以下功能：

（1）对交换机房环境进行监测：温度、湿度、烟雾、红外等。

（2）通过指示灯显示异常情况类别，并及时上报 MP。

（3）在中心模块中位于控制层，类似于 MP 与 COMM 板、MON 板通信方式。

5. MON 板

ZXJ10(V10.0)可以进行本身监控并与 MP 通过 COMM 板接续实现和各子单元进行通信，各子单元能够随时与 MP 交换各单元状态和告警信息，但也有不少子单元不具备这种通信功能。因此，为了对这些子单元实现监控，系统专门设置了 MON 板，如图 3.5 - 14 所示。

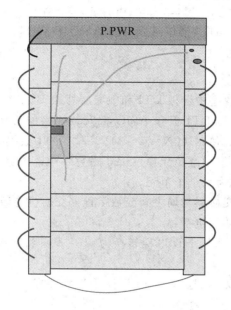

图 3.5 - 14　MON 板监控图

MON 板对所有不受 SP 管理的单板如电源板、光接口板、时钟板、交换网驱动板等进行监控，并向 MP 报告。监控板只有一块，提供 10 个异步串口，其中 8 个 RS485 接口和 2 个 RS232 接口。每个 RS485 串口可接若干个单板。与各单板通信采用主从方式，监控板为主，单板为辅。每次都先由监控板主动发出查询信号，之后才由要查询的单板发出响应以及数据信息。监控板对发来的数据进行处理判断，如发现异常，便向 MP 报警。考虑到 RS485 串行总线对于多点及长距离通信比较适合，因此监控板对各单板的监控物理层采用 RS485 总线。由于 RS232 应用十分广泛，所以另外提供两个备用的 RS232 总线，供用户扩展功能之用。

3.5.5　中继框（中继单元＋模拟信令单元）

BDT 机框是 ZXJ10 交换机的中继层，为数字中继接口板 DTI、模拟信令接口板 ASIG 及光接口板 ODT 提供支撑，同时背板提供保护地。

BDT 机框可装配的单板有：

- SAA（同轴电缆插座，负责电缆的引入和接出）；
- DTI（数字中继板，每板 4 路 2M 的 E1）；
- ASIG（模拟信令板，提供音频信号等）；
- ODT 板（光中继板，相当于 4 块 DTI 板）；

- POWB(电源板)

BDT 机框满配置如图 3.5－15 所示。

1	2	3	4	5	6	7	8	9	10	11	12	13	14	15	16	17	18	19	20	21	22	23	24	25	26	27
电源B		数字中继	数字中继		数字中继	数字中继		数字中继	数字中继		数字中继	数字中继		数字中继	数字中继		数字中继	数字中继		数字中继	数字中继		数字中继	数字中继		电源B

图 3.5－15　BDT 机框满配置

SAA 为同轴电缆插座，DTI 槽位可以混插 ASIG 和 ODT。背板共有两个电源板槽位和 16 个中继槽位。

1. 数字中继单元

数字中继单元主要由数字中继板 DTI 和中继层背板 BDT 构成，在物理上与模拟信令单元共用相同机框。BDT 是 DTI 板和 ASIG 板安装连接的母板，BDT 背板支持 DTI 或 ASIG 板的槽位号为 $3N$ 和 $3N+1(N=1\sim8)$。每块 DTI 板提供 4 个 2M 中继出入接口（E1 接口），即一个 DTI 数字中继单元提供 120 路数字中继电路，每块 DTI 板为一个数字中继单元，对应每个 E1 称为一个子单元。

数字中继是数字程控交换局与局之间或数字程控交换机与数字传输设备之间的接口设施。数字中继单元的主要功能包括：

（1）码型变换功能：将入局 HDB3 码转换为 NRZ 码，将局内 NRZ 码转换为 HDB3 码发送出局。

（2）帧同步时钟的提取：从输入 PCM 码流中识别和提取外基准时钟并送到同步定时电路作为本端参考时钟。

（3）帧同步及复帧同步：根据所接收的同步基准即帧定位信号实现帧或复帧的同步调整，防止因延时产生失步。

（4）信令插入和提取：通过 TS_{16} 识别和信令插入/提取，实现信令的收/发。

（5）检测告警：检测传输质量，如误码率、滑码计次、帧失步、复帧失步、中继信号丢失等，并把告警信息上报 MP 板。

BDT 机框原理图如图 3.5－16 所示。数字中继单元与 T 网通过一条 8M HW 相连，每条 HW 的 TS_{64}、TS_{96} 时隙作为 DTI 板与 MP 板的通信时隙，TS_{125} 时隙为忙音时隙。

中继层也可以支持光中继板（ODT 板），ODT 板的功能和 DTI 板的功能相同，但是 ODT 板提供光接口，且一块 ODT 板的传输容量为 512 个双向时隙，相当于 4 块 DTI 板的传输容量，所以一块 ODT 需要占用 4 条 8M HW 与 T 网连接。

中继层还可以支持 16 路数字中继板（MDT 板），MDT 板的功能和 DTI 板的功能相同，但是 MDT 板传输容量为 512 个双向时隙，相当于 4 块 DTI 板的传输容量，即能提供 16 个 E1 接口，所以 MDT 需要占用 4 条 8M HW 与 T 网连接。

数字中继单元主要由数字中继板和 BDT 背板构成。模拟信令单元由模拟信令板和 BDT 背板构成。它们所处的位置为连续两块 $3N$ 和 $3N+1$ 板位。

数字中继单元 DTI 和模拟信令单元 ASIG 分别只需要占用一条 8M HW，因此中继层 $3N$ 和 $3N+1$ 槽位的单元共用一条物理电缆，从 $3N$ 槽位连接到 DSNI－S 板，物理电缆中小的 HW 号（小 SPC 号）必须分配给 $3N$ 槽位的单元使用，而大的 HW 号（大 SPC 号）必须分配给 $3N+1$ 槽位的单元使用。这就是"大对大，小对小"原则。如果中继层使用 ODT 板，则 ODT 板所在槽位需要连接两个物理电缆（4 条 8M HW）到 DSNI－S 板。

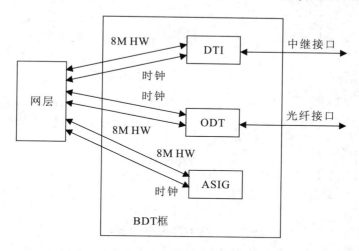

图 3.5－16　BDT 机框原理图

BDT 背板提供 DTI、ODT 或 ASIG 板板位，这些单板相互兼容，并通过 8M HW 电缆与网层互连。

2. 对外接口

BDT 机框的对外接口如表 3.5－2 所示。

表 3.5－2　BDT 机框对外接口

接口标识	用　途	连接关系
X1_485_IN	电源 485 监控插座	接上机框
X1_485_OUT	电源 485 监控插座	接下机框
ONT1－32	ODT 与网层互连插座	接网层
CNT8K1－16	8K 时钟输出	接网层
CNT1－8	DTI 与网层互连插座	接网层
X210，X214	电源插座	接汇流条
X18_485_IN	电源 485 监控插座	接上机框
X18_485_OUT	电源 485 监控插座	接下机框

3.5.6　DTI 板

DTI 板是数字中继接口板，位于中继单元 $3N$ 和 $3N+1$ 槽位，连续两块，用于局间数字中继，是数字交换系统间、数字交换系统与数字传输系统间的接口单元，提供 ISDN 基群速率接口（PRA）、RSM 或者 RSU 至母局的数字链路，以及多模块内部的互连链路。

每个单板提供 4 路 2 Mb/s 的 PCM 链路，2 块单板提供 8 路 2 Mb/s 的 PCM 链路。通过同轴电缆插座，负责电缆的引入和接出。假设 $3N$ 槽位为 A 板，$3N+1$ 槽位为 B 板，具体情况如图 3.5－17 所示。

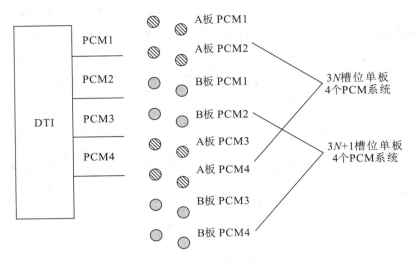

图 3.5－17　DTI 板 PCM 接口

　　DTI 板的基本功能有码型变换（HDB3 码—NRZ 码）、时钟提取/再定时、信令的插入和提取、帧/复帧同步、控制/检测/告警、用于 ISDN 的 PRA 用户接入、实现 ISDN 功能。其中：控制是指接口电路初始化、执行复位、环路测试等命令；检测是指误码率、滑码次数、帧失步、复帧失步等；告警是将告警信息上报 MP，并在板上作出故障显示。

　　一块 DTI 板有 4 路 E1 接口，也就是有 4 路 PCM30/32 帧结构，通常情况下 32 个时隙中，TS1 传同步，TS16 传信令，30 路时隙传话音。

　　模拟信令单元由模拟信令板 ASIG 和背板 BDT 板组成，与数字中继单元共用一个机框。DTI 板与 ASIG 板二者单板插针引脚相同，故可任意混插。中继单元与模拟信令单元数量的配比将根据系统容量及要求具体确定。每块 DTI 板提供 120 个中继电路，同样每块 ASIG 板也提供 120 个电路，但一块 ASIG 板分成两个子单元，子单元可以提供的主要功能包括 MFC（多频互控）、DTMF（双音频收/发器）、TONE（信号音及语音电路）、CID（主叫号码显示）、会议电话等，具体取决于 ASIG 板的软硬件版本。

　　通常 ASIG 单元采用与 DTI 数字中继单元完全一样的方式实现 T 网连接和与 MP 通信。ASIG 单元到 T 网为一条 8M 的 HW 线，占用 HW 的最后 2 个时隙与 MP 通信。

3.5.7　ZXJ10 交换机的 ASIG 板

　　为了实现信号音的产生、发送与接收功能，以及实现三方会议电话的功能，ZXJ10 交换机特意采用 ASIG 板来作为交换机的公共资源提供给交换机的各接口电路使用。ZXJ10 交换机使用的 ASIG 的单板型号是 ASIG9906、ASIG1017 及 MASIG 板。其功能可提供 DTMF、MFC、音频信号 TONE、主叫号码识别 CID 和会议电话 CONF 服务。

　　ASIG 板位于 DT 层，可以和 DTI 混插。板上有两个子单元 DSP，这两个子单元是否烧写 Flash 芯片可区别 ASIG－1、ASIG－2 和 ASIG－3 三种类型。都烧写芯片是 ASIG－1 类型，都不烧写芯片是 ASIG－2 类型，只有一个 DSP 烧写芯片则是 ASIG－3 类型。

　　DTI 板和 ASIG 板都是处在 3N 的整数倍连续两块槽位，而且可以混插，实际当中可能存在 3N 和 3N+1 槽位一块是 DTI、一块是 ASIG 的情况,而这两块板经过一条电缆从 DSNI-S 接到交换网。接入点的 SPC 号加 4 得到 HW 号。HW 号遵循"大槽位对大 HW 号,小槽位对小 HW 号"的原则。

3.6　远端外围交换模块

远端交换模块 RSM 是 PSM 或中心模块(CM)的延伸,RSM 的结构与 PSM 基本相同,用户在使用时与在 PSM 中使用没有任何区别。只是 PSM 使用 FBI 连接上级模块,而 RSM 采用下列便于远距离传输的方式连接到其他模块:

(1) 通过数字中继接口,以 PCM 形式通过 PCM 传输终端将 RSM 接入系统。

(2) 通过 PSM/RSM 两端的光纤接口(ODT)直接相连,这种连接方式为 ZXJ10 的组网提供了方便。

(3) 通过内置 SDH 传输将 RSM 接入系统。

3.7　电 源 模 块

电源模块包括:

(1) POWER S——64K 中心网、32K 中心网网层。

(2) POWER D——中心架的光纤接口层。

(3) POWER P——48 V 电源。

(4) POWER A——用户框电源。

(5) POWER B——BDT、BNET、BCTL。

(6) POWER C——MP 的电源。

电源板状态通过 485 总线向监控板报告,同时在面板指示灯上显示。

3.8　项目任务五:物理配置

交换机设备一般放在程控交换机房内,进入机房需要经过运营商的许可。进入机房后在允许的操作范围内进行施工和操作,禁止对允许施工范围以外的设备和器材进行操作。从本项目任务开始对模拟交换机房进行配置。

1. 局容量数据

在交换局开通之前必须根据实际情况进行整体规划,确定局容量。局容量数据配置是对前台 MP 内存和硬盘资源划分,关系到 MP 能否正常运行及发挥最优效果。局容量数据确定后,一般不允许进行增加、修改或删除等操作。如果以后根据实际情况进行了扩容或其他操作,并且对局容量数据进行了修改,则相关模块的 MP 必须重新启动,修改参数才能生效。

1) 全局规划

局容量配置对交换局容量进行限制,根据用户需求进行配置,容量配置过大会造成资源浪费,容量配置过小会导致资源受限,严重时会出现较大的呼叫损失。

2）模块容量规划

全局容量规划设置后，可以进行增加模块容量规划的操作。根据界面提示选择好模块类型，确定增加的模块号（单模块组网模块号固定为 2），根据设计容量规划进行模块容量规划配置，如无特殊要求可以使用系统提供的建议值。

2. 交换局配置

ZXJ10 交换机作为交换局在电信网上运行时，需要与电信网中其他交换设备连接才能完成网络交换功能，因此这将涉及交换局的信令点数据配置。交换局数据配置包括两个部分：本交换局配置和邻接交换局配置。

1）本交换局数据配置

本交换局包括交换局配置数据、信令点配置数据、移动关口局配置数据和全局鉴权配置。本交换局配置数据包括交换局的局向号、测试码、国家代码、交换局编号、长途区内序号、催费选择子、STP 再启动时间、本局网络的 CIC 码、来话忙提示号码、转接平台局码、转接平台密码、主叫智能接入码、被叫智能接入码、交换局网络类型、交换局类别、信令点类型等数据。

2）本交换局信令点配置

本交换局信令点配置数据包括配置本交换局的信令点编码、出网字冠、区域编码和 GT 号码。根据与本局交换机的数据规划相关数据。

（1）对于七号用户部分需要根据实际使用情况选择，普通电话业务、ISUP 中继业务、智能业务需要勾选相应信息。

（2）邻接交换局是指与本交换局相邻且有直达话路路由或者有直达信令链路路由的交换局。在出局通话中需要配置，本局通话中邻接交换局配置无效。

3. 8K 物理配置

ZXJ10 交换机物理配置数据描述了交换机的各种设备连接成局的方式。物理配置方式有兼容物理配置和物理配置两种，由于 ZXJ10 交换机可以兼容其他版本，因此在物理配置中提供兼容配置功能。

物理配置硬件设施在软件系统中的映射，根据交换机房现有设备进行物理配置，使硬件设备在软件中有逻辑对应关系，通过软件控制硬件设备完成相应的功能。物理配置过程中有一定的搭建流程，一般按照模块→机架→机框→单板→逻辑线缆等顺序配置数据。删除操作与配置操作顺序相反。用户点击在进行配置操作或删除操作时必须严格按照顺序进行。

通过该界面实现的功能有：配置交换局物理结构、查询交换局的物理配置；修改交换机物理配置数据；增加模块、增加机架、增加机框、安装单板、配置线缆等操作。

1）模块管理

ZXJ10 交换机可以由一个模块组网也可以由多个模块组网，首先根据交换机房的配置要求进行设备规划和参数规划，根据规划好的数据进行模块配置。模块管理主要包括模块的增加、删除和属性修改。增加模块时必须指定模块的属性，若交换局是多模块组网，则需修改其邻接模块属性。

2）新增模块

进入新增加模块页面，根据页面提示进行模块数据配置。对于 8K 的 PSM 单模块成局，模块号固定配置为 2，模块种类为操作维护模块和 8K 外围交换模块。对于 PSM 多模块成局，则 1 号模块固定为消息交换模块。

创建根模块的方法为：选择模块号为 2；模块种类为操作维护模块和交换网络模块、8K 外围交换模块。其他二级或三级模块的创建方法为：选择模块号从 3 开始往上，最大可到 64，模块种类根据实际情况进行选择。

3）新增机架

在交换机模块添加后，需要进行模块机架的添加。

4）新增机框

机架添加完成后，可进行机框的添加。对于 8K 的 PSM 单模块成局的设备，从下往上依次是 1 号框—用户框、2 号框—用户框、3 号框—交换框、4 号框—控制框、5 号框—中继框、6 号框—中继框。

在机框配置过程中，根据实验室交换机的实际配置进行插框，如仿真软件实验室 1 中只用配置 1 号框—用户框、3 号框—交换框、4 号框—控制框、5 号框—中继框。

5）单板配置

在物理配置界面中选中对应机框，根据不同机框类型的参考配置和机架上的实际板位配置单板。

在配置机框单板之前先对机房交换机真实物理配置进行核实，在仿真软件实验室 1 中，首先打开虚拟机房 1，单击打开机框，查看机架内配置了四个机框：1 号用户框、3 号交换框、4 号控制框、5 号中继框。

（1）1/2 号框—用户框。在仿真软件中用户框分成 27 个插槽，1 号与 27 号插槽配置电源 A 板、4 号插槽配置模拟用户板、23 号插槽配置多任务测试板、25 号与 26 号插槽配置用户处理板，其他插槽为空板。

（2）3 号框—交换框。在仿真软件中交换框分成 27 个插槽，1 号与 27 号插槽配置电源 B 板，4 号与 7 号插槽配置同步时钟板，10 号插槽与 12 号插槽配置数字交换网板，13、14、17、18 号插槽配置数字交换网接口板，其他插槽为空板。在相应的插槽点击右键，下拉菜单有插入电路板、插入默认电路板、删除电路板三种功能。13、14 号插槽交换网板接口板与主控单元进行通信，17、18 号插槽交换网板接口板用功能单元进行通信。

（3）4 号框—控制框。在仿真软件中交换框分成 27 个插槽，1 号与 27 号插槽配置电源 B 板，1 号插槽配置共享内存，6 号与 10 号插槽配置主处理器，13 号插槽与 14 号插槽配置模块间通信板，15~20 号插槽配置模块内通信板，21~23 号插槽配置七号信令板（提供 8 条 No. 7 链路处理能力），24 号插槽配置 V5 接口板（提供 16 条 V5 信令链路处理能力），26 号插槽配置监控板，其他插槽为空板。

（4）5/6 号框—中继框。在仿真软件中交换框分成 27 个插槽，1 号与 27 号插槽配置电源 B 板、9 号插槽配置模拟信令板、12 号插槽配置数字中继板。在相应的插槽点击右键，下拉菜单有插入电路板、插入默认电路板、删除电路板三种功能。在中继框 $3N$ 槽位和 $3N+1$ 槽位可以配置数字中继板（即普通的 DTI 板）、模拟信令板（即 ASIG 板），在该槽位还可以配置光中继板（即 ODT 板）、DDN 接口板、单板 SDH（即 SNB 板）以及 16 路数字中继板（即 MDTI 板）等，其他槽位用于配置背板连线。

4. 通信板配置

机框单板配置完成后，还需要配置机框之间的连接线路和单板之间的通信线路。全部配置完成后可查看相应的通信板配置信息。查看 13、14（模块间通信板）的端口配置和时隙列表，提供 8 个模块间通信端口，每个通信间端口提供 8 个（4 对）时隙。查看 15、16 模块内通信端口，提供两个超通信端口，每个超通信端口提供 8 个（4 对）时隙，还提供 24 个模块内通信端口，每个通信端口提供 2 个（1 对）时隙。查看 17～20 模块内通信端口及 32 个模块内通信端口，每个通信端口提供 2 个（1 对）时隙。

也可根据需要删除通信板端口配置，如果被删除的通信板上有端口正在使用，则系统将予以提示，并废弃操作。

5. 单元配置

单元配置主要定义功能单元的配置和 HW 线的配置等，分为有 HW 单元的配置和无 HW 单元的配置，尤其在增加有 HW 单元时，HW 号的确定要根据实际电缆接口的 SPC 号来确定。

（1）增加无 HW 线单元。点击【增加所有无 HW 单元（F）】按钮并确认后，系统将自动增加无 HW 的单元。

（2）增加有 HW 线单元。增加有 HW 线单元有交换网单元、用户单元、数字中继单元和模拟信令单元。

6. 数据传送

在所有物理配置都完成后，把相应的数据下载到交换机的运行单板上，在联机操作时，需要确认上传数据的终端为服务器，IP 地址为 XXX.XXX.XXX.129，该地址与交换主控板 MP 地址在同一个网段，IP 最后一位字节为 129 代表为服务器配置，但在仿真软件中弱化了该配置。

7. 验证物理配置

物理配置完成后检验一下配置是否正确。通过面板的颜色可以区分单板是否正常运行，如果单板运行不正常，可以区分当前告警等级，双击故障面板，可以查询单板告警的具体信息。如果单板运行正常，可以区分当前是处于主用状态还是处于备用状态。还可以查看的当前单板是否失控或者被屏蔽。

3.9 项目扩展：程控交换机核心硬件简介

项目总结三

（1）程控交换机的硬件及软件系统；
（2）ZXJ10 交换机完成的功能；

（3）ZXJ10 交换机硬件机框单板；

（4）ZXJ10 交换机的功能单元组成；

（5）ZXJ10 交换机配置的单板；

（6）ZXJ10 交换机机柜之间、机框之间、单板之间的连线；

（7）ZXJ10 交换机的规划容量；

（8）ZXJ10 交换机配置的物理单板及参数；

（9）ZXJ10 交换机连接的单板；

（10）ZXJ10 交换机配置的功能单元；

（11）ZXJ10 配置完成后的硬件配置验证。

项目评价三

评价项目	评价内容	分值	自我评价	小组评价	教师评价	得分
知识点	交换机的系统组成					
	交换机的单元组成					
	交换机的单板组成					
	ZXJ10 交换机基本配置方法					
	ZXJ10 交换机硬件物理配置					
	ZXJ10 交换机配置验证					
项目输出	ZXJ10 交换机单板输出板位图					
	ZXJ10 交换机背板连线图输出单板连线结构					
	ZXJ10 交换机物理配置					
	ZXJ10 交换机后台告警监控图					
环境	教室环境					
态度	迟到 早退 上课					
综合评估（优、良、中、及格、不及格）						

项目练习三

第4章　呼叫处理与存储程序控制原理

教学课件

知识点：

- 了解呼叫接续的处理过程；
- 了解呼叫基本流程；
- 了解呼叫输入处理过程；
- 了解呼叫分析处理（去话分析、号码分析、来话分析、状态分析）；
- 了解呼叫输出处理过程。

技能点：

- 具有区分呼叫接续方式的能力；
- 具有判断呼叫流程等能力；
- 具有号码分析处理的能力；
- 具有 ZXJ10 交换机号码管理配置能力；
- 具有 ZXJ10 交换机号码分析配置能力；
- 具有 ZXJ10 交换机本局通话的故障处理能力。

任务描述：

学习交换机呼叫流程，在 ZXJ10 交换机仿真系统中配置本局电话，本局电话号码分别为 8880000、8880001、8880002；完成本局电话号码分析，使本局电话互通，配置用户属性，使用户 8880000、8880001、8880002 可以做主叫；配置完成后，验证电话是否可通；出现无法正常呼叫，可以通过呼叫损失表进行跟踪处理；分别进行号码管理、配置局号、分配百号、放号等操作。

- 配置对应的电话号码：第一个电话号码为 8880000，第二个电话号码为 8880001，第三个电话号码为 8880002。
- 配置号码分析：局号 888 的电话号码在本局内可以用于被叫，通过局号索引找到被叫所在线路电话号码。
- 配置用户属性：局号 888 的电话号码在本局内可以用于主叫，通过用户模板设置本局电话类型和开通状态。

项目要求：

1. 项目任务

（1）根据项目需求，进行 ZXJ10 交换机电话号码规划；

（2）完成仿真系统实验室的号码管理配置；

（3）完成仿真系统实验室的号码分析配置；

（4）完成仿真系统实验室的本局电话互通验证。

2. 项目输出

(1) 输出实验室号码管理配置流程；

(2) 输出实验室呼损跟踪情况图。

资讯网罗：

(1) 搜罗并学习中兴 ZXJ10 交换技术手册；

(2) 搜罗并阅读 ZXJ10 程控交换机配置手册；

(3) 搜罗并阅读 ZXJ10 程控交换机指导手册；

(4) 搜罗并阅读 ZXJ10 工程资料；

(5) 分组整理和讨论相关资料。

4.1　呼叫接续的处理过程

程控交换机的主要任务就是为用户完成各种呼叫接续，由程控交换机的硬件完成接续，由软件来进行控制，下面就通过一次呼叫接续过程介绍呼叫处理的基本过程和原理。

开始，假设用户没有摘机，处于空闲状态，交换机周期性地对用户进行扫描，检测用户线的状态，待用户摘机呼叫时交换机就开始了呼叫处理。最简单的呼叫处理过程有以下5 个步骤。

(1) 主叫摘机→去话分析→交换机送拨号音。

交换机检测到用户状态改变，确定呼出用户的设备号；从外存储器调入该用户的用户数据，如用户的电话号码、用户类别及服务类别等，然后执行去话分析程序。如果分析结果确定是电话呼叫，则寻找一个空闲路由，把该用户连接到拨号音产生设备上，向主叫用户送拨号音。

(2) 收号→号码分析。

用户开始拨号，由收号器接收用户所拨号码；收号器收到用户拨叫的第一位号以后，停送拨号音，对收到的号码按位存储；在收到一定位数的号码以后，进行号码分析，以便确定本次呼叫是呼叫本局用户还是呼叫他局用户。

(3) 来话分析→向主、被叫送回、振铃音。

在收号完毕和号码分析结束以后，根据被叫号码从存储器找到被叫用户的数据，如被叫用户的设备、用户类别等，而后根据用户数据执行来话分析程序以进行来话分析，并检测被叫用户忙闲。

如被叫用户空闲，则找到一个从铃流设备到该被叫用户的空闲路由，以给该被叫用户送铃流，并且还应该选择一个能连通主、被叫用户间的空闲路由。接下来向被叫用户振铃，振铃确认后向主叫用户送回铃音。

(4) 被叫应答→双方通话。

被叫摘机应答由扫描检出，由预先已选好的空闲路由建立主、被叫两用户的通话电路。同时，停送铃流和回铃音信号，建立主、被叫用户间的通话路由，主、被叫用户开始通话，同时启动计费设备，开始计费。

（5）话终挂机→复原。

双方通话时，由用户电路监视主、被叫用户状态。当交换机检测到一方挂机以后，则复原通话路由，停止计费；向另一方送忙音；待另一方挂机后，一切复原。

处理一次呼叫的简要流程图如图 4.1-1 所示。下面详细分析呼叫处理各个步骤的内容和相互联系。

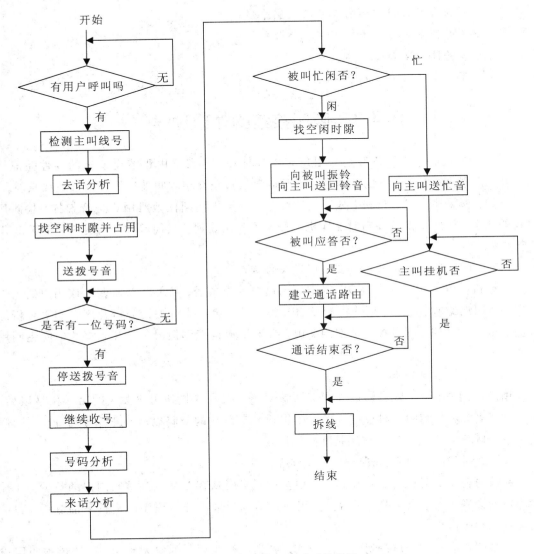

图 4.1-1　处理一次呼叫的流程

1. 状态迁移

程控交换机的接续就是在主叫用户和被叫用户之间建立一条通话回路。一次接续过程可以分成许多阶段，如主叫用户摘机、拨号、被叫用户应答、通话和话毕挂机等。这些阶段都是由一个稳定状态变化到另一个稳定状态。交换机由一个稳定状态变化到另一个稳定状态的过程称作状态迁移。状态迁移的过程就是交换机进行交换处理的过程。

2. 呼叫处理程序的基本组成

呼叫处理程序由 3 部分组成，如图 4.1-2 所示。

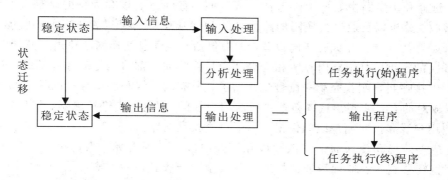

图 4.1-2　呼叫处理程序组成

（1）输入处理：由输入程序识别输入信息，监视、识别用户线和中继线交换处理信息，为数据采集部分。

（2）分析处理（内部分析）：对输入信息和现有状态进行分析，以确定下一步任务，决定执行什么任务，向哪个状态转移，为数据处理部分。

（3）输出处理：根据分析结果，发出控制命令并驱动硬件设备执行，用硬件驱动改变状态。

输出处理又可分为以下 3 部分：

① 任务执行（始）程序——软件上占用；

② 输出程序——硬件驱动；

③ 任务执行（终）程序——软件上释放。

这样反复执行的过程，就是呼叫处理程序的基本组成。

3. 状态迁移与交换处理程序的关系

交换机由一个稳定状态变化到另一个稳定状态，即发生了状态迁移，表示处理机执行了一项任务，处理机完成一项任务必须经过 3 种处理。状态迁移是由输入信息引起的。没有输入信息的激发，状态是不会改变的。例如，用户终端在空闲时为挂机状态，一旦用户摘机即输入一个摘机信息，空闲状态将发生改变。经过交换机对用户类别及话机类别进行内部分析后，向用户送拨号音，并给该用户接一个相应的收号器，进入收号的稳定状态，这就是输出处理。可见，交换机由一种稳定状态向另一种稳定状态迁移时，必须要经过 3 个步骤，即输入处理、内部处理和输出处理。

一个电话呼叫包含许多硬件设备和许多软件程序的处理过程，因此会有许多不同的阶段。为了对呼叫处理有更加清楚的了解，下面再从另外一个角度对本局呼叫处理的各个阶段做一个简单回顾。

（1）预选。将主叫用户接到适合于接收地址号码的收号器设备，以向主叫端传送拨号音信号而结束。当交换局对用户线进行周期性扫描而检测到一个新的呼叫时，呼叫处理就开始了。为此，处理机将一个存储区动态地分配给这个呼叫。该存储区存放着完成这个呼叫所需的信息，其中包括所收到的地址号。存储区开始初步工作：存储单元清零；一定的数据写入到预先规定的单元，同时在存储区和主叫端之间建立起数据传送链路；然后预选，即以信号传送到主叫端作为结束，认可主叫端可以发送地址号。

（2）选择和确定路由。该阶段包括完成呼叫，直到通话接续为止的全部连续的操作；也包括接收、分析以及通过交换网的路由寻找和终端设备的寻找等。当号码收够了以后，系统就开始寻找和选择完成呼叫的设备，其中包括寻找通过交换网的路由。开始时间主要取决于呼叫的类型，对于局内呼叫和入局呼叫是在收完全部号码之后才开始的，而对于出局呼叫和汇接呼叫在刚收完第一位号就开始了。所有的寻线和路由寻找的命令都是同时送出的，以成对的方式实现。选择包括对所需用户线的忙/闲状态进行测试，如果是空闲的，就在主叫用户线和被叫用户线间保留一对通过交换网的路由。

（3）应答监视和转入通话。该阶段在选择阶段结束后开始，当选择终了的信号发出后，呼叫就转移到应答监视和通话接续的阶段了。当收到被叫方应答信号（摘机）后，系统重新启动处理程序，将全部设备置入话音传送的位置，连通主叫方和被叫方并启动呼叫计时。

（4）通话和复原监视。在实际通话阶段，系统只是监视呼叫双方，检测挂机或复原的信号。如果在这个阶段进行计时工作，该系统就运行发送周期性脉冲的程序和脉冲计数的程序。

（5）复原。从呼叫任一方接收到一个复原信号或挂机信号时，开始呼叫复原阶段。此阶段包括全部交换局设备的复原和路由拆除，并通过交换网的通话路由，使终端设备回复到适当的状态，置相应用户线空闲。

（6）计费。在市话局内，呼叫计费一般不需实时处理，通常在呼叫复原之间不启动。而是在存储器计数器上加 1，即成批计费，或是准备一个详细的账单信息，将此信息记录下来，或录在磁盘上。

下面对呼叫处理程序的 3 个组成部分逐一进行分析。

4.2　输　入　处　理

收集话路设备的状态变化和有关信息的过程称输入处理，其任务就是及时发现话路系统新的处理要求，并予以登记。如用户的摘挂机动作及拨号等，这些状态变化和信息需设置专门的扫描器，由此来读出线路的状态。此外，输入处理还要执行拨号数字的计数、存储预译及时限处理等。

根据识别对象的不同，输入处理可分为对用户线的状态识别和对中继线的状态识别；根据功能的不同可有用户状态扫描、拨号脉冲扫描、双音频信号和局间多频信号的接收扫描、中继占用扫描、服务台信号的扫描等。

输入处理中的各种扫描程序，根据外界信息的变化速度、处理机的负荷能力和服务指标的要求而有不同的执行周期。

由于输入处理的主要任务是发现事件而不是处理事件，因此扫描程序执行的时长应尽量缩短。为提高效率，通常用汇编语言编写。广泛采用群处理方式，即每次输入的是一群用户或设备的信息数量相当于处理机的字长，从而提高了处理效率。

输入处理可分为：

（1）用户线扫描监视——监视用户线状态变化；

（2）中继线线路信号扫描——监视中继器的线路信号；

（3）接收数字信号——包括拨号脉冲、按键拨号信号和多频信号等；

（4）接收公共信道信号方式的电话信号；

（5）接收操作台的各种信号。

下面对一些必要的、常用的输入信号作一说明并介绍一些识别方法。

4.2.1　用户线扫描及呼叫识别

用户线扫描监视程序负责检测用户线的状态和识别用户线状态的变化，是输入处理软件的一部分。

监视扫描的目的是收集用户线回路状态的变化，以便确定是用户摘机、挂机，还是拨号脉冲计数等。用户电话机在用户线上的状态反映为两种：用户挂机时，用户线的状态为"断"状态；用户摘机时，用户线的状态为"通"状态。这两种状态可以用一位二进制数字来表示，用"0"表示用户摘机状态（用户忙），用"1"表示用户挂机状态（用户闲）。

程控交换机的扫描工作是在监视扫描程序的控制下周期地进行，即每隔一固定时间启动一次。对于用户摘机（或挂机）监视扫描程序，常用的周期为 $100\sim200$ ms，若周期过长会影响服务质量，周期过短将使扫描动作太频繁，影响处理机的工作能力。

1. 识别原理

摘挂机识别的实质就是识别用户回路状态有无变化。要判别用户回路状态的变化，处理器既要知道当前用户状态（即本次扫描的信息），还要知道用户原先的状态（即上次扫描的结果）。本次扫描信息直接从用户电路扫描器 SCN 中输出。若 SCN 为"0"，则表示用户处于摘机状态；若 SCN 为"1"，则表示用户处于挂机状态。上次扫描结果则记录在用户存储器 LM 中，每个用户一位。LM＝1，表示用户空闲（挂机状态）；LM＝0，表示用户忙（摘机状态）。

图 4.2-1 为用户回路由空闲到示忙的状态变化示意图。

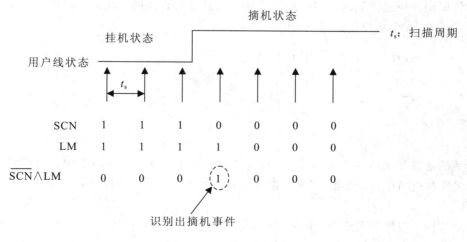

图 4.2-1　摘机事件识别

从图中可以看出，只有当上次扫描结果 LM 为"1"，即回路是空闲状态，而本次扫描 SCN 为"0"，即回路是示忙状态时，才能判定为摘机呼出事件发生。这两个条件同时满足，用逻辑关系式表示为

$$\overline{SCN} \wedge LM = 1 \qquad\qquad (4-1)$$

同理，挂机事件的识别原理与摘机事件识别原理刚好相反，逻辑表达式为

$$SCN \wedge \overline{LM} = 1 \qquad\qquad (4-2)$$

挂机的识别原理图如图 4.2-2 所示。

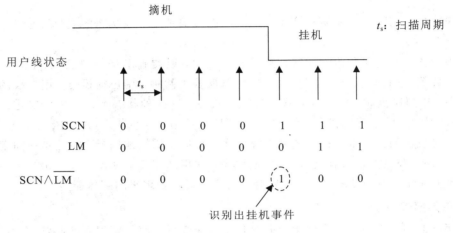

图 4.2-2 挂机事件识别

2. 群处理

上述摘挂机识别原理的描述，是对某一用户而言的。实际上处理机在进行摘挂机逻辑运算时，是对整个字长的逻辑运算，也就是说，运算的结果不是代表一个用户的情况，而是代表一群用户，即字长中的每一位代表一个用户。例如，16 位处理机，扫描一行便可以同时取得 16 个用户电路的状态信息，结合用户前次的状态信息，即可对 16 个用户进行摘挂机事件识别。像这样同时对多个用户的状态信息进行处理的方法称为群处理。

下面是对 16 个用户做摘机识别的例子：

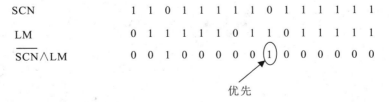

最后的运算结果有不为零的，且含两个 1，表示该扫描行中有两个用户摘机呼出。通常，先从最右边的用户开始搜寻"1"，依次向左，并逐个登记用户设备号，直至再也找不到"1"为止。

群处理摘、挂机识别流程如图 4.2-3 所示。

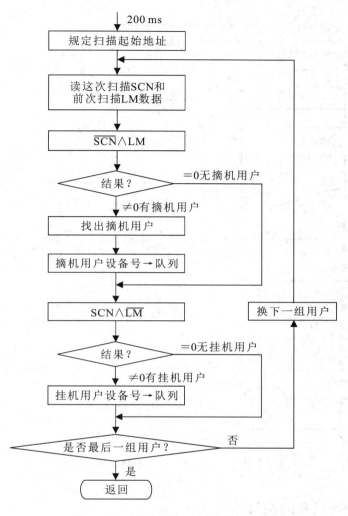

图 4.2 - 3　群处理摘、挂机识别流程图

3. 用户扫描程序

由于各种交换机的扫描安排方式和所用处理机不同，因此用户扫描程序的组成也不同，但其基本功能大都一致。

由执行管理程序安排执行的用户扫描程序框图如图 4.2 - 4 所示。

扫描周期时间一到，即由执行管理程序安排进入用户扫描程序。进入该程序后首先根据规定格式组合成扫描指令，输出到扫描矩阵或扫描存储器，以获得某行用户的回路状态信息。然后进行呼叫识别的逻辑运算，若有呼出，则寻找最右边的"1"，根据该 1 的位置组成用户设备号，即该用户电路所对应的硬件编号。之后对这一次呼叫的处理由其他程序完成，用户扫描程序只需登记上该用户设备号就可以了。当然，若还有"1"则应重复处理，其他各行的所有用户也都要接受扫描。

需要说明的是，若所有用户还未扫描完一遍，而必须要执行其他程序，则剩余的用户在下一个扫描周期到来时再扫描。

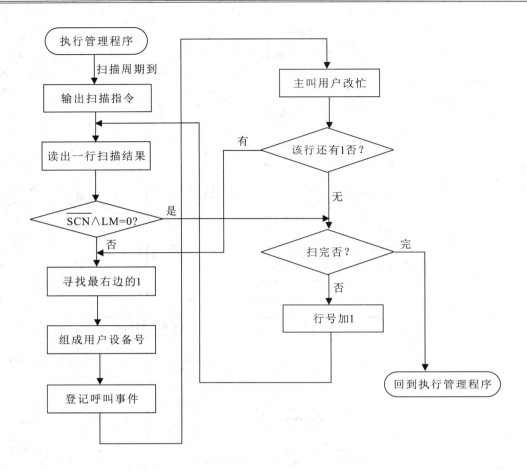

图 4.2-4　用户扫描程序框图

4.2.2　接收脉冲话机的拨号号码

在收号准备工作完成并送出拨号音后，就要进行用户所拨号码的接收工作。用户若以脉冲方式拨号，反映在用户线上也是断、续的状态，因此也可以用判别用户线状态变化的办法来识别。对用户拨号脉冲的扫描也是通过群处理的方法，因为拨号号码的值由脉冲的个数来表示，识别出拨号脉冲后，要对脉冲计数，另外还要判定脉冲间隔（即号码间的间隔），并在此间隔内存储号码的值（即计数器内累加的脉冲数）后对计数器清 0。拨号脉冲扫描包括单个脉冲信号的接收和识别、拨号脉冲的计数及位间隔的识别。

1. 脉冲信号的接收和识别

用户摘机后，用户环路状态已是"续"、"通"、"忙"的状态，即低环路阻抗的状态。脉冲拨号就是由话机发出若干个"断"脉冲来表示用户所拨号码的一种方式，通过在按键式自动电话机上将 P/T 开关打在 P（脉冲）的位置来实现。脉冲拨号时的用户环路状态如图 4.2-5所示。

图 4.2-5　脉冲拨号时的环路状态

脉冲识别的本质与摘挂机识别是一样的，都是要识别出用户线状态的变化点。若要及时检测到用户线状态的变化，必须确定合适的脉冲识别扫描周期。与脉冲拨号方式相关的参数有 3 个，即脉冲速度、脉冲断续比和位间隔，由此可以计算出脉冲拨号时最短的变化间隔时间。

由于号盘每秒发出的最快脉冲个数为 14 个，脉冲周期 $T=1000/14=71.43$ ms，在这种情况下若脉冲断续比为 2.5:1，则脉冲"续"的时间最短，为 $(1/3.5)T$，那么拨号期间最短的变化周期为 $T_{min}=(1/3.5)T=(1/3.5)\times71.43$ ms$=20.41$ ms。只要脉冲识别扫描程序的周期 $T_s<T_{min}$，就能保证在识别过程中不漏掉每一个脉冲。

从图 4.2-5 中可以看出，用 2 个或 3 个"断"脉冲表示拨号数字为"2"或"3"，两个数字之间的持续时间稍长的回路通的时间为位间隔。我国规定，脉冲拨号时，电话机的发号速率为 8～14 个脉冲/s，脉冲断续比范围为 1:1～3:1，因此，脉冲扫描的周期为 8～10 ms。

识别脉冲的方法有两个：脉冲前沿识别和脉冲后沿识别。脉冲前沿识别相当于摘挂机识别中的挂机识别；脉冲后沿识别相当于摘挂机识别中的摘机识别。

脉冲识别的基本原理如下：

(1) 假设扫描周期为 8 ms，即每 8 ms 读取一次用户回路状态（"0"表示回路"通"，"1"表示回路"断"）；记为本次扫描结果 SCN，每个用户占一位。

(2) 在内存储器中指定一个区域记录用户的一些信息，称之为监视存储器 SM，存储前次扫描结果 LM，每个用户占一位。

(3) 比较本次扫描结果和前次扫描结果是否有变化称为失配识别 UM，当两次状态不一致时 UM＝1。脉冲前沿和后沿时刻都会产生失配，即

$$UM=SCN\oplus LM=1(且\ LM=0) \tag{4-3}$$

(4) 进行 $UM\wedge\overline{LM}$ 运算，若结果为"1"，则说明有从"续"到"断"的变化，即有一个拨号脉冲前沿到来了，或说识别到一个脉冲。交换机在收到第一位数的第一个脉冲后即停送拨号音。

(5) 在监视存储器 SM 中设有"有效位"ACT，当 ACT＝1 时表示扫描结果有效；当 ACT＝0 时表示不必对此收号器进行脉冲识别。所以在 $UM\wedge\overline{LM}$ 逻辑运算时应再与 ACT 相"与"。也就是说，在脉冲收号扫描时，只需要对占用的收号器进行识别。

因此，拨号脉冲以前沿（下降沿）识别的逻辑运算式为

$$(SCN\oplus LM)\wedge(\overline{LM})\wedge(ACT)=1 \tag{4-4}$$

脉冲识别原理如图 4.2-6 所示。

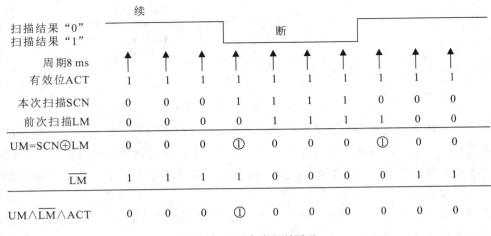

图 4.2-6　脉冲识别原理

2. 拨号脉冲的计数

每收到一个脉冲，应该进行脉冲计数，在监视存储器内设有脉冲计数器，由于最多可能有 10 个脉冲，因此计数器应占 4 位（$2^4=16>10$），这就是 SM 中的 4 位 $PC_0 \sim PC_3$。

每识别到一个脉冲前沿，计数器上加 1。PC_3、PC_2、PC_1、PC_0 分别是 2^3、2^2、2^1、2^0 的加权，则脉冲个数 N 可表示为

$$N = PC_3 \times 2^3 + PC_2 \times 2^2 + PC_1 \times 2^1 + PC_0 \times 2^0$$

脉冲计数的原理如图 4.2-7 所示。

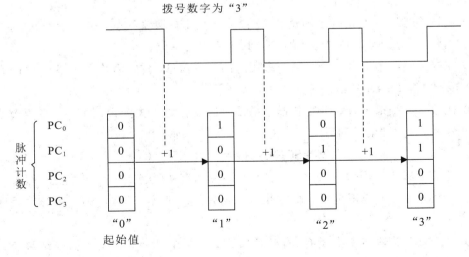

图 4.2-7　脉冲计数原理

3. 位间隔的识别

在接收脉冲串时必须进行位间隔识别才能确定前一串脉冲是否结束。如果识别到位间隔，就要进行数字的存储，及时地将数字从脉冲计数器转储到另外的专用存储区，并把脉冲计数器清零，以准备对下一串脉冲计数。如果在位间隔识别判明不是位间隔，则应继续

进行脉冲计数。

　　由于最小位间隔的时间规定是 200 ms，它比脉冲的断续时间长得多，因此位间隔识别程序周期可比脉冲识别周期长得多，通常采用 96 ms。

　　位间隔识别的实质就是识别在一定时间内有无从"续"到"断"的变化。实际上，在环路上较长时间没有脉冲到来的状态还可能是环路状态保持在"断"的状态不变化，即用户拨了一位或几位数字后，由于某种原因而挂机了，这种情况称为"中途挂机"。位间隔识别和中途挂机识别都可以采用下述的"位间隔或中途挂机"的识别逻辑，或称 AP(Abandon Pause)逻辑。其工作原理如图 4.2-8 所示。

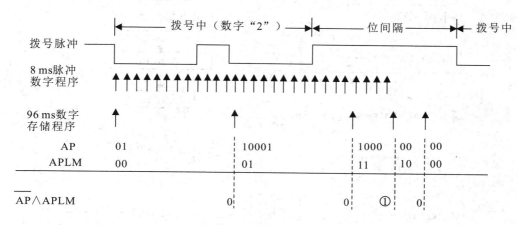

图 4.2-8　位间隔识别原理

　　(1) 每隔 8 ms 把 UM 及 AP 相或，并把其结果写入 SM 中的 AP 存储区，即
$$(SCN \oplus LM) \vee AP \rightarrow AP$$

　　(2) 每到 96 ms 周期时，把 AP 置"0"，以后 AP 是否变化要看下一个 96 ms 周期内环路状态是否发生过变化。如果发生过变化，则 UM 为"1"，AP 就变为"1"；如果 UM 一直为"0"，即环路状态未变化，或没有脉冲到来，则 AP 值一直为"0"。

　　(3) 将上一步中未复原前的 AP 值存入 SM 中的 APLL，作为 AP 的前次状态。

　　(4) 若 AP 复原为"0"后，在下一个 96 ms 内没有变化，而上一周期内发生过变化（即 APLL 为"1"），也就是有如下逻辑结果：
$$\overline{AP} \wedge APLL = 1$$
即判断为位间隔或中途挂机。

　　又根据前面所述，可知若用户环路状态上一个 96 ms 内还有变化，而现在保持在"断"的状态不变，则为中途挂机；保持在"续"的状态不变，则为位间隔。因此可以用前次扫描结果来区分这两种情况：

$\overline{AP} \wedge APLL \wedge \overline{LM} = 1$，是位间隔；

$\overline{AP} \wedge APLL \wedge \overline{LM} = 1$，是中途挂机。

　　4. 流程图

　　图 4.2-9 为脉冲扫描和位间隔识别的流程图，其中 DTR 为停送拨号音标志，置"0"表示停送，置"1"表示发送拨号音。

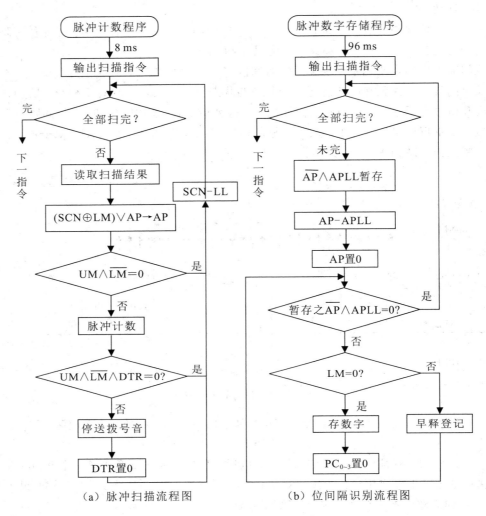

（a）脉冲扫描流程图　　　　　　（b）位间隔识别流程图

图 4.2－9　脉冲扫描和位间隔识别原理

4.2.3　按钮话机拨号号码的接收

　　按键式自动电话机以 P/T 方式中的 T（双音频）模式拨号，具有速度快、可靠性高的优点。双音频号码的组成有高、低两个频率组（音频范围），每组四个频率。拨号时，在每组四种中取一种组成双音频信号。各拨号按键与频率的对应关系见表 4.2－1。

表 4.2－1　双音频号码与频率的对应关系

按键　　高频 / Hz 低频 / Hz	1209	1336	1477	1633
697	1	2	3	A
770	4	5	6	B
852	7	8	9	C
941	*	0	#	D

1. 双音频代码的接收

当高低两个频率信号同时进入收号器时，收号器的"信号到来"信号 SP 出现高电平，即 SP＝0，表示收号器收到一位数字；当双音频信号消失时，SP 信号也随之为低电平，即 SP＝1。这样就可以通过对 SP 值的变化情况的分析来判别是否有一位数字到达，如图 4.2‐10 所示。

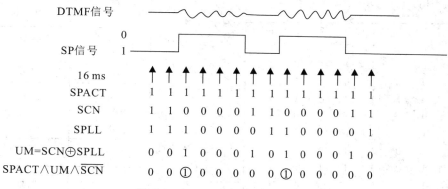

图 4.2‐10　双音频信号接收原理

由图 4.2‐10 知，SP 值反映了双音频信号的持续时间，通过对 SP 值变化的判别，可以决定是否要对代码进行读取。在接收时，SP 由 1 变为 0；接收完毕，SP 由 0 变成 1。也就是每接收一位号码，在 SP 线上产生一次脉冲变化。由于双音频信号的持续时间一般大于 25 ms，为了确保不漏读任何一个代码，故扫描周期应取小于 25 ms，为了避免对同一个号码进行多次读取，只要能判别出号码到来即可，一般取扫描周期为 16 ms。

要判断号码的到来，就要判断 SP 从 1 变成 0 的到来。设 SCN 为对 SP 线的本次扫描结果，SPLL 为 SP 的前次值，这样，可用下式判别是否对代码进行接收：

$$\overline{SCN} \wedge SPLL = 1 \qquad (4-5)$$

即前次 SP 值为 1，本次 SP 值为 0。

像对拨号脉冲的识别一样，设双音频收号器的有效位为 SPACT，这样，逻辑表达式为

$$\overline{SCN} \wedge SPLL \wedge SPACT = 1 \qquad (4-6)$$

2. 双音频代码信号的识别

在接收到双音频信号到来之后，应进一步识别该信号的频率成分。识别方法有两种：一种是模拟方法，即将频率信号经窄带滤波器分拣出其频率成分。

双音频信号首先通过高通和低通滤波器分成两组，再由带通滤波器滤出单个频率分量，这时，在高、低两组滤波器中将各有一个相应的滤波器产生输出，经检波电路转换为直流高电平。

另一种是数字法，它是利用数字滤波器直接从数字音频信号中识别其频率成分。

3. 译码

识别出所收信号的频率成分之后，就要译出它所代表的号码。

译码既可由硬件逻辑电路实现，也可由软件方法通过查表实现。

图 4.2‐11 为软件译码表，其原理是，用识别到的频率构成一个码字，以该码字作为地址，查到译码表相应单元，再从单元内容查到该码字的含义，即为十进制数字。

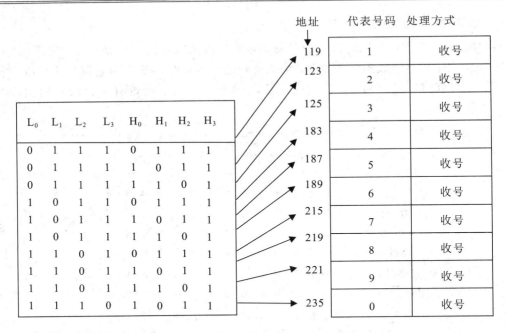

图 4.2 - 11　软件译码表

4.3　分 析 处 理

　　分析处理就是对各种信息进行分析，从而确定下一步的任务。分析处理由分析程序负责执行。

　　分析处理没有固定的执行周期，属于基本级程序。按照要分析的信息，分析处理包括去话分析、号码分析、来话分析和状态分析。

　　各种分析功能如图 4.3 - 1 所示。

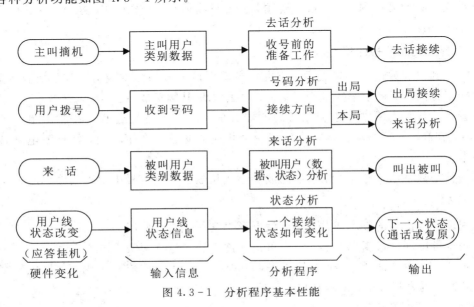

图 4.3 - 1　分析程序基本性能

4.3.1　去话分析

当交换机检测到主叫用户由挂机状态转变为摘机状态后，即对主叫用户进行去话分析。

1. 数据来源

去话分析的主要数据来源是主叫用户数据，用户数据大概包括以下 8 类：

（1）用户状态：包括该用户现在的状态，如去话拒绝、来话拒绝、去话来话均拒绝、临时接通等。

（2）用户类别：包括单线用户、投币话机、测试用户、集团用户、数据传真等。

（3）出局类别：指用户能够呼叫的范围，如只允许本区内部呼叫、允许市内呼叫、允许国内长途呼叫、允许国际呼叫等。

（4）话机类别：是按钮话机还是号盘话机。

（5）用户的专用情况类别：是否热线电话、是否优先用户、能否做国际呼叫被叫等。

（6）用户服务类别和服务状态：是否有缩位拨号、呼叫转移、电话暂停、缺席服务、呼叫等待、三方呼叫、叫醒服务、遇忙暂等、密码服务等各类服务。

（7）用户计费类别：包括自动计费、专用计数器计次、免费等。

（8）各种号码：包括用户设备号、电话簿号、用户内部号、用户所在局号、呼叫转移电话簿号、热线电话簿号、呼叫密码等。

不同用户可能使用不同用户电路，如普通用户电路、带极性倒换的用户电路、带直流脉冲计数的用户电路、带交流脉冲计数的用户电路、投币话机专用用户电路等。这些内容也要在用户类别数据中得到反映。

2. 分析程序流程图

去话分析程序主要是对上述有关主叫用户情况进行逐一分析，然后作正确判断。去话分析程序流程图如图 4.3-2 所示。

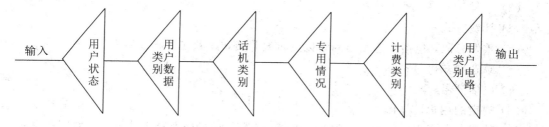

图 4.3-2　去话分析程序流程图

3. 分析方法

由于用户数比较多，情况比较复杂，为节省存储器容量，往往采用逐次展开法。各类相关数据装入一个表中，各表组成一个链形队列，然后根据每级分析结果逐步进入下一表格。逐次展开分析方法如图 4.3-3 所示。

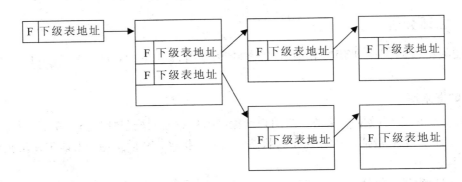

图 4.3-3　逐次展开分析方法

4. 分析结果处理

分析后要将结果转入输出处理程序，执行相应任务。例如：分析结果表明允许呼叫，则向其送拨号音，并根据话机类别接上相应收号器；若结果表明不允许呼出，则向其送忙音。又例如，若表明为热线用户，则立即查出被叫号码，转入来话分析处理程序。

4.3.2　号码分析

随着主叫用户的拨号，交换机对其进行号码分析。

1. 数据来源

号码分析的数据来源是用户所拨的号码，它可能直接从用户话机接收下来，也可能通过局间信令传送过来，然后根据所拨号码查找译码表进行分析。

译码表的寻址是根据用户所拨号码，即电话簿号而编排的。译码表可以包括以下内容：

（1）号码类型，包括市内号、特服号、国际号等；

（2）剩余号长，即还要收几位号；

（3）局号；

（4）计费方式；

（5）重发号码，包括在选到出局线以后重发号码，或者在译码以后重发号码；

（6）录音通知机号；

（7）电话簿号；

（8）规定的用户数据区号；

（9）特服号码索引，包括申告呼叫、火警、匪警、呼叫局内操作员等各项特服业务；

（10）用户业务的业务号，包括缩位拨号登记、缩位拨号使用、缩位拨号撤销、呼叫转移登记、呼叫转移撤销、叫醒业务登记、叫醒业务撤销，热线服务登记、热线服务撤销，缺席服务登记、缺席服务撤销，等等。

2. 分析步骤

1）预译处理

在收到用户所拨的"号首"以后，交换机首先进行预译处理，分析用户提出什么样的要求。

预译处理所需用的号首一般为 1～3 位号。例如：用户第一位拨"0"，表明为长途全自动接续；用户第一位拨"1"，表明为特服接续。如果第一位号为其他号码，则根据不同局号可能是本局接续，也可能是出局接续。

如果"号首"为用户服务的业务号（例如叫醒登记），则就要按用户服务项目处理。号位的确定和用户业务的识别也可以采用逐步展开法，形成多级表格来实现。

2）拨号号码分析处理

拨号号码分析处理是指对用户所拨全部号码进行分析。可以通过译码表进行，分析结果决定下一个要执行的任务，因此译码表应转向任务表。图 4.3 - 4 为号码分析程序流程图。

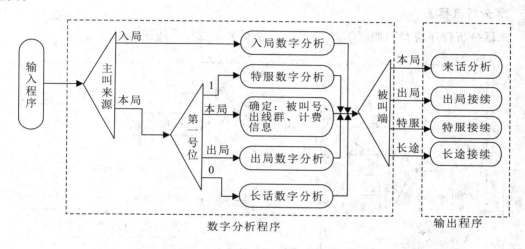

图 4.3 - 4　号码分析程序流程图

即使是本局呼叫，由于号码分析阶段还决定不了被叫用户的情况，不能知道是否可以进行接续或进行呼叫转移，所以，必须接着进行来话分析。

4.3.3　来话分析

1. 数据来源

来话分析是指有呼叫到来时候在被叫还没有叫出来之前所进行的分析，分析的目的是要确定能否叫出被叫和如何继续控制入局呼叫的接续。来话分析是基于被叫用户数据进行的，它的数据来源是被叫方面的用户数据以及被叫用户的用户忙闲状态数据。此外，对于被叫用户还有专门的类别数据，这些数据按照电话簿号码寻址。它们有：

（1）用户状态，如去话拒绝、来话拒绝、去话来话均拒绝、临时接通等；

（2）用户设备号，包括模块号、机架号、板号和用户电路号；

（3）截取呼叫号码；

（4）恶意呼叫跟踪；

（5）辅助存储区地址；

（6）用户设备号存储区地址等。

用户忙闲状态数据包括：

（1）被叫用户空；

（2）被叫用户忙，正在作主叫；

（3）被叫用户忙，正在作被叫；

（4）被叫用户处于锁定状态；

（5）被叫用户正在测试；

（6）被叫用户线正在作检查等。

在来话分析时还要采用用户其他数据，如计费类别数据、服务类别和服务状态数据等。

2. 分析流程图

来话分析程序流程图如图 4.3－5 所示。来话分析也可采用逐次展开法。

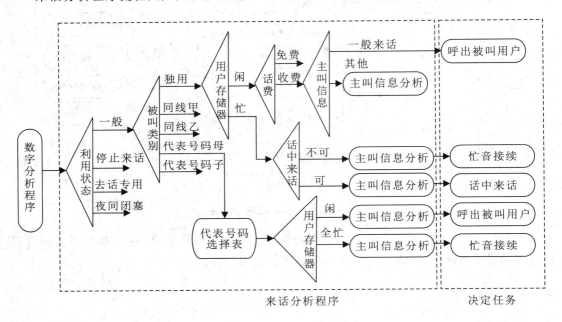

图 4.3－5　来话分析程序流程图

来话分析时，如果判断被叫用户忙而又没有话中来话的性能，则应向主叫送忙音。如果被叫用户是小交换机用户，可用代表号码选择表查出各类中继线号码并判断其忙闲，若所有中继线都忙，才向主叫送忙音。

值得注意的是，当被叫忙时，应判断用户是否登记了呼叫等待、遇忙无条件转移和遇忙回叫业务。

4.3.4　状态分析

对呼叫处理过程特点的分析可知，整个呼叫处理过程分为若干个阶段，每个阶段可以用一个稳定状态来表示。整个呼叫处理的过程就是在一个稳定状态下，处理机监视、识别输入信号，并进行分析处理、执行任务和输出命令，然后跃迁到下一个稳定状态的循环过程。在一个稳定状态下，若没有输入信号，则状态不会迁移。在同一状态下，对不同输入信号的处理是不同的。因此在某个稳定状态下，接收到各种输入信号，首先要进行的分析就是状态分析，状态分析的目的是要确定下一步的动作，即执行的任务或进一步的分析。状态分析基于当前的呼叫状态和接收的事件。

这里要强调的是，事件不仅包括从外部接收的事件，还包括从交换机内部接收的事件。内部事件一般是由计时器超时、分析程序分析的结果、故障检测结果、测试结果等产生的。

状态分析程序根据上述信息进行分析以后，确定下一步任务。如从用户电路输入摘机信息，在空闲状态时，经过分析以后，下一步是去话分析，转向去话分析程序。如摘机信号来自振铃状态的用户，即为被叫摘机，下一步则是接通话机。

交换机对用户呼叫和通话过程中的挂机以及被叫摘机、拍叉簧和出现超过时隙等状态变化的分析称为状态分析。

1. 数据来源

状态分析的数据来源是稳定状态和输入信息。当用户处于某一稳定状态时，CPU 一般是不予理睬的，它等待外部输入信息。在外部输入信息提出处理要求时，CPU 才能根据现在稳定状态来决定下一步应该干什么，要转移至什么新状态等等。

因此，状态分析的依据应该是：

（1）现在所处的稳定状态（如空闲状态、通话状态等）；

（2）输入信息——通常是电话外设的输入信息或处理要求，如用户摘机、挂机等；

（3）提出处理要求的设备或任务，如在通话状态，挂机用户是主叫用户还是被叫用户等。

状态分析程序根据上述信息经过分析以后，确定下一步任务。例如，在用户空闲时，用户电路输入摘机信息（从扫描点检测到摘机信号），则经过分析以后，下一步任务应该是去话分析，于是就要转向去话分析程序。如果上述摘机信号来自振铃状态的用户，则应为被叫摘机，下一步任务应该是接通话机。

输入信息也可能来自某一"任务"。所谓任务，就是内部处理的一些"程序"或"作业"，与电话外设无直接关系。例如忙闲测试（用户忙闲测试、中继线忙闲测试和空闲路由测试与选择等），CPU 只和存储区打交道，与电话外设不直接打交道。调用程序即执行任务，它也有处理结果，而且也影响状态转移。例如，在收号状态时，用户久不拨号，计时程序送来超时信息，导致状态转移，输出送忙音命令，并使下一状态变为"送忙音"状态。

2. 状态分析程序流程

分析程序的输入信息大致包括：各种用户挂机（包括中途挂机和话毕挂机）、被叫应答、超时处理、话路测试遇忙、号码分析结果发现错号、收到第一个脉冲（或第一位号）、优先强接等。

状态分析程序也可以采用表格方法来执行，表格内容包括：处理要求，即上述输入信息；输入信息的设备（输入点）；下一个状态号；下一个任务号。其中前两项是输入信息，后两项是输出信息。图 4.3-6 为状态分析流程图。

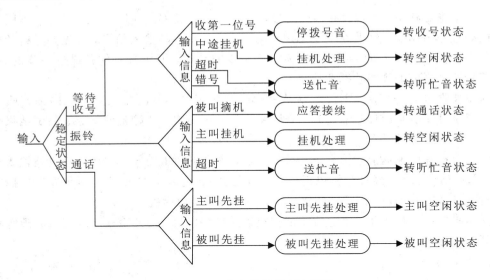

图 4.3 - 6　状态分析程序流程图

4.4　任务执行和输出处理

在进行分析处理后，分析程序给出结果，并决定下一步要执行的任务号码。

任务的信息来源于输入处理，任务的执行就是要完成一个交换动作。

输出处理就是控制话路设备的动作或复原等处理，也称为输出驱动。任务的执行分为动作准备、输出命令和终了处理 3 部分，其目的是保证硬件和软件同步工作，使交换机正常工作，不至于因硬件速度慢而导致错误。

4.4.1　任务执行

任务执行分为以下 3 个步骤。

1. 动作准备

对于任务执行首先是做动作准备，它是准备硬件资源阶段，主要包括：

（1）准备必要的硬件。在接续处理时，需要选择、保留新的必要的通道和硬件设备；另一方面，在切断时，要对不再需要的通道及硬件设备等做切断的准备工作。

（2）进行新状态的拟定。由于任务执行会导致接续状态发生变化，产生状态转移，因此需要先改写存储状态的存储器内容。

（3）编制硬件动作指令。编制对要动作或复原的设备的指令。这些都是在软件上的动作，是任务的起始处理。

2. 输出命令

由输出程序根据编制好的指令输出，执行驱动任务。输出处理是执行任务，输出硬件控制命令，主要包括通话话路驱动、复原（发送路由控制信息进行用户级、选组级交换网络驱动），发送分配信号（振铃控制、测试控制等）、发送局间信号（转发拨号脉冲、发局间线路信号、发局间多频记发器信号、发公共信道信号），发计费脉冲，发处理机间通信信息和发测试码等。

3. 终了处理

在驱动任务完成以后,要进行终了处理,即在硬件动作转移到新状态后,软件对相关数据进行修改,使软件符合已经动作了的硬件的变化。其主要包括:

(1) 监视存储器的存储变更。执行任务时,话路系统设备动作,接续状态发生改变,监视存储器也必须变更存储,即由变更前监视点的活动表示 0,变为新的监视启动点的活动表示 1。这就进入了时限监视的启动处理阶段,如在主叫方面,在收号器与用户接续后,为了识别用户久不拨号,开始监视超时。

(2) 硬件示闲。把经输出处理切断了的通路和相应硬件变为空闲,即将存储器上的相应值由忙改为闲。

(3) 进行话务量数据的搜集,其后再重新开始监视,受理新的输入信号。

4.4.2 输出处理

如上所述执行任务、输出硬件控制命令是属于输出处理。输出处理包括:

(1) 通话话路的驱动、复原(发送路由控制信息);

(2) 发送分配信号(例如振铃控制、测试控制等信号);

(3) 转发拨号脉冲,主要是对模拟局发送;

(4) 发线路信号和记发器信号;

(5) 发公共信道信号;

(6) 发计费脉冲;

(7) 发处理机间通信信息;

(8) 发送测试码;

(9) 其他。

下面介绍几种常用的输出处理过程。

1. 路由驱动

路由驱动包括对用户级交换网的驱动和对交换网的驱动。

数字交换网的接线器(包括 T 接线器和 S 接线器)的驱动命令主要是编辑控制字,然后写入控制存储器,控制字还要反映双套交换网络和双套 CPU 的关系。

要驱动的路由包括通话话路信号音发送路由和信号路由。路由的复原只要向控存器的相应单元填入初始化内容(全 1 或全 0)即可。

2. 发送分配信号

分配信号驱动的对象可能是电子设备,也可能是继电器(例如振铃继电器、测试器等)。这两者的驱动方法有区别:电子设备动作速度较快,不需等待;而继电器动作慢,可能是几毫秒甚至十几毫秒的时间。因此,CPU 在执行下一任务之前要作适当"等待",即要等几十毫秒(如 20 ms)以后,确认继电器已动作完毕,才能转向下一步任务。

分配信息也要事先编制。例如向用户振铃,则要编制用户设备号,同时要参考用户组原先状态,以免出现混乱。

3. 转发脉冲

有时需要转发直流脉冲。在发送脉冲号码以前应把所需转发的号码按位存放在相应存储区内,由脉串控制信号逐位移入"发号存储区"。发号存储区存放现在应发号码(脉冲数),在发号过程中,每发一个脉冲减1,直到变0为止。

发号存储区还包括发号请求标志、节拍标志、脉串标志等内容。

4. 多频信号的发送

多频信号的发送和发脉冲方法相似,但多频信号的发送和接收分为四个节拍,如前所述。

5. 线路信号的发送

线路信号的发送可由硬件实现,处理机只发有关控制信号。

4.5 电话交换网基本知识(性能指标)

目前,我们一般接触最多的还是公用电话交换网(如 PSTN),公用电话网大多还是模拟体制,但其网络交换设备则基本采用数字程控交换技术,因此,这里首先介绍学习数字程控交换技术所需要建立的一些基本概念和相关知识,以利于后续课程的学习。

我们已经知道,电话交换机(设备)的基本功能是交换信息。要经济有效地完成交换任务,就要研究电话交换的特点,即用户对电话的要求和使用电话的规律,这样在设计交换系统(交换设备及局间中继线配备数量)时,根据所承受的电话业务量(话务量)及规定的服务质量指标(呼损),做到经济合理地给用户提供满意的服务质量。本节将从理论上对影响交换能力的几种主要因素以及它们之间的关系进行讨论,主要有话务量、呼损、网络内部阻塞和系统的呼叫处理能力等。

4.5.1 话务基本知识

1. 话务量

1)话务量的概念

话务量又称为话务负荷或电话负荷,是反映交换系统话务负荷大小的量,是指从主叫用户出发,经交换网到达被叫用户的话务量。显然,呼叫次数越多,每次呼叫占用的时间越长,交换机的负荷就越重。所以,影响话务量的基本因素是呼叫次数和占用时长。

话务量可以用来衡量设备的利用率。例如,一个用户在 1 h 内打了 3 次电话,各次通话所用时间是 0.05 h、0.08 h 和 0.06 h,则平均每次通话时长为(0.05+0.08+0.06)h/3。这个小时内的话务量是 $3\times[(0.05+0.08+0.06)/3]E=0.19 E$(单位为爱尔兰,用 E 表示)。由此可见,话务量 0.19 E 本身不能说明用户打了几次电话,也不能说明每次通话用了多长时间,只能说明电话在 1 h 内总的呼叫占用时间,等于呼叫次数乘以平均呼叫占用时间。

上面的 0.19 E 话务量是一个用户在 1 h 内的话务量,但并不是每个小时都有 0.19 E 的话务量。由于电话呼叫具有一定的随机性,所以,话务的负荷是经常不断地变化的,上个月和这个月、昨天和今天都有所不同。以同一天来说,波动就很大,如图 4.5-1 所示。

一般在上、下午各有一个繁忙时间，到深夜负荷就很轻。因此，在计算用户话务量时，所用的呼叫次数值 C 的含义不同，则所得话务量的性质也不同。例如：C 用全天呼叫次数，就得到全天话务量；C 用忙时呼叫次数，就得到忙时话务量；C 为一个用户的呼叫次数，就得到每户话务量；C 为一群用户的呼叫次数，便得到一群用户的话务量。人们通常所说的话务量是指一天中话务最繁忙的 1 h 内（大约上午 9 点到 10 点）的忙时话务量。

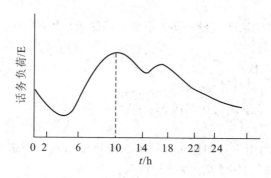

图 4.5-1　话务量变化示意图

把流入系统的话务量称为流入话务量；把系统完成了接续的那部分话务量称为完成话务量。流入话务量与完成话务量之差就是损失话务量。损失话务量与流入话务量之比就是呼叫损失率，简称呼损率。由于呼损率很低，故工程计算中认为流入话务量近似等于完成话务量，而不严格区别。

2) 话务量的定义

因为用户打电话完全是随机的，所以话务量是一种随机变量，用统计的方法来计算。在此给出话务量的严格定义：流入话务量等于在一个平均占用时长内话源发生的平均呼叫次数（数学期望）。

设 n_i 为在时间 T 内，由用户终端 i 发出的呼叫次数，h_i 为由用户终端 i 发出的呼叫的平均占用时长，N 为用户数，则在时间 T 内，有

终端 i 流入交换系统的话务量为 $n_i \cdot h_i$；

n 个终端流入交换系统的话务量为 $\sum\limits_{i=1}^{n} n_i \cdot h_i$；

单位时间内流过的话务量称为话务强度，因而话务强度为

$$Y = \frac{\sum\limits_{i=1}^{N} n_i \cdot h_i}{T} \tag{4-7}$$

我们所关注的话务量，通常是指话务强度，将话务量强度 Y 称为话务流量。

假定所有终端在时间 T 内发出的呼叫数 n_i 和平均占用时间 h_i 都是相同的，都为 n 和 h，则有

$$Y = \left(\frac{n}{T}\right) \cdot h \cdot N$$

即话务流量等于每个用户终端的呼叫率（单位时间内产生的平均呼叫数）与平均占用时间及用户终端数三者的乘积。

2. 爱尔兰公式

爱尔兰公式用于表示系统中有 k 个同时呼叫的概率 P_k，即

$$P_k = \frac{\dfrac{Y^k}{k!}}{\displaystyle\sum_{i=1}^{M}\dfrac{Y^i}{i!}} \tag{4-8}$$

式中：Y 为流入交换系统的话务流量；M 为系统提供的话路数；k 为系统中同时出现的呼叫。

爱尔兰公式使用的条件是：

(1) 适用于全利用度线群。

(2) 呼叫发生服从泊松分布（纯偶然性）。

(3) 话源数 N 远大于系统的话路数 M。

(4) 话路数 M 有限。

(5) 呼叫遭受损失的用户立即挂机，呼叫不再重复出现。所谓呼叫不再重复出现，是指片刻后用户再次呼叫时按一次新的呼叫对待。

当系统具备以上条件时，方可使用爱尔兰公式；否则，应采用其他的概率分布公式，如伯努利公式，适用于 $N \leqslant M$ 的情况，即

$$P_k = C_N^k Y^k (1-Y)^{N-k} \tag{4-9}$$

恩格谢特公式适用于 $N > M$ 的情况，即

$$P_k = \frac{C_N^k Y^k (1-Y)^{N-k}}{\displaystyle\sum_{i=1}^{N} C_N^i Y^i (1-Y)^{N-i}} \tag{4-10}$$

3. 呼损

由于交换系统的话源数远远大于话路数，同时呼叫的发生又是纯随机事件，因此可能出现用户呼叫时，交换系统的 M 条话路全部被占用，在网络中找不到一条空闲出线，致使接续不能建立，从而不能完成通话的情况，这是不可避免的事件。为统计该事件发生的情况，需考核交换设备未能完成接续的电话呼叫业务量与用户发出的电话呼叫业务量的比值，称为呼损。由此可见，呼损应称为呼损概率，它是一种偶然事件。

呼损有两种计算方法：一种是按时间计算的呼损，另一种是按呼叫计算的呼损。

时间呼损表示出线阻塞不能接收新呼叫的概率。对全利用度线群来说，也就是出线全忙的概率。它等于交换网出线全部占用的时间占总观察时间的比例。

呼叫呼损表示一个呼叫发生后遭受损失的概率。它等于因发生出线阻塞而产生的损失呼叫次数占总呼叫次数的比例。

无论是哪一种呼损，其数值大小都与出线占用的概率分布有关。在出线数和话务量都相同时，占用的概率不同，呼损值也就不同。在一定概率分布下，呼损值与出线数和话务量有关，出线数相同时话务量越大，呼损值越大；话务量相同时出线数越多，呼损值越小。在爱尔兰分布时，时间呼损与呼叫呼损相同，都按下面的公式计算：

$$E(M,Y) = \frac{\dfrac{Y^M}{M!}}{\displaystyle\sum \dfrac{Y^i}{i!}} \tag{4-11}$$

式中，$E(M, Y)$ 即为系统的呼损概率，也就是交换系统的 M 条话路全部被占用，到来的呼叫将被拒绝而损失掉的概率。对于话源数 N 远远大于话路数 M 的情况，呼损是不可避免的。

对呼损的计算有爱尔兰呼损公式表， 表中有 E、M、Y 3 个量，已知任意两个量，便可查出第 3 个量的数值。由此可见，根据对局间中继线的呼损指标要求及相应的话务量，可以计算出所需配备的中继线数量和出、入中继器数量。

【例 4-1】　有一部交换机接 1000 个用户终端，每户话务量为 0.1 E，交换机有 123 条话路。求该交换机的呼损及话路利用率。

解　交换机的流入话务量 $Y = 0.1\ \mathrm{E} \times 1000 = 100\ \mathrm{E}$，$M = 123$，查爱尔兰呼损公式表得：$E(M, Y) = E(123, 100) = 0.3\%$。

因为有 0.3%（即 0.3 E）的话务量被损失掉，所以，只有 99.7%（即 99.7 E）的话务量通过交换机的 123 条话路，则话路利用率 η 为

$$\eta = \frac{100 \times 99.7\%}{123} = 0.8 = 80\%$$

【例 4-2】　有一部交换机接 10 个用户终端，每个用户忙时话务量为 0.1 E，交换机有 2 条话路。求该交换机的呼损及话路利用率。

解　交换机的流入话务量 $Y = 0.1\ \mathrm{E} \times 10 = 1\ \mathrm{E}$，$M = 2$，查爱尔兰呼损公式表得：$E(M, Y) = E(2, 1) = 0.2 = 20\%$。

因为有 20%（即 0.2 E）的话务量被损失掉，所以只有 80%（即 0.8 E）的话务量通过交换机的 2 条话路，则每条话路利用率为

$$\eta = \frac{1 \times 80\%}{2} = 0.4 = 40\%$$

4.5.2　网络阻塞的概念

交换网通常要由多级接线器组成，这些接线器之间的连线称为链路。交换网有空闲的入线和有空闲的出线，由于网络内部的级间链路不通，致使呼叫损失掉的情况称为交换网的内部阻塞。

显然，交换网的内部阻塞是由于网络内部的链路不通而造成的。所以，要想减少内部阻塞，应加强网络内部的链路数。采用 A 级扩散、C 级集中的交换网就能达到这一目的。

扩散型网络是指接线器的出线数大于入线数的网络，集中型网络是指接线器的入线数大于出线数的网络，如图 4.5-2 所示。

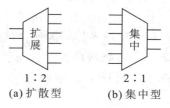

1 : 2　　　　2 : 1
(a) 扩散型　　(b) 集中型

图 4.5-2　扩散型网络和集中型网络

对于一个交换网，若 A 级接线器入线数与出线数之比为 $n:m$，C 级接线器的入线数与出线数之比为 $m:n$，则网络无阻塞的条件为 $m \geqslant 2n-1$。当 $n \gg 1$ 时，一般取 $m \approx 2n$ 来满足无阻塞网络条件。

4.5.3　BHCA 的测量

描述一台程控数字交换机话务能力之一的参数为呼叫处理能力，即单位时间内控制设备能够处理的呼叫次数，用最大忙时试呼次数（BHCA）表示。

测量呼叫处理能力一般采用模拟呼叫器，利用大话务量进行测试，在进行大话务量测试时，规定了以下条件：

（1）一次试呼处理是指一次完整的呼叫接续，即从摘机开始，到通话、挂机为止的一次成功呼叫，其他不成功的呼叫不予考虑；

（2）用户的发话和受话话务量相等；

（3）只考虑最大始发话务量。

交换机所处理的话务量就是用户线上所发出的话务量加上入中继线上流入的话务量，因此可以得出 BHCA（试呼次数/h）值的计算公式为

$$\text{BHCA} = \frac{每用户话务量 \times 用户数}{用户每次呼叫平均占用时长} + \frac{每入中继线话务量 \times 入中继线数}{中继每次呼叫平均占用时长} \qquad (4-12)$$

我国交换机标准中对 BHCA 值的指标规定如下：

最大中继话务量：0.70 E/中继线；

最大用户（双向）话务量：0.20 E/用户线；

最大用户始发话务量：0.1 E/用户线；

每次呼叫占用时长：中继线为 90 s，用户线为 60 s。

根据以上指标，可得到每一条中继线和每一条用户线的 BHCA 值：

每一条中继线：BHCA/中继线 $= \dfrac{0.7 \times 1}{90/3600}$ 次/h $= 28$ 次/h；

每一条用户线：BHCA/用户线 $= \dfrac{0.1 \times 1}{60/3600}$ 次/h $= 6$ 次/h。

即对于一台交换机来说，只要对每一条中继线能够在 1 h 之内处理 28 次中继呼叫，而对于每一个用户能够在 1 h 之内处理 6 次用户呼叫，则该交换机就已达到了指标的要求。

在测量过程中，对接通率的要求很高，我国规定测量呼叫的不成功概率不应大于 44×10^{-4}，即在一万次测量试呼叫中，不成功的试呼叫次数平均不能超过 4.4 次。

由于一台交换机的 BHCA 测量值是在一些规定的前提条件下进行测量而得到的，所以这个值与实际应用中的实际 BHCA 值必有差距。有人对一些地区的交换机进行了调查，结果是实际 BHCA 值比测量 BHCA 值要高 20%～30%。目前我国很多交换局的用户平均每户忙时试呼次数，远大于有效通话次数。这主要是由于电话普及率低，被叫用户忙占比例大，电路配备不合理和故障较多等原因使得接通率低所致。无效呼叫加重了处理机的负荷，若处理机选择不当，可能造成忙时的恶性循环，形成电路阻塞，这是应该极力避免的。因此，在现阶段工程设计上必须注重对 BHCA 值能否满足需求进行细致核算。

4.6 项目任务六：本局电话互通

1. 本局电话管理

1）号码管理

在交换系统中，电话号码在本交换局内统一编码，称为本局电话号码。本局电话编码与本交换局的局号有关，本交换局局号对应的电话号码长度是确定的。当前国内使用的电话号码多数是 8 位电话编码，本局电话编码可以 3～8 位不等。

（1）8 位的电话号码：PQRSABCD，本局局号为 PQRS，用户号为 ABCD，百号组为 AB。

（2）7 位的电话号码：PQRABCD，本局局号为 PQR，用户号为 ABCD，百号组为 AB。

（3）6 位的电话号码：PQABCD，本局局号为 PQ，用户号为 ABCD，百号组为 AB。

（4）5 位的电话号码：PABCD，本局局号为 P，用户号为 ABCD，百号组为 AB，也可以把前两位设置成本局局号 PA（常用 PQ 表示），用户号为 BCD，百号组为 AB，还可以把前三位设置为本局局号 PAB（常用 PQR 表示）。可根据交换局的编号进行灵活配置。

（5）4 位的电话号码：PBCD，本局局号为 P，用户号为 BCD，百号组为 PB，也可以把前两位设置成本局局号 PB（常用 PQ 表示），用户号为 CD，百号组为 PB，还可以把前三位设置为本局局号 PBC（常用 PQR 表示）。

（6）3 位的电话号码：PCD，本局局号为 P，用户号为 CD，百号组为 P，也可以把前两位设置成本局局号 PC（常用 PQ 表示）。

2）增加局号

选择网络类型为公众电信网时，可以对电话号码的局号百号进行配置、分配、修改和删除等操作。

若需要对描述进行修改，则可以通过【修改描述（M）】按钮，也可通过【修改局号（U）】按钮，对局号进行修改；在删除局号前，确保本局号下的百号没有分配，然后点击【删除局号（D）】按钮，即可删除局号。

3）分配百号

选择将要分配百号的局号（888）及百号所属模块（2）。若需释放个别百号组，可以选择【可以释放的百号组】中相应的百号组。选中百号组中的百号点击【删除百号（R）】按钮，可用于删除百号。

4）用户号码

在交换机中，若要确定一个用户的电话号码，则首先要确定该电话的物理连接，然后在该用户的物理接口上配置相应的电话号码。通过查询用户线缆可以查询该用户所在的序号、用户板、用户框、机架号、模块号，确定该用户的用户线端口号。

5）放号

普通放号是使用最多的一种放号方式，可以对指定号码和指定的线路进行单一放号，也可以一次对同一局号中的同一模块进行批量用户放号。

先选择用户线类型为普通用户线，再依次选局号 888、百号 00、可用号码 8880000～8889999，以及模块 2、机架 1、机框 1、可用用户线（单元 2—子单元 1—板位 4—序号 0）～

（单元2—子单元1—板位4—序号23）。放号时可以选中指定的电话号码（如8880000）对应指定的用户线端口号（单元2—子单元1—板位4—序号1）。

放号时也可以同时选中多个可用号码与相应数目的可用用户线。放号时如果号码与用户线数量不一致，放号数量将以较少一方为准，数量多的一方顺序靠前的部分先放号。如果号码和用户线数量均大于计划放号的数目，可在【放号数目】中填入实际数目。

6）号码分析

交换机放号后用户还不能相互之间拨打电话，因为没有对电话号码进行分析。号码分析主要用来确定某个号码流对应的网络地址和业务处理方式。交换机的一个重要功能就是网络寻址，电话网中用户的网络地址就是电话号码。

ZXJ10交换机提供七种号码分析器，分别是：新业务号码分析器、CENTREX号码分析器、专网号码分析器、特服号码分析器、本地网号码分析器、国内长途号码分析器和国际长途号码分析器。

对于某一指定的号码分析选择子，号码严格按照固定的顺序经过分析选择子中规定的各种号码分析器，由号码分析器进行号码分析并输出结果，如图4.6-1所示。

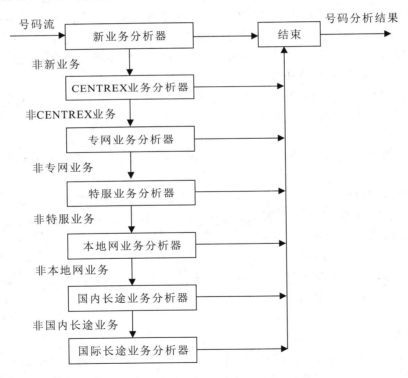

图 4.6-1　号码分析器的处理流程图

7）增加号码分析器

（1）增加新业务号码分析器，输入分析器名称"1"，点击选择新业务号码分析器。

（2）增加本地号码分析器，输入分析器名称"5"，点击选择本地号码分析器。

（3）其他号码分析器，输入分析器名称"XX"，点击选择相应的号码分析器。

（4）分析号码。

选择分析器类别,如本地网,点击【分析号码(N)】按钮,可以浏览该分析器中的被分析号码。配置完成后,选中相应的被叫分析号码,查询相关的参数。

8)增加号码分析选择子

在号码分析选择子的相应位置填入选择子编号,填入选择子名称;在分析器入口处选择需要的分析器,在本局通话中,输入新业务分析器入口和本地网分析器入口,完成号码分析选择子的配置。

选中号码分析选择子,系统将显示它所包含的分析器。分析器入口为非 0,表示启动该分析器入口;分析器入口为 0,表示该类分析器入口没有配置,使用此选择子的号码流不进行该类分析。

2. 用户属性数据

在制作了用户号码数据后,就需要对用户属性进行定义。用户属性数据涉及和用户本身有关的数据及相关属性的配置问题,它分为用户模板定义和用户属性定义两个部分。在制作用户属性数据时,先选择用户模板,然后再根据实际要求添加用户属性。可以自定义新的用户模板。

1)用户模板定义

用户属性定义时一般先定义模板,在配置定义模板时,需要确定用户类别、计费类别、所用号码选择子、终端类别、其他属性等参数。号码选择子决定了用户作为被叫时的权限;终端类别决定了用户终端业务类型,电话终端可同时提供脉冲信号和音频信号;其他属性决定该用户当前支持的业务,模板参数配置完成后进行模板存储,后期操作中可直接调用模板进行用户属性配置。点击相应按钮还可以进行增加模板、存储模板和删除模板等操作。

ZXJ10 交换机提供了三种缺省用户模板,即普通用户缺省模板、ISDN 号码用户缺省模板和 ISDN 端口用户缺省模板。若不能完全满足需求,则可以在系统原有模板基础上增加新的用户模板。也可以对缺省模板进行修改。

2)用户属性定义

用户属性定义是交换机日常工作使用最频繁的操作,可实现用户开机、停机、呼叫权限的变更、新业务的登记和撤销等功能。

用户属性定义时,首先确定所需要设置属性的用户或者用户群,然后对用户的属性进行配置。在配置属性时,可以采用用户缺省模板进行批量配置,也可以对某个号码进行单独配置。

用户定位号码输入方式有手工单个输入、手工批量输入和列表选择输入三种方式,可根据需求自定义号码输入方式。

(1)手工单个输入:只能定位一个用户号码。

(2)手工批量输入:可以定位多个用户号码,在每次输入用户号码后都要按回车键;也可按照模块号、局号、百号组及号码的方式进行批量定位;对于批量输入的号码可以进行保存。

(3)列表选择输入:通过列表方式定位多个用户号码,按照模块号、局号、百号、用户号码的方式定位;如果只选模块号,则该模块上的所有用户会被选中;如果选模块号和局号,则所有满足条件的百号组都会被选中;如果选模块号、局号和百号,则此百号中的所有号码将被选中。

在属性配置中可以配置该用户的属性，可以选择用户属性模板进行属性配置，也可以直接进行配置相关用户属性。与缺省用户模板一样，属性配置也包括基本属性、呼叫权限、普通用户业务和网络选择业务四个页面，可以对相应的参数进行修改。对多个用户号码属性配置时，因为多个用户的属性可能并不一致，因此将不显示属性。

3. 数据传送

进入数据传送界面，选择全部表传送或者变化表传送，全部表传送表示所有的配置数据全部加载，变化表传送表示只传送变化的部分，没有变化的数据不再加载。全部表传送时需要输入密码，密码默认为～！@♯￥％。

4. 本局电话互通验证

完成物理配置、号码管理、用户属性配置等流程，在配置合理正确的情况下可以进行本局电话互通验证。

在本局机房三个电话的特写图界面，首先需要验证三个电话是否有效。点击左边第一个电话，该电话会显示在上方，点击该电话话筒进行摘机，电话提示拨号音，然后拨打号码♯♯，可以听到"主叫号码是8880000"。如果摘机后提示忙音或者无音，说明配置过程中出现错误，可通过跟踪呼叫数据观察与检索查询故障原因。

用同样的方式检验其他两部电话，提示音分别为"主叫号码是8880001"、"主叫号码是8880002"。

若三个电话都能正常提供号码，则进行下一步验证。三部电话之间相互拨打，检验本局电话是否互通。第一部电话拨打第二电话，点击第一部电话摘机，听到提示拨号音，拨打电话"8880001"，可以听到第一部电话有回铃音。然后点击第二部电话，可以听到振铃。点击第二部电话话筒接听，前两部电话进入通话状态。点击话筒挂机，通话结束。用同样的方式验证其他电话是否互通。

5. 呼叫数据观察与检索

检验本局电话是否互通时，经常会遇到电话相互之间无法互通的现象，为了确定故障位置，可以进行呼叫数据观察与检索，确定无法互通的原因。然后进行本局电话验证：摘机、听拨号音、拨打被叫号码、挂机，最后查询呼叫记录总览，观察电话号码、业务类型、失败原因、失败文件、注释。

在验证本局电话互通中，如果相互之间能够打通电话，则说明呼叫中不存在呼损，在呼损记录总览中没有任何信息。当相互之间不能打通电话时，或者是摘机后直接挂机、摘机后长时间不挂机、拨打号码错误、用户配置错误等情况，就会出现呼损信息，可根据呼损失败原因和相关注释进行故障排查。

项目总结四

（1）呼叫的基本流程；

（2）呼叫的接续过程；

（3）呼叫的输入处理、分析处理和输出处理；

（4）ZXJ10 交换机程序的执行管理；

（5）ZXJ10 交换机本局电话的通信；

（6）ZXJ10 交换机的放号；

（7）ZXJ10 交换机号码分析；

（8）ZXJ10 交换机配置的用户属性。

项目评价四

评价项目	评价内容	分值	自我评价	小组评价	教师评价	得分
知识点	呼叫接续的处理过程					
	呼叫基本流程					
	呼叫输入处理过程					
	呼叫分析处理过程（去话分析、号码分析、来话分析、状态分析）					
	呼叫输出处理过程					
项目输出	实验室号码管理配置流程					
	实验室呼损跟踪情况图					
	完成号码管理、放号、号码分析、用户属性配置					
环境	教室环境					
态度	迟到 早退 上课					
综合评估（优、良、中、及格、不及格）						

项目练习四

第 5 章　信　令　系　统

教学课件

知识点:
- 掌握信令的基本概念;
- 掌握信令的分类;
- 掌握用户信令与局间信令;
- 掌握 No.1 信令与 No.7 信令;
- 了解 No.7 信令分析。

技能点:
- 具有区分信令类别的能力;
- 具有基本的信令分析能力;
- 具有信令跟踪的能力;
- 具有 ZXJ10 交换机出局号码管理配置能力;
- 具有 ZXJ10 交换机出局号码分析配置能力;
- 具有 ZXJ10 交换机出局通话的故障处理能力。

任务描述:

学习交换机呼叫流程,在 ZXJ10 仿真系统中配置本局电话,本局电话号码分别为 8880000、8880001、8880002;完成本局电话号码分析,使本局电话互通,配置用户属性,使用户 8880000、8880001、8880002 可以做主叫;配置完成后,验证电话是否可通;出现无法正常呼叫时,可以通过呼叫损失表进行跟踪处理;分别进行号码管理、配置局号、分配百号、放号等操作。

- 配置对应的电话号码,第一个电话号码为 8880000,第二个电话号码为 8880001,第三个电话号码为 8880002。

- 配置号码分析,局号 888 的电话号码在本局内可以用于被叫,通过局号索引找到被叫所在线路电话号码。

- 配置出局通话,在本局通话的基础上,使本局电话(8880000～8880002)能够拨打对局电话(9990001～9990003)。

① 根据实验室仿真系统环境,配置本端局到汇接局物理中继连接;
② 根据对接参数配置信令链路;
③ 根据业务需求配置中继链路;
④ 根据对局电话号码进行号码分析。

- 配置用户属性,局号 888 的电话号码在本局内可以用于主叫,通过用户模板设置本局电话类型和开通状态,根据呼叫过程对 No.7 信令进行跟踪分析。

项目要求:

1. 项目任务

(1) 根据项目需求,进行 ZXJ10 出局电话号码分析;

（2）完成仿真系统实验室的出局号码管理配置；

（3）完成仿真系统实验室的出局号码分析配置；

（4）完成仿真系统实验室的出局电话互通验证。

2．项目输出

（1）输出实验室出局号码管理配置流程；

（2）输出实验室七号信令跟踪情况图。

资讯网罗：

（1）搜罗并学习中兴 ZXJ10 交换技术手册；

（2）搜罗并阅读 ZXJ10 程控交换机配置手册；

（3）搜罗并阅读 ZXJ10 程控交换机指导手册；

（4）搜罗并阅读 ZXJ10 工程资料；

（5）分组整理、讨论相关资料。

5.1 信令的基本概念

信令是指在通信网中，明确地涉及连接的建立和控制及管理方面的信息交换。信令是携带控制命令的"信号"，有时候把这两层含意加在一起称"信令信号"。但它与通信系统中的"信号"有本质的区别。

ITU - T 及各国电信管理部门为各类通信网制定了各种信令方式。在电话网中，信令方式也称信令系统（Signalling System），它是一组信令或一个信令集合。该集合包括指导通信设备接续话路和维持其自身及整个 PSTN 正常运行所需的所有命令。

在一次电话通信中，对各交换机而言，要求所有的信令信号从内容、形式及传送方法等方面协调一致，紧密配合，互相能识别各信令信号的含义，以完成每个电话接续。

下面以不同城市的两个用户之间进行一次电话呼叫为例，说明电话接续过程中所需的基本信令及其传送顺序。其过程如图 5.1 - 1 所示。

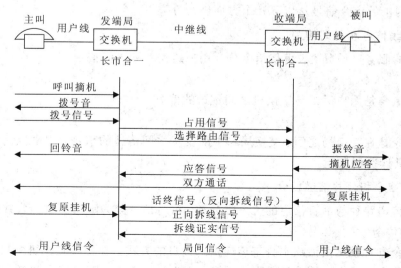

图 5.1 - 1　电话接续的基本信令

为了简化讨论，图 5.1-1 中采用市话和长途合一的交换机，它们能直接将用户线连接到长途中继线上。实际网络中，用户线应经过市话交换机，再通过长途交换机才能连到长途中继线上。从图 5.1-1 中可以看出，在电话接续过程中有以下基本信令：

(1) 当主叫摘机时，向发端局发出呼叫摘机信号。

(2) 发端交换机立即向主叫用户送出拨号音。

(3) 主叫用户听到拨号音随即拨号。接续方式中，如是长途接续，应根据长途网编号原则拨号；如是本地用户，则直拨被叫的本地号码。

(4) 发端交换机根据被叫号码选择局向路由及空闲中继线。然后通过已选好中继线向收端交换机送出占用信令，再将有关的路由信号及被叫号码送给收端交换机。

(5) 收端交换机根据被叫用户号码将呼叫接到被叫用户，若被叫话机是空闲的，则向被叫用户送振铃信号，同时向主叫用户送回铃音。

(6) 被叫用户摘机应答时，一个应答信号送给收端交换机，再由收端局交换机将此信号送给发端交换机，这时发端交换机开始统计通话时长，并计费。

(7) 随后，双方用户进入通话状态，线路上传送语音信号，这信号不属于控制接续的信号(信令)，而是用户讲话的语音信息。

(8) 话终时，若主叫用户先挂机，则由主叫用户向发端局交换机送出挂机信号，再由发端交换机向收端交换机送出主叫挂机信号。此信号又称为正向拆线信号。收端局交换机收到正向拆线信号后，开始复原并向发端交换局回送一个拆线证实信号，发端交换机收到此信号后也将机键全部复原。若被叫用户先挂机，则双方交换机也做相同的处理。

5.2　信令的分类

根据以上所述，电话网中所需的信令信号是多种多样的。分析图 5.1-1 的基本信令信号，可看到不同的区域使用了不同的信令，各信令所起的作用也不同。为了认识各类信令，将电话网中的信令信号从以下几个方面进行分类。

1. 用户线信令和局间信令

按信令的服务区域分类，可将信令分为用户线信令和局间信令。

1) 用户线信令

用户线信令是用户话机与交换机之间传送的信令。

2) 局间信令

局间信令是在交换局之间、交换局与中继设备之间传递的信令，用来控制呼叫的接续和拆线，提供计费信息。

2. 随路信令和公共信道信令

按信令传递路径与话音信道的关系来分类，可将信令分为随路信令和公共信道信令。

1) 随路信令

随路信令方式就是由话路本身来传递信令信息的方式。在传统交换机中只能采用这种方式。随路信令方式中，各话路所传送的信令为本话路服务，随路信令包括线路信令和记发器信令，如图 5.2 - 1 所示。

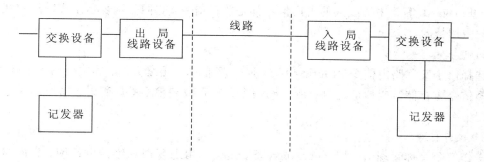

图 5.2 - 1　随路信令方式示意图

2）公共信道信令

公共信道信令是与随路信令完全不同的一种信令方式。这种信令方式是将话路信道和信令信道分开，话路信道只传送语音信号，将为各话路服务的信令从各话路中移出，在专门设置的信令信道中进行传送，所以这种信令方式称为公共信道信令方式，简称共路信令方式，如图 5.2 - 2 所示。

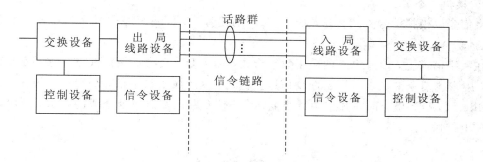

图 5.2 - 2　公共信道信令方式示意图

为便于国际电话网的连接，需要建立统一的国际信令标准。CCITT（国际电报电话咨询委员会）先后制定了一系列信令系统，其中 1 号（No.1）至 5 号（No.5）以及 R1 和 R2 信令系统为随路信令方式；6 号（No.6）和 7 号（No.7）信令系统为公共信道信令方式。

中国的公众电话网信令也建立标准规程，称为中国 No.1 信令系统，它类似于 R2 信令系统，采用随路信令方式。

3. 前（正）向信令和后（反）向信令

根据传送方向，信令可分为前向信令和后向信令。

前向信令是由发端局（主叫用户一侧的交换局）记发器或出中继电路发送和由收端局（被叫用户一侧的交换局）记发器或入中继电路接收的信令；后向信令则是相反方向的信令，后向信令是对前向信令的控制和证实。

4. 监视信令、路由信令和管理信令

按照信令所完成的功能可将信令分为监视信令、路由信令和管理信令。

1）监视信令

监视信令又称线路信令，具有监视功能，用来监视终端或交换机由空闲至工作状态

（或反之）的变化，如主叫摘机（OFF Hook）、被叫应答（OFF Hook Answer）、正向拆线（Clear Forward）等。中继线上的占用信令都是监视信令，它们分别表示了当前用户线和中继线的占用情况。

2）选择信令

选择信令又称路由信令（Routing Signals），具有选择接续方向、确定通信路由的功能。因选择信令要存储被叫地址信息、请发码信令、号码收到信令等，所以，选择信令也称为记发器信令。

3）操作信令

操作信令又称管理信令（Management Signals），用来管理和维护电话网，如网络拥塞（Congestion）、设备或电路已坏的不可用信令（Nonavialability）、呼叫计费信息、远距离维护信令、故障告警信息等。No.7 信令系统中的信令网管理消息、导通检验消息等都是管理信令。

5. 模拟信令和数字信令

按照信号传输波形可将信令分为模拟信令和数字信令。

1）模拟信令

将信令以模拟信号方式传送，如 450 Hz 的拨号音、DTMF 信号及多频编码信令等。

2）数字信令

在数字信道上，信令也必然采用数字形式，如 ISDN 交换机用户线基本接口为 2B＋D 信道，用户线信令都在 16 kb/s 的 D 信道上传送，因此属于数字信令（Digital Subscriber's Signalling 1，DSS1）。而在数字中继线上，线路信令和记发器信令分别在 TS_{16}（E1）和本话路时隙上传送。

5.3 用户信令

用户信令在用户线上以模拟方式传输，其特点是种类少，形式简单。用户信令包括用户状态信令、地址信令和各种信号音。

5.3.1 用户状态信令

用户状态信令是表示用户忙、闲两种工作状态的信令，由用户叉簧或免提产生，其功能是接续或切断用户线直流回路。一般交换机将用户话机的直流电流控制在 20～50 mA。所以用户摘机信号应会产生无直流电流到有上述直流电流的变化。相反，用户挂机信号应该在上述直流电流至无直流电流之间变化。

5.3.2 地址信令

地址信令即主叫用户发出的拨号信号，脉冲拨号时话机发出的用户信号是直流脉冲，这一串串的直流脉冲可看做挂机和摘机状态信号的有序组合；对于双音频拨号，采用编码的双音多频信号，每按一个键，都向用户线送出某两个频率组成的一个数字信号。

1. 号盘话机和脉冲按键话机

直流拨号脉冲实际上是由直流回路的多次断续所形成的，例如拨数字"3"，就使直流回路断开 3 次，拨数字"0"，就断开 10 次等。直流脉冲串送给交换机，交换机对每串脉冲进行识别和计数，从而确认所拨的号码值。

对直流拨号脉冲的要求如下：

（1）脉冲速度：8～14 个脉冲/s。

（2）脉冲断续比：(1.3～2.5)∶1。

（3）脉冲串间隔大于等于 350 ms。

2. 双音多频（DTMF）按键话机

DTMF 话机每按下一个数字键，就发出高、低两个不同频率的组合信号，频率的不同组合表示不同的号码数值。

CCITT 推荐采用 8 个频率，并分为两组，一组为低频群，另一组为高频群。由这 8 个频率得到 16 种组合，其中：0～9 表示 10 个数字；11（＊）、12（♯）为特殊功能键，供程控交换机开展新服务性能使用；其余 13～16 这 4 个键留做备用。具体组合关系如表 5.3 - 1 所列。

表 5.3 - 1 双音多频按键话机信号频率

频率/Hz	1203	1336	1477	1633
697	1	2	3	13
770	4	5	6	14
852	7	8	9	15
941	11（＊）	0	12（♯）	16

8 个频率的选用有以下特点：

（1）任意两个频率都不成谐波关系；

（2）任意一个频率都不等于其他两个频率的和或差。

这样安排是为了提高对杂音所产生的虚假信号的防护能力，从而提高信号的可靠性。与十进制号盘、按键直流脉冲信号相比，双音多频信号可以减少错号，传送速度快，有利于程控数字交换局新业务的使用。

5.3.3 各种信号音

铃流和信号音都是由交换局向用户话机发送的信号。各种信号音可以表示接续进行的阶段和动作的请求。各国对此有不同规定，我国规定如下：

1. 铃流信号

铃流源为 25 Hz 正弦波、振铃为 5 s 周期的断续信号，以 1 s 送、4 s 断的形式由交换机发往用户。

2. 其他各种可闻信号

信号音源为 450 Hz 或 950 Hz 正弦波。需要时还可以有 1400 Hz 信号音源。各种信号音含义及结构如表 5.3 - 2 所示。

表 5.3－2　信号音表

信号音频率	信号音名称	含　义	结　构
450 Hz	拨号音	通知主叫用户可以开始拨号	连续信号音
	特种拨号音	对用户起提示作用的拨号音(例如，提醒用户撤销原来登记的转移呼叫)	400 ms
	忙音	表示被叫用户忙	0.35 s 0.35 s 0.35 s
	拥塞音	表示机键拥塞	0.7 s 0.7 s 0.7 s
	回铃音	表示被叫用户处在被振铃状态	1 s 4 s
	空号音	表示被叫用户号码为空	0.1 s 0.1 s 0.1 s 0.4 s 0.4 s
	长途通知音	用于话务员长途呼叫市话的被叫用户时的自动插入通知音	0.2 s 0.2 s 0.2 s 0.6 s
	排队等待音	用于具有排队性能的接续，以通知主叫用户等待应答	可用回铃音代替或采用录音通知
	呼入等待音	用于"呼叫等待"服务，表示有第三者等待呼入	0.4 s 4.0 s
1400 Hz	提醒用户音(三方通话提示音)	用于三方通话的连续状态(仅指用户)，表示接续中存在第三者	0.4 s 4.0 s
950 Hz	证实音	由话务员自发自收，用于证实主叫用户号码的正确性	连续信号音
	催挂音	用于催请用户挂机	连续式，采用五级响度逐渐上升

5.4　随路信令

随路信令包括线路信令和记发器信令。

局间线路信令可以分为局间直流线路信令、交流线路信令和局间数字型线路信令，这也是中国 No.1 信令的三种形式。当局间传输线路采用实线时，采用的线路信令就是局间直流线路信令；当局间传输媒介为载波电路时，线路信令就采用交流线路信令；当局间传输线路采用 PCM 数字复用线，中继电路采用数字中继器时，线路信令就采用局间数字型线路信令。

5.4.1 随路信令的传输方式

在电话通信网中，当通话需要经过一个或几个中间局转移时的接续称为多段接续。多段接续的信令传递方式有两种：端到端传送方式和逐段转发传送方式。

1. 端到端传送方式

端到端传送方式是指信号由发端局发出，不经过转接局转接，由收端局直接接收。

在端到端方式下转接局只将信令路由进行接通以后透明传输。收端局收到的是由发端局直接发来的信令，其工作原理如图 5.4-1 所示。记发器信令通常采用端到端"互控"方式传送。

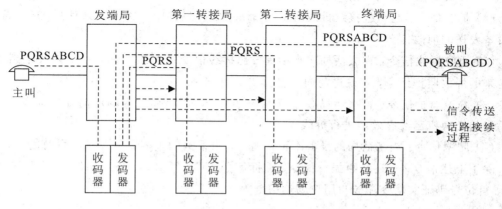

图 5.4-1 端到端方式

2. 逐段转发传送方式

逐段转发传送方式是指信号由发端局发出，经转接局接收再转发，逐段转发直至终端局为止。

逐段转发方式实际是"逐段识别，校正后转发"的简称。在这种方式下每一个转接局将信令收到以后进行识别，并加以校正，然后转发至下一个交换局，这样可避免经多段传输后失真太大而造成误判，其工作原理如图 5.4-2 所示。线路信令通常采用逐段转发方式传送。

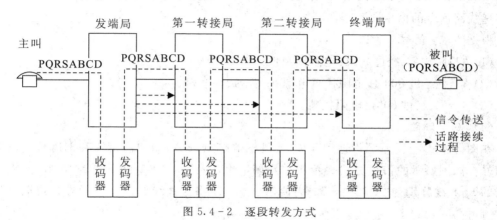

图 5.4-2 逐段转发方式

5.4.2 线路信令

1. 线路信令简介

线路信令在出、入中继器和去、来话设备之间传送,它是监视局间中继线上呼叫状态的信令。线路信令主要包括:

(1) 占用信令:是去话局向来话局发送的一种前向信令,它使来话局或入局中继设备由空闲状态变为占用状态。

(2) 应答信令:是被叫用户摘机后,由终端局向发端逐段传送的后向信令。

(3) 挂机信令:是被叫用户话毕挂机后,由终端局向发端局逐段传送的后向信令。

(4) 拆线信令:是全程接续拆线时,由去话局(或出局)中继设备向来话局(或入局)中继设备发送的前向信令。

(5) 重复拆线信令:在去话局向来话局发出拆线信令后,如果在 3~5 s 内收不到来话局送来的释放监护信令,就发送前向重复拆线信令。

(6) 释放监护信令:是来话局收到拆线信令后,向去话局发送的后向证实信令,表示来话局的交换机已经有效地进行拆线。

(7) 闭塞信令:当来话局的设备不正常时,向去话局的中继设备发送的后向信令。

除了上述信令外,还有再振铃信令、强拆信令、回振铃信令、请发码信令(占用证实信令)、首位号码证实信令和被叫用户到达信令等。

2. 线路信令的结构和形式

线路信令在模拟信道上传送的有直流信令和交流信令两种形式。

1) 直流信令

在市话网中,如果未采用载波传输,线路信令可采用直流信令。如断开环路、闭合环路、单线接地、接电源负极或腾空、环路高阻和低阻的变化、电流反极等信号,不同的信号表示不同的内容。

图 5.4-3 为局间直流线路信令(又叫 a、b 线信令)的示意图,从图中可见,A 局的出中继线和 B 局的入中继线通过 a、b 线相连。a、b 线是传递话音信号的通话话路,同时也是传递线路信令的信令通路。

根据要求,信号分为以下 4 种:

(1) "高阻+":经过 9 kΩ 电阻接至地。

(2) "-":经过 800 Ω 电阻接负电源(一般为-60 V)。

(3) "+":经过 800Ω 电阻接地。

(4) "0":断路。

在图 5.4-3 中,示意性地用开关(或继电器接点)KA_a、KA_b、KB_a 和 KB_b 分别倒换各种信号。如图所示的信令方式表示用户示闲,此时入局的 a、b 线分别为"0"、"高阻+";出局的 a、b 线分别为"-"、"-"。为便于记忆,现将这些线路信令的标志方式汇总于表 5.4-1 中。

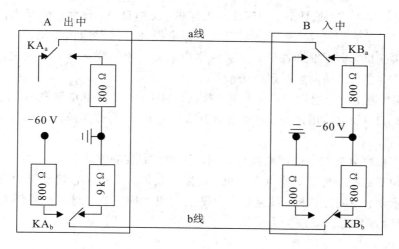

图 5.4-3　局间直流线路信令示意图

表 5.4-1　标 志 方 式

接 续 状 态		出　局		入　局	
		a	b	a	b
示　闲		0	高阻＋	—	—
占　用		＋	—	—	—
被叫应答		＋	—	—	＋
复原	主叫控制	被叫先挂机	＋	—	—	—
		主叫后挂机	0	高阻＋	—	—
		主叫先挂机	0	—	—	＋
			0	高阻＋	—	—
	互不控制	被叫先挂机	＋	—	—	—
			0	高阻＋	—	—
		主叫先挂机	0	—	—	＋
			0	高阻＋	—	—
	被叫控制	被叫先挂机	＋	—	—	—
			0	高阻＋	—	—
		主叫先挂机	0	—	—	＋
		被叫后挂机	0	高阻＋	—	—

　注意：占用状态时入局仍表示为示闲；被叫应答状态时出局仍表示为话路占用。

　通话电路复原方式有以下 3 种：

　（1）互不控制方式：通话后，主被叫用户任何一方挂机，通话电路立即复原，挂机用户立即自由，未挂机方自其端局送忙音。

（2）主叫控制方式：通话后，主叫用户先挂机，主叫自由，通话电路复原，并由被叫端局向被叫用户送忙音；如被叫用户先挂机，通话电路在一定时限内不复原，在此时限内，如被叫用户再摘机，仍可继续通话；如被叫用户逾此时限后仍未摘机，且主叫仍不挂机，则话路释放，由主叫端局向主叫用户送忙音。

（3）被叫控制方式：通话后，被叫用户挂机，被叫自由，通话电路复原，由主叫端局向主叫用户送忙音；如主叫用户先挂机，通话电路不复原（不向被叫送忙音），主叫再次摘机，仍可继续通话。

交换机可根据需要对不同呼叫接续采用不同的复原控制方式。

对于主叫复原控制方式，被叫先挂机，电路不复原，线路标志状态仍为占用，只有主叫挂机后才示闲；主叫先挂机，线路信令立即表示出主叫挂机，此时被叫仍为被叫应答状态，电路复原，线路标志状态变为示闲。

2）交流信令

在长途网中，线路信令采用的是交流信号。我国使用的是带内单频 2600 Hz 信号，由短信号单元、长信号单元、连续信号分别表示线路信令的不同意义。短信号单元的时长为 150 ms，长信号单元的时长为 600 ms，两个信号之间的最小间隔为 300 ms。具体信令见表 5.4－2。

表 5.4－2　带内单频脉冲线路信令

序号	信号种类		传送方式		信号结构/ms	说　明
			前向	后向		
1	占用		→		单脉冲 150	
2	拆线		→		单脉冲 600	
3	重复拆线		→		150　300　600（上） 600　600　600（下）	
4	应答			←	单脉冲 150	
5	挂机			←	单脉冲 600	
6	释放监护			←		
7	闭塞			←	连续	
8	话务员信号	再振铃（或强拆）	→		150　150　150　150　150	每次至少 3 个脉冲（向被叫馈送）
		回振铃		←		每次至少 3 个脉冲（向主叫馈送）
9	强迫释放		→	←	单脉冲 600	相当于拆线信令或释放监护信号
10	请发码			←	单脉冲 600	这 3 个信令在有简式对端话务员向本端长话局发起呼叫（转接或终端接续）时采用
11	首位号码证实			←	单脉冲 150	
12	被叫用户到达			←	单脉冲 600	

3）数字型线路信令

线路信令在数字信道上以数字型线路信令方式传送。

对于 PCM30/32 系统，在一个复帧时间内每一话路可有 4 bit(a、b、c、d)用来传送信令。根据规定，前向信令采用 a_f、b_f、c_f 3 位码，后向信令采用 a_b、b_b、c_b 3 位码，它们的基本含义如下：

（1）a_f 码表示发话局状态的前向信令，$a_f=0$ 为摘机占用状态，$a_f=1$ 为挂机拆线状态。

（2）b_f 码表示发话局故障状态的前向信令，$b_f=0$ 为正常状态，$b_f=1$ 为故障状态。

（3）c_f 码表示话务员再振铃或强拆的前向信令，$c_f=0$ 为话务员再振铃或进行强拆操作，$c_f=1$ 为话务员未进行再振铃或未进行强拆操作。

（4）a_b 码表示被叫用户摘机状态的后向信令，$a_b=0$ 为被叫摘机状态，$a_b=1$ 为被叫挂机状态。

（5）b_b 码表示受话局状态的后向信令，$b_b=0$ 为示闲状态，$b_b=1$ 为占用或闭塞状态。

（6）c_b 表示话务员回振铃的后向信令，$c_b=0$ 为话务员进行回振铃操作，$c_b=1$ 为话务员未进行回振铃操作。为直观起见，将市话局至市话局信号标志编码——数字型信令方式列于表 5.4-3 中。

表 5.4-3　市话局至市话局信号标志编码——数字型信令方式

接续状态			编码			
			前向		后向	
			a_f	b_f	a_b	b_b
示　闲			1	0	1	0
占　用			0	0	1	0
占用确认			0	0	1	1
被叫应答			0	0	0	1
复原	主叫控制	被叫先挂机	0	0	1	1
		主叫后挂机	1	0	1	1
					1	0
		主叫先挂机			0	1
			1	0	1	1
					1	0
	互不控制	被叫先挂机	0	0	1	1
			1	0	1	0
		主叫先挂机			0	1
			1	0	1	1
					1	0
	被叫控制	被叫先挂机	0	0	1	1
			1	0	1	0
		主叫先挂机	1	0	0	1
		被叫后挂机	1	0	1	1
					1	0
					1	1
闭塞			1	0	1	1

5.4.3 多频记发器信令

记发器信令由一个交换局的记发器发出，另一个交换局的记发器接收。它的主要功能是控制电路的自动接续。为了保证有较快的传送速度和一定的抗干扰能力，记发器信令采用多频互控方式，因此称为"多频互控信号"。

所谓"多频"，是指多频编码信号，即由多个频带组成的编码信号。在通信网中通话频率为 300～3400 Hz，可以充分利用这个频带来传送多个频率。因多频信号是在通话之前传送的，故对通话不会造成影响。

设有 n 个频率，每种信号固定取其中 m 个频率来组合（$n>m$），则总共可以组成的信号种类数为从 n 个频率中取出 m 个的组合，目前不少国家（包括我国）均采用这种"6 中取 2"（设 $n=6$，$m=2$）的编码信号。这种方案有以下优点：

（1）每一种信号都是两种频率的组合，因此容易发现频率数多于或少于两个频率的错误信号。

（2）每个信号所包含的频率数相同，因此每种信号所传送的信号电平也相同。这就保证了载波电路在不过载的情况下尽量提高信号电平，从而提高了信号传递的可靠性。

（3）信号传递速度快。每个信号传送的时间只需 30～50 ms。

"6 中取 2"多频编码信号如表 5.4-4 所示。将 6 个频率分别给以编号，设为 f_0、f_1、

表 5.4-4 多频编码信号

数码	信号	频率/Hz					
		f_0	f_1	f_2	f_4	f_7	f_{11}
		1380	1500	1620	1740	1860	1980
		1140	1020	900	780	660	500
1	f_0+f_1	√	√				
2	f_0+f_2	√		√			
3	f_1+f_2		√	√			
4	f_0+f_4	√			√		
5	f_1+f_4		√		√		
6	f_2+f_4			√	√		
7	f_0+f_7	√				√	
8	f_1+f_7		√			√	
9	f_2+f_7			√		√	
10	f_4+f_7				√	√	
11	f_0+f_{11}	√					√
12	f_1+f_{11}		√				√
13	f_2+f_{11}			√			√
14	f_4+f_{11}				√		√
15	f_7+f_{11}					√	√

f_2、f_4、f_7、f_{11}。要传送的某个数字为两个相应频率编号之和（f_{10}、f_{14}、f_{15} 除外）。信号也分为前向和后向两种，它们的频率分别为

前向信号：1380 Hz、1500 Hz、1620 Hz、1740 Hz、1860 Hz、1980 Hz。

后向信号：1140 Hz、1020 Hz、900 Hz、780 Hz、660 Hz、500 Hz。

我国的多频记发器信令也分别为前向信号和后向信号两种。前向信号的频率组合也为表 5.4 - 4 所示的 1380～1980 Hz 的高频群；后向信号只用了表中的低频群中的 4 种频率，即 1140 Hz、1020 Hz、900 Hz 和 780 Hz 按"4 中取 2"编码。从表中可见，"4 中取 2"编码最多可有 6 种组合。

所谓"互控"，是指信号传送过程中必须和对端发送过来的证实信号配合工作即端到端"互控"传送方式。信号的发送和接收都有一个互控过程。每一个互控过程分为 4 个节拍：

第一拍：去话记发器发送前向信号。

第二拍：来话记发器接收和识别前向信号后，发后向信号。

第三拍：去话记发器接收和识别后向信号后，停发前向信号。

第四拍：来话记发器识别前向信号停发以后，停发后向信号。

当去话记发器识别后向信号停发以后，根据收到的后向信号的要求，发送下一位前向信号，开始下一个互控过程，互控过程如图 5.4 - 4 所示。

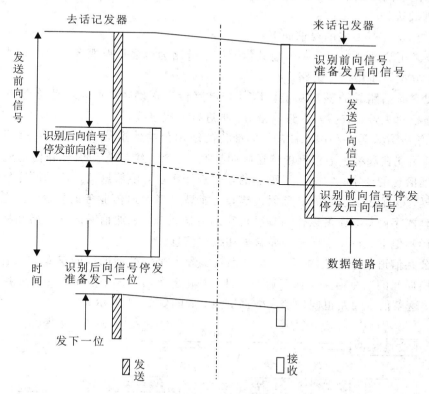

图 5.4 - 4　互控传送过程示意图

5.5 公共信道信令

随路信令有很多缺点，如局限性强、信令传送速度慢、信令容量有限、无法传送与呼叫无关的信令信息。公共信道信令的出现，改变了上述信令传送方式，使得信令传送速度快，具有提供大量信令的潜力，统一了信令系统，信令设备经济合理。目前已有的公共信道信令有两种：① No. 6 信令系统，其信令链路的速率为 2.4 kb/s、4 kb/s 或 56 kb/s；② No.7信令系统，其信令链路的速率为 64 kb/s，提供的是数字信令，也是目前电信网上所普遍采用的局间信令。No. 7 信令系统在国际上得到了广泛的应用。

公共信道信令方式的优点如下：

（1）信令容量大，便于增加各种新的业务信令、网络管理和维护管理等信令。

（2）信令传送速度快，使呼叫接续时间大大缩短。

（3）经济合理，各局间话路设备不再需要设置专用的信令设备。一条公共信道信令数据链路可传送几百路、上千路甚至更多的话路业务信令，设备成本可显著降低，同时随着话路接续时间的缩短，也提高了话路的利用率。

（4）信令与语音分开传送，这对改变信令、增加信令带来了很大的灵活性。

（5）能提供网络集中服务信令（如网络管理、网络维护、集中计费等信令），有利于网络集中管理和维护。

对公共信道信令方式的要求如下：

（1）要求可靠性高。因为一条公共信道信令链路为很多话路服务，所以必须采用差错控制技术，并配置备用信号链路。

（2）要具有话路导通核对功能。因信令链路传送正确，并不表示话路能正确传送语音，如导通核对失败，应更换话路或路由，再进行一次接续。

No. 7 信令方式是一种国际性的、标准化的通用公共信道信令系统，它适用于综合数字网；能满足现在和将来通信网中传送呼叫控制、遥控、维护管理信号和传送处理机之间的事务处理信息的要求；它提供了可靠的差错控制手段，使信息按正确的顺序传送而不致丢失或重复，以保证接收到的消息无差错；它能满足多种通信业务的要求，如电话网、智能网和综合数字网等，还可以作为一种可靠的传送系统，在通信网的交换局和特种服务中心之间进行其他形式的信息传递，如管理和维护信息。

采用公共信道信令方式的 No. 7 信令系统实际上是一种新的局间信令方式，其主要特点是两交换局间的信令通路与话音通路分开，并将多个话路信令复用在一条专用的信令通路上传送，这条信令通路也叫做信令数据链路，如图 5.5 - 1 所示。

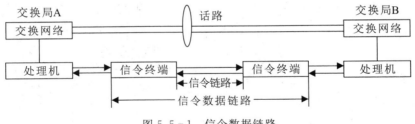

图 5.5 - 1　信令数据链路

由图 5.5 - 1 可见，两交换局间的信令数据链路由两端的信令终端设备和信令链路组成。

（1）信令终端设备：在处理机控制下，完成对多个话路信令信息的处理、传送等功能。由于 No.7 信令是以数字编码方式和以信号单元为单位的分组方式工作的，因此信令终端还要完成信号单元的同步和差错控制功能。

（2）信令链路：数据链路既可采用数字通道，也可采用模拟通道，只不过当采用模拟信道时，在接入信令终端处须设调制解调器。数字信道通常采用的速率为 64 kb/s；模拟信道通常采用 24 kb/s 或 48 kb/s 的信号速率。

（3）信令信息传送方式：在图 5.5 - 1 中，交换局 A 和交换局 B 之间的语音中继的信令格式部分复用在一条数字信令链路上传送，因此传递信令信息的信号单元中应设有特定的标记用于识别该信号单元传送的信令消息属于哪一个话路。

5.6　No.7 信令系统

5.6.1　No.7 信令系统的功能结构

No.7 信令系统按照规程可以划分为消息传递部分（MTP）、电话用户部分（TUP）、ISDN用户部分（ISUP）、信令连接控制部分（SCCP）、事务处理能力应用部分（TCAP）、智能网应用部分（INAP）、移动通信应用部分（MAP）、操作维护应用部分（OMAP）等功能块，如图 5.6 - 1 所示。

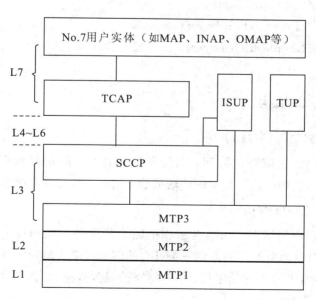

图 5.6 - 1　No.7 的功能结构

消息传递部分为 MTP1、MTP2 以及 MTP3，分别对应 OSI 七层协议中的第一层、第二层以及第三层。由于 MTP 层寻址只限于节点间传递，只能实现无连接的消息传递，不能提供面向连接业务和全局寻址，因此在 MTP3 上又增加了信令连接控制部分(SCCP)功能层。

信令连接控制部分是对 MTP 的功能补充，可向 MTP 提供用于面向连接等功能。另外，SCCP 还提供 GT 全局寻址功能。

电话用户部分属于 No.7 第四级功能，主要实现公共交换电话网(PSTN)有关电话呼叫建立和释放，同时还可以支持部分用户补充业务。

ISDN 用户部分(ISUP)属于 No.7 第四级功能，支持 ISDN 中的话音和非话音业务。

事务处理能力应用部分是位于业务层和信令连接控制部分之间的中间层，属于 OSI 七层协议的第七层。TCAP 用户目前包括智能网应用部分、移动通信应用部分和操作维护应用部分三大部分。

第一层：物理层(Physical Layer)，规定通信设备的机械的、电气的、功能的和过程的特性，用以建立、维护和拆除物理链路连接。

第二层：数据链路层(Data Link Layer)，在物理层提供比特流服务的基础上，建立相邻节点之间的数据链路，通过差错控制提供数据帧(Frame)在信道上无差错的传输，并进行各电路上的动作系列。

第三层是网络层(Network Layer)，网络层的任务就是选择合适的网间路由和交换节点，确保数据及时传送。

第四层是处理信息的传输层(Transport Layer)。

第五层是会话层(Session Layer)。

第六层是表示层(Presentation Layer)。

第七层是应用层(Application Layer)，应用层为操作系统或网络应用程序提供访问网络服务的接口。

5.6.2 MTP 的功能结构

1. 信令数据链路功能(MTP1)

MTP1 定义信令数据链路的物理、电气和功能特性，确定与数据链路的连接方法。MTP1 是信令传递的物理介质。常用的传输链路有 64 kb/s 的时隙或 2 Mb/s 的 E1 接口。

2. 信令链路功能(MTP2)

MTP2 定义了信令消息在一条信令数据链路上传递的功能和程序。MTP2 与 MTP1 配合，为两点间的信令消息的传递提供一条可靠的信令链路。MTP2 具有信号单元分界和定位、差错检测、差错校正、初始定位、信令链路的误差监视和流量控制等功能。

1) 信号单元定界和定位

No.7 信令采用标志码 F 作为信令单元的分界，它既表示上一个信令单元的结束，又表示下一个信令单元的开始。接收端根据 F 来确定信令单元的开头和结尾。F 由二进制序列 01111110 组成。

2）差错检测

由于传输信道存在噪声和干扰，因此信令在传输过程中可能出现差错。为保证信令的可靠性传输，需要进行差错处理。No.7 信令系统通过循环校验码 CK 进行差错检测。CK 是长度为 16 比特的校验码。发送端根据发送信令内容，按照一定的算法生成校验码。接收端根据接收内容，按照相同的算法对收到的 CK 之前的比特进行运算得出类似的校验码。如果按算法运算后的校验码与收到的校验比特 CK 不一致，则说明传输有误，该信号单元即予以舍弃。

3）差错校正

No.7 信令系统利用信令单元的重发机制纠正信令单元的错误。差错校正字节包括 16 比特，它由前向序号（FSN）、前向指示语比特（FIB）、后向序号（BSN）和后向指示语比特（BIB）组成。在国内电话中有基本差错校正方法和预防性循环重发方法两种差错校正方法。基本差错校正方法适用于传输时延小于 15 ms 的传输线路上，而预防性循环重发方法则适用于传输时延等于或大于 15 ms 的传输线路上，如卫星信号链路上就是采用预防性循环重发的方法。

基本差错校正方法是一种非互控的、肯定和否定证实的重发纠错机制。在发送信令单元时，给消息信令单元（MSU）分配新的编号，用 FSN（7 bit）表示，并按 MSU 的发送顺序按 0～127 编号，循环编码，当编到 127 时，再从 0 开始。每个发送的信息单元都包含 BSN 表示本端已正确接收的 MSU 的 FSN 号。在正常传送顺序中一端信令单元 FIB 与另一端 BIB 有相同的编号。在发送端发出信令单元后，该信令单元保存在重发缓冲存储器，直到从接收端送来一个肯定证实为止，在未收到肯定或否定证实以前一直按顺序发出信令单元，当发端收到接收端的肯定证实信号后，才从重发缓冲存储器中清除已被证实过的信令单元。若接收端收到某一信令单元有差错，则向发端发送否定证实信号，发端收到否定证实信号后，就从有差错的信令单元重新开始按顺序重发各个信令单元。

当传输时延大于 15 ms 时，基本差错校正方法的重发机制将使信令通道的信号吞吐量降低，因此改用预防性循环重发方法（PCR 方法）。

预防性循环重发方法是非互控的、肯定证实、循环重发的方法。预防性循环重发方法与基本差错校正方法的不同之处在于没有否定证实。发送端发出信令单元，同时要将该信令单元存入重发缓冲器中，一直保留到收到肯定证实为止。在收到肯定证实之前，若无任何新的消息信令单元发送，则在发送端自动按顺序循环重发在重发缓冲器中未得到肯定证实的消息信令单元。若有新的信令单元要求发送，则中断重发消息，优先发送新的消息信令单元。当发送端收到肯定证实信号后，就从重发缓冲器中清除掉该消息信令单元。若重发缓冲器中没有新的消息单元发送，也没有需要重发的消息信令单元，则发送填充信令单元。

若信令链路有大量的新消息需要发送，很少有机会循环重发未得到肯定证实的消息信令单元，则必须补充设置强制重发程序。

4）初始定位

初始定位过程用于首次启动和链路发生故障后进行恢复时的定位。初始定位过程是通过信令链路的两端之间交换链路状态信令单元（LSSU）实现的。

5）信令链路的误差监视

No.7 信令使用重发进行差错纠正，如果信令链路的差错太高，则会引起消息信令单元 MSU 频繁重发，排队时延较大，从而导致信令系统处理能力下降。为了保证信令链路有良好的服务质量，当差错率达到一定门限值时，应判定信令链路故障。

6）流量控制

在信令链路上的负荷过大时，在接收端的 MTP2 可检测出链路拥塞，此时要启动拥塞控制机制，进行流量控制。

进行拥塞控制时，拥塞端每隔 80～120 ms 向对端发送 SIB，并停止所有 MSU 的肯定和否定的证实消息，拥塞端发送信令单元的 BSN 和 BIB 应等于发现拥塞前发出的信令单元的 BSN 和 BIB。拥塞端的对端收到 SIB 后，启动一个 5 s 的定时器进行流量控制，如果 5 s 内拥塞仍未消除，则拥塞端可认为信令链路故障。当拥塞端拥塞消除后，则停止发送 SIB。

3. 信令网功能（MTP3）

信令网功能规定了信令点之间传递消息的功能和程序，MTP3 包括两部分功能，即信令消息处理功能和信令网管理功能。

1）信令消息处理功能

信令消息处理功能的作用是在一条消息实际传递时，引导它到达适当的信令链路或用户部分。该功能又可细分为消息路由、消息鉴别和消息分配三部分。

（1）消息路由。消息路由是为信令消息选择信令链路的过程。消息路由是以分析消息的路由标号、信令点和路由数据为基础，利用目的信令点码和负荷分担码来完成的。负荷分担码是将去某目的点的信令业务分配到两条或多条信令链路上。信令业务可分配给同一链路组中的不同链路，也可分配给不同链路组中的链路。

（2）消息分配。消息分配是目的点收到消息后决定将该消息分配到用户部分或 MTP3 的过程。通常由分析业务指示码完成消息分配功能。

（3）消息鉴别。消息鉴别是指信令点收到消息后鉴别该消息的目的点的过程。这种鉴别是基于分析消息路由中的目的信令点码。如信令点是目的点，消息就被传送到消息分配功能部分。如果该信令点不是目的点，并且该信令点具有信令的转接能力，则消息将被传送到消息路由功能部分，以便再在另一条信令链路上传送出去。

2）信令网管理功能

信令网管理功能包括信令业务管理功能、信令链路管理功能和信令路由管理功能三部分。

（1）信令业务管理。信令业务管理具有控制消息的路由、控制信令业务的传递、控制信令业务的流量等功能。

（2）信令链路管理。信令链路管理功能用于控制本地连接的链路组。如本地链路组的可利用度发生改变时，它将启动一些监视功能，并启动控制功能使该链路组的可利用度恢复正常。信令链路管理功能还将本地链路组的可利用度信息发送至信令业务管理功能。信令链路管理功能通过接收的信令链路状态指示与 MTP2 的信令链路功能相互作用。

（3）信令路由管理。信令路由管理是传送信令路由可利用度发生改变的信息，远端信令点可采用适当的信令业务管理措施。

5.6.3　信令消息结构

1. 信号单元基本格式

No.7 信令方式采用可变信令单元传送各种消息,有三种信令单元格式,即消息信令单元(MSU)、链路状态信令单元(LSSU)和填充信令单元(FISU),三种信令单元的格式如图 5.6－2、图 5.6－3、图 5.6－4 所示。

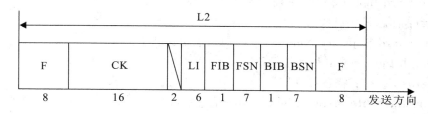

图 5.6－2　填充信令单元 FISU(LI＝0)

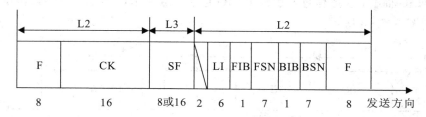

图 5.6－3　链路状态信令单元 LSSU(LI＝1,2)

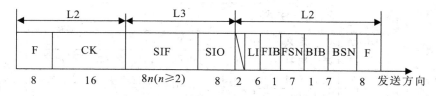

图 5.6－4　消息信令单元 MSU(LI＞2)

信令单元包含标志码(F)、后向序号(BSN)、后向表示语(BIB)、前向序号(FSN)、前向表示语(FIB)、长度表示语(LI)、校验位(CK)等字段,用于控制消息传递。其中:F 由 8 个比特组成,码型固定为 01111110,指示信令单元的起点,也指示信令单元的结尾;FSN 是信令单元本身的前向序号,BSN 是证实信令单元的反向序号,FSN 和 BSN 均是长度为 7 个比特的二进制编码,表示 $0 \sim 127$ 序号;FIB 和 BIB 均是长度为 1 比特的二进制编码,FIB 和 BIB 连同 FSN 和 BSN 一起用于基本误差控制方法中,以完成信令单元的顺序号控制和证实功能。LI 由 6 个比特组成,其范围可表示 $0 \sim 63$,表示 LI 后相关信令消息字节的个数。根据 LI 的取值不同,可区分三种不同形式的信令单元。LI＝0 时,表示没有消息字节,信令单元为填充信令单元;LI＝1 或 2 时,表示有 1 个或 2 个消息字节,信令单元为链路状态单元;LI＞2 时,表示有多个消息字节,信令单元为消息信令单元。LI 设置为 N 就代表有 N 个消息字节($N < 63$)。当消息信令单元中的信令信息字节数大于等于 63 时,LI 取值固定为 63。每个信令单元具有用于误差检测的 16 比特校验码 CK。

MSU(Message Signal Unit)：消息信令单元。

FISU(Fill-In Signal Unit)：填充信令单元。

LSSU(Link Status Signal Unit)：链路状态信令单元。

BIB(Backward Indicator Bit)：后向指示语比特。

BSN(Backward Sequence Number)：后向顺序号码。

CK(Check bits)：检验位。

FIB(Forward Indicator Bit)：前向指示语比特。

F(Flag)：标志码。

FSN(Forward Sequence Number)：前向指示语比特。

LI(Length Indicator)：长度指示语。

SF(Status Field)：状态字段。

SIF(Signaling Information Field)：信令信息字段。

SIO(Service Information Octet)：业务信息字段/业务信息八位位组。

对于 MSU 而言，业务信息八位位组 SIO 包括业务表示语和子业务字段两部分，结构以及含义如图 5.6 - 5 所示。

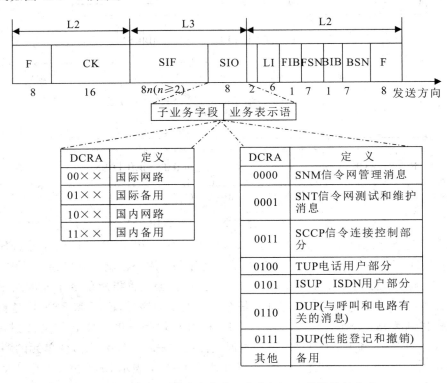

图 5.6 - 5　MSU 的业务信息八位位组 SIO 的结构及含义

2. 电话用户部分(TUP)

1) 电话消息信令单元的格式

No. 7 信令系统中，电话信号都要通过消息单元来传送，称为消息信令单元(MSU)。从图 5.6 - 5 MSU 的业务信息八位位组 SIO 的结构及含义可知，MSU 中 SIO 的业务表示语部分取值为 0100(04)，表示 TUP 电话用户部分。在 MSU 中，SIF 与电话控制信号有关，由电话用户部分处理；SIF 长度是可变的，它与电话用户部分的电话呼叫控制信号有关；SIF 由标记、标题码和信令信息三部分组成。电话 MSU 的一般格式如图 5.6-6 所示。

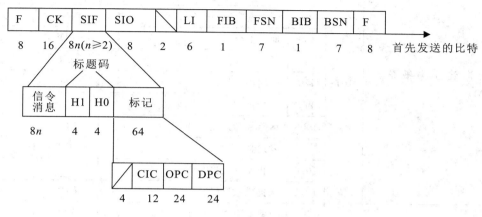

图 5.6-6　电话 MSU 的格式

标记是信令消息的重要组成部分。消息传递部分第三级（MTP3）的消息路由功能根据标记部分选择适当的信令路由，而电话用户部分则用标记识别消息所属的呼叫。标记包括三个字段：目的信令点编码（DPC）、源信令点编码（OPC）和电路识别码（CIC）。DPC 表示消息要到达的信令点；OPC 表示消息源的信令点。CIC 标识 DPC 与 OPC 之间话音电路的编号。对于 2 Mb/s 的数字通路，12 位 CIC 中的低 5 位表示话路时隙编码，高 7 位表示 PCM 系统的编码。

标题码包括 H0 和 H1，H0 用于识别消息组（信令类型），H1 用于识别每个消息组中的特定信令信号。标题码的分配如表 5.6-1 所示。

表 5.6-1　No.7 电话信令定义编码

信令类型	H0	H1	信令含义	信令代码	附加信息
1. 前向地址消息（FAM）	1	1	首次地址信令	IAM	有
		10	首次地址信令及补充信息	IAI	有
		11	后续地址信令	SAM	有
		100	仅含 1 个数字的后续地址信令	SAO	有
2. 前向建立消息（FSM）	10	1	主叫方标志（号码）	GSM	有
		11	导通试验（结束）	COT	无
		100	导通试验失败	CCF	无
3. 后向建立请求消息（BSM）	11	1	请求发主叫标志	GRQ	无
4. 后向建立成功消息（SBM）	100	1	地址齐全	ACM	有
		10	计费	CHG	有

信令类型	H0	H1	信令含义	信令代码	附加信息
5. 后向建立失败信息（UBM）	101	1	交换设备阻塞	SEC	无
		10	中继群阻塞	CGC	无
		11	国内网阻塞	NNC	无
		100	地址不全	ADI	无
		101	呼叫失败	CFL	无
		110	被叫用户忙	SSB	无
		111	空号	UNN	无
		1000	话路故障或已拆线	LDS	无
		1001	发送特殊号话音	SST	无
		1010	禁止接入（已闭塞）	ACB	无
		1011	未提供数字链路	DPN	无
6. 呼叫监视消息（CSM）	110	1	应答、计费	ANC	无
		10	应答、免费	ANN	无
		11	后向释放	CBK	无
		100	前向释放	CLF	无
		101	再应答	RAN	无
		110	前向转接	FOT	无
		111	发话户挂机	CCL	无
7. 电路监视消息（CCM）	111	1	释放保护	RLG	无
		10	闭塞	BLD	无
		11	闭塞确认	BLA	无
		100	解除闭塞	UBL	无
		101	解除闭塞确认	UBA	无
		110	请求导通试验	CCR	无
		111	复位线路	RSC	无
8. 电路群监视消息（GRM）	1000	0	备用		无
		1	面向维护的群闭塞消息	MGB	无
		10	面向维护的群闭塞的证实消息	MBA	无
		11	面向维护的群解除闭塞消息	MGU	无
		100	面向维护的群解除闭塞证实	MUA	无
		101	面向硬件故障的群闭塞消息	HGB	无
		110	面向硬件故障的群闭塞证实	HBA	无
		111	面向硬件故障的群闭塞解除	HGU	无

续表二

信令类型	H0	H1	信令含义	信令代码	附加信息
8. 电路群监视消息 （GRM）	1000	1000	面向硬件故障的群闭塞解除证实	HUA	无
		1001	电路群复原消息	GRS	无
		1010	群复原证实消息	GRA	无
		1011	软件产生的群闭塞消息	SGB	无
		1100	软件产生的群闭塞证实	SBA	无
		1101	软件产生的群闭塞解除	SGU	无
		1110	软件产生的群闭塞解除证实	SUA	无
		1111	备用		无
9. 自动拥塞控制信息（ACC）	1010	1		ACC	有
10. 国内网专用消息（NSB）	1100	10			有（计费）
11. 国内呼叫监视消息 （NCB）	1101	0	备用	ROR	无
		1	话务员信号（OPR）		
		10			
		…	备用		
		1111			
12. 国内后向建立不成功 消息（NUB）	1110	0	备用		无
		1	用户市忙话信号	SLB	无
		10	用户长忙信号	STB	
		11			
		…	备用		
		1111			
13. 国内地区使用消息 （NAM）	1111	0	备用		无
		1	恶意呼叫追查消息	MAL	无
		10	备用		
		…	备用		
		1111	备用		

    信令信息表示该信令具体传输的内容，不同的呼叫过程携带不同的信令信息，如图
5.6 - 7所示。

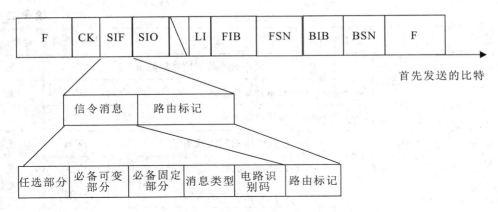

图 5.6 - 7　信令信息结构图

2) 常用 TUP 信令消息

常用 TUP 信令消息如表 5.6 - 2 所示。

表 5.6 - 2　常用 TUP 信令消息

消　息　名	缩　写	TUP 对应消息
初始地址消息（IAM）	IAM	IAM, IAI
后续地址消息	SAM	SAM、SAO
地址全消息	ACM	ACM
信息请求消息	INR	GRQ
信息消息	INF	GSM
应答消息	ANM	ANC、ANN
释放消息	REL	CLF、CBK、UBM 消息组所有 13 个消息
释放完成消息	RLC	RLG
电路闭塞消息	BLO	BLO
闭塞证实消息	BLA	BLA

（1）初始地址消息（IAM）。交换机分析被叫用户号码为出局呼叫时，为该用户选一条出线，并前向发送有关建立接续的首个消息即初始地址消息 IAM。IAM 包括主叫用户类别、被叫用户号码及电路控制信息，例如接续中有无卫星电路，要不要导通检验，是否全程为 No.7 信令等。

（2）带有附加信息的初始地址消息（IAI）。如果是特服呼叫，需要带有主叫用户号码等附加信息，则采用带有附加信息的初始地址消息 IAI。

（3）带有多个地址的后续地址消息（SAM）。发送了 IAM 消息后，如果被叫号码总位数超出 IAM 消息中被叫号码位数，则采用带有多个被叫号码数字的后续地址消息 SAM 发送。

（4）带有一个地址的后续地址消息（SAO）。发送了初始地址消息后，所有剩余的被叫用户号码都可以通过 SAO 发送。

（5）一般前向建立信息消息（GSM）。GSM 是一般请求消息（GRQ）的响应消息。

（6）一般请求消息（GRQ）。接续过程中，来话局根据业务需要向去话局发出请求消息 GRQ，去话局用 GSM 进行响应。GRQ 中包括请求类型表示语，指示请求的业务是：① 请求主叫用户类别；② 请求主叫用户线标识；③ 请求原被叫地址；④ 请求恶意呼叫追踪；⑤ 请求保持；⑥ 请求回声抑制器。

（7）后向建立失败消息（UBM）。

① 空号（UNN）：当全部被叫用户号码到达来话局后，经号码分析若被叫号码是没有分配的号码，则回送 UNN 消息。

② 地址不全消息（ADI）：在一定的时限内收到的被叫号码不足以建立呼叫，则回送 ADI 消息。

③ 交换设备拥塞信号（SEC）：遇入局交换设备拥塞，则回送 SEC 消息。

④ 电路群拥塞信号（CGC）：遇出线电路群中继拥塞，则回送 CGC 消息。

⑤ 发送专用信息音信号（SST）：当一些业务需要给主叫用户送专用信号音时，则用 SST 消息。

⑥ 接入拒绝信号（ACB）：在目的地交换局进行一致性检验，检验结果不一致时后向发出接入拒绝信号。

⑦ 不提供数字通路信号（DPN）：来话局请求 64 kb/s 不受限，但去话局不存在这种传输媒介时，则后向回送 DPN 消息。

⑧ 线路不工作信号（LOS）：被叫用户线不能工作或故障时后向发送的信号。

（8）地址全消息（ACM）。来话局收到全部被叫用户号码，确定被叫用户的状态后，应立即回送后向建立消息。呼叫接续时，如被叫用户是空闲状态，则回送后向的地址全消息 ACM。

（9）呼叫监视消息（CSM）。呼叫接续时，来话局收全被叫用户号码并确认被叫用户空闲后，回送地址全消息 ACM，将回铃音送给主叫侧并向被叫用户振铃。一旦被叫用户摘机，则将应答信号送给主叫侧，主、被叫用户进入通话状态。

通话结束，如果是被叫用户先挂机，则发 CBK 信号。拆线信号 CLF 是最优先执行的信号，根据控制复原方式，决定由谁来控制释放话路。如果是互控复原方式，则主被叫用户挂机信号都会导致电话线路释放。如果是主叫控制复原方式，则被叫挂机信号 CBK 不能导致释放。如果是被叫控制复原方式，则主叫挂机 CCL 信号也不能使话路释放。

再应答信号 RAN 是由不能控制复原的用户挂机后在一定的时限内又重新摘机发出的信号，再应答信号依然能使主、被叫用户继续通话。

（10）电路监视消息（CCM）。来话局收到前向拆线信号用 RLG 信号来响应。由于 No.7 信号的中继电路是双向的，因此闭塞信号 BLO 可由任一交换局发出。闭塞信号的作用只是为了禁止在某电路上的呼出，直到收到闭塞解除信号 UBL 为止，并不禁止到该交换机的呼入。BLO 和 UBL 都要求证实信号即 BLA 和 UBA 信号。

（11）国内后向建立不成功消息（NUB）。如果来话局检测被叫用户线正处于忙，则后向发送 SLB；如果来话局检测被叫用户线长话忙及数据和传真用户忙，则后向发送 STB 信号。

3）IAM 消息信令的格式及信息表

IAM 消息信令的格式和信息表分别如图 5.6－8 和表 5.6－3 所示。

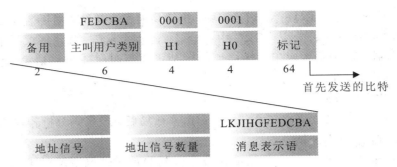

图 5.6-8 IAM 消息信令格式

表 5.6-3 IAM 消息信令信息表

地址信号	地址信号数	LKJIHGFEDCBA	备用	FEDCBA	0001	0001	
地址数字（以二进制表示）	地址数字个数（以二进制表示）	信令标志	未用	主叫用户类别	H1	H0	标记
0000～1001：表示数字 0～9 1010、1101、1110：备用 1011、1100 国际电话网接续中用 ST（地址结束） 0000 填充码（保证可变长度字段为 8 bit 的整倍数）		BA：地址性质 00 市话用户号码 01 备用 10 国内有效号码 11 国际号码 DC：电路性质 00 在接续中无卫星电路 01 在接续中有卫星电路 10 备用；11 备用 FE：导通检验 00 不需进行导通试验 01 该段电路需进行导通试验 10 在前段电话进行导通试验 11 备用 G：电话回声抑制器 0 未包括电话回声抑制器 1 包括电话回声抑制器 H：国际来话呼叫 0 不是国际来话呼叫 1 是国际来话呼叫 I：改发呼叫 0 非改发呼叫 1 改发呼叫 J：需要全部是数字通路 0 普通呼叫 1 需要全数字通路 K：信号通信道 0 任何通路 1 全部是 No.7 信令方式通路 L：备用		FEDCBA 000001 话务员，法语 000010 话务员，英语 000011 话务员，德语 000100 话务员，俄语 000101 话务员，西班牙 000110 双方协商采用的语言（汉语） 000111 双方协商采用的语言 001000 双方协商采用的语言（日语） 001001 国内话务员（具有插入功能） 001010 普通用户，在长（国际）—长、长（国际）—市局间用 001011 优先用户，在长（国际）—长、长（国际）—市局间用 001100 数据呼叫 001101 测试呼叫 001110～001111 备用 010000 普通，免费 010001 普通，定期 001010 普通，用户表，立即 010011 普通，打印机，立即 010100 优先，免费 010101 优先，定期 010110～010111 备用 011000 普通，在市—市局间使用 011001～111111 备用			

5.7 项目任务七：出局电话互通

在本局电话互通的基础上，要实现出局电话互通，还需要对交换局、物理配置、物理组网、中继管理、号码配置、用户属性等参数进行配置和调整。

1. 交换局配置

ZXJ10 交换机作为交换局在电信网上运行时，需要与电信网中其他交换设备连接才能完成网络交换功能，因此这将涉及交换局的信令点数据配置。交换局数据配置包括两个部分：本交换局信令点配置和邻接交换局配置。

1）本交换局信令点配置

本交换局信令点配置数据包括配置本交换局的信令点编码、出网字冠、区域编码和GT 号码。

（1）信令点编码：OPC14 和 OPC24 分别代表 14 比特和 24 比特的信令点编码，ZXJ10交换机兼容 OPC14 和 OPC24 两种编码。OPC14 编码为国际信令点编码，由 3 位主信令区编码、8 位分信令区编码、3 位信令点编码组成。OPC24 编码为国内信令点编码，由 8 位主信令区编码、8 位分信令区编码和 8 位信令点编码组成。

（2）出网字冠：出本网本交换局的字冠，可以为空，一般 1～2 位，多用于专网，公网一般为空。

（3）区域编码：本交换局对应网的区域编码，至多 4 位。

（4）GT 号码：SCCP 用户信令网寻址时采用的全局码。

2）邻接交换局配置

邻接交换局是指与本交换局相邻且有直达话路路由或者有直达信令链路路由的交换局。在出局通话中需要配置，本局通话中邻接交换局配置无效。在出局通话数据配置前，先要相邻交换局之间进行参数对接。在真实设备可以通过查询相邻交换局的参数，也可以查询相邻交换局的规划参数。两者之间有偏差时以实际配置为主。

2. 物理配置

对 ZXJ10 交换机来说，开通 No.7 信令，首先要保证有 No.7 信令板和数字中继板。

修改数字中继板，并根据业务需求将数字中继板子单元 PCM 子单元类型修改为共路信令。在出入数字中继板时，传输需要进行码型变换，在交换机内部一般使用单极性非归零码 NRZ，在交换外部的中继线缆上一般使用 HDB3 码，所以在出局中继板上需要把交换机内的 NRZ 码转换成中继线上的 HDB3 码，在入局中继板上需要将中继线上的 HDB3 码转换成交换机内的 NRZ 码，故要将中继板传输码型设置为 HDB3。常用的中继线分为两种：E1 线和 T1 线。E1 线包含 32 个时隙，线速为 2 Mb/s，我国通常使用这种中继线；T1线包含 24 个时隙，线速为 1.5 Mb/s，日本通常使用这种中继线。因此，在仿真实验中共路信令配置硬件接口为 E1，传输码型为 HDB3。根据需要选配是否进行 CRC 校验，在仿真软件的实验室中一般配置为没有 CRC 校验。

3. 组网配置

物理配置完成后还需要对设备的真实连线进行对接，把本交换局的中继线连接到相邻交换机上。在实际操作中根据规划参数进行物理连接,在仿真系统中根据对局信息进行连接。

点击大梅沙端局配置本局中继线缆,再点击本局交换局机柜,选择 5 号中继框背板连线,选择相应的中继板(实验室 1 使用 12 号插槽中继板 DTI7),选择对接线连接至汇接局 A。对接线连接到正确端口时,线缆上有信号流动。

4. 局间信令配置

在实际操作过程中,需要对局间信令参数进行规划,确定局间信令信息所使用的物理承载,以及局间业务信息传输可用的中继电路。在实验室的对局信息查看中可以查询相应的对接参数,具体为:局间信令使用 21 号槽位的 No.7 信令板进行共路信令处理;用模块 2、3 号中继单元;1 号 PCM 子单位 PCM 编号为 0 的链路来承载大梅沙端局至汇接局 A 的局向 1;使用 5 号框 12 号槽位的数字中继 DTI 板;1 子单元,1、2 号电路承载共路信令传递给汇接局 A。

1) 增加信令链路组

在该设置界面可以根据对接参数增加信令链路组,对相关参数进行设置。

(1) 信令链路组:信令链路组自动从 1 开始编号。

(2) 信令链路组名称:对信令链路组进行标注。

(3) 链路组属性中的直联局向:与本交换局直联的交换局的局向,在邻接交换局中已经设置。有多个邻接交换局的注意正确选取局向号。

(4) 差错校正方法:根据对接双方要求和链路传输时延选取,一般情况下选基本方法。

2) 增加信令链路

根据对接参数配置相关的信令链路。

(1) 信令链路号:"1"局内部标识,可据需要随便设置。

(2) 链路组号:"1"该链路所属之链路组。

(3) 信令链路编码:"0"需要和对方局约定,与对方局保持一致。

(4) 模块号:"2"该链路所在模块。

(5) 信令链路可用的通信信道:"2"该链路所占用的 No.7 信令板信道号。

(6) 信令链路可用的中继电路:"1、2"该链路所占用的中继板电路号,与对方局一一对应。

3) 增加信令路由

(1) 信令路由号:"1"局内部标识,可根据需要随便设置。

(2) 路由属性:若"1"局向有多组链路,则在信令链路组 1、组 2 中分别填入,并选择排列方式;否则只在信令链路组 1 中填入链路组号,信令链路组 2 配置为无。

4) 信令局向

(1) 信令局向:"1"表示一般情况下与话路中继局向一致。

(2) 信令局向路由:填入正常路由"1"。若有迂回路由,则一并填入;若无迂回路由,则所有迂回路由设置为无。

(3) 对某一个目的信令点,有四级路由可供选择,即正常路由、第一迂回路由、第二迂回路由和第三迂回路由,是三级备用的工作方式,即正常路由不可达后,选第一迂回路由、正常路由、第一迂回路由均不可达后,选第二迂回路由,依此类推。

5) 增加 PCM 系统

(1) 信令局向:"1"表示这里的局向与话路中继局向一致。

（2）PCM 系统编号：0，CIC 高七位，使得对应电路的 CIC 编码与对方局一致。

（3）PCM 系统连接到本交换局的子单元：1 号子单元。

以上设置完成后，可以通过中继电路板进行 No.7 信令的传递，完成相应的信令功能。如果需要传递指定的话音业务，则还需要配置相应的中继电路。

5. 中继管理配置

1）增加中继电路组

（1）模块号："2"，输入本交换机模块号。

（2）中继组号："1"，本交换局内配置中继组号，从 1 开始编号。

（3）中继组类别：双向中继组，在配置过程中根据中继信令的不同可选择入向中继组或出向中继组。

（4）中继信道类别：数字中继 DT，根据中继板的配置与功能进行选择，还可以选择模拟中继等。

（5）入局线路信号标志：局间共路信令 CCS7_TUP，表示局间 No.7 信令普通语音用户，也可以配置局间共路信令 CCS7_ISUP，表示为局间 No.7 信令综合数字用户。

（6）出局线路信号标志：局间共路信令 CCS7_TUP，表示局间 No.7 信令普通语音用户，也可以配置局间共路信令 CCS7_ISUP，表示为局间 No.7 信令综合数字用户。

（7）邻接交换局局向："1"，为邻接交换局中所建立局向。

（8）数据业务号码分析选择子："0"，汇接时如需要在出局路由上把数据业务和其他业务分开，则可使用此分析选择子。

（9）入向号码分析表选择子："1"，入局呼叫时的号码分析子。

（10）主叫号码分析选择子："0"，可以根据不同的主叫来寻找相应的号码分析子。

（11）中继组的阈值："100"，当中继组内的电路被占用的百分比达到设定的阈值时，即使有空闲电路，后面的呼叫也不能占用。

（12）中继选择方法：按同抢方式处理。

（13）名称描述：中继组，描述该中继基本信息。

（14）区号："755"，根据交换局所在长途区域进行配置。

（15）区号长度："3"，输入区号后，区号长度自动匹配。

2）分配中继电路

在中继电路配置过程中，如果多配或者错配中继电路，可以通过选择【分配】→【组内中继电路】选中相应的中继电路，把相应的中继电路从中继组内释放出来。

3）增加出局路由

在路由中填入中继组，其余选项根据需要设置，一般不要修改。在自环配置中可以进行出局号码流的变换。选择路由编号 1，关联到模块号 2 和中继组号 1，选择逐段转发方式的号码方式，完成出局路由配置。

4）增加出局路由组

将出局路由加入出局路由组中，出局路由组可以由一个或多个出局路由组成，一个出局路由组最多可以由 12 个出局路由组成，各出局路由之间为轮选的方式承载业务。路由号为 0 表示该路由号暂不使用。

5）增加出局路由链

将出局路由组加入出局路由链中，出局路由链可以由一个或多个出局路由组构成，一个出局路由链最多可以由 12 个出局路由组构成，各出局路由组之间为优选的方式承载业务。路由组为 0 表示该路由号组暂不使用。

6）路由链组

将出局路由链加入出局路由链组中，出局路由链组可以由一个或多个出局路由链组成，一个出局路由链组最多可以由 20 个出局路由链组成，各出局路由链之间为轮选的方式承载业务。最后可以展开关系树，观察数据设置。路由链为 0 表示该路由链暂不使用。

出局路由链组包含多个出局路由链，出局路由链包含多个出局路由组，出局路由组包含多个出局路由。出局路由与中继组一一对应，中继组内分配了多个中继电路。在出局电话中，用中继电路来承载出局语音业务，只需要知道中继电路在所在的出局路由链组，就可以逐级找到中继电路。

6. 号码分析

在出局电话互通中，需要拨打对局电话，首先要通过对接参数查询对端电话号码，在仿真软件中，可以在【对局信息查看】中查询到对局电话的局号为 999，电话分别为 9990001、9990002、9990003。

（1）被叫分析号码：对于被叫号码的局号，实验室出局号码设置为 999。在做被叫时，用于检索被叫号码。

（2）呼叫业务类型：对于本地网出局/市话业务，999 的号码不是本局号码，所以要配置为本地网出局业务。

（3）出局路由链组：为"1"，出局路由链组为中继管理中配置的出局路由链组，用于承载中继业务。通过中继路由连接到对局，把相应的号码分析信息传递给对端交换机，然后通过对端交换机的号码分析找到被叫号码。

（4）目的网络类型：被叫号码所在网络类型，本局通话中配置本局的网络类型，一般为公众电信网。

（5）分析结束标记：表示分析结束的状态，是否有后续分析，本局通话中一般设置为分析结束，不再继续分析。

（6）话路复原方式：标记话路复原的方式，可以主叫控制复原、被叫控制复原、互不控制复原。

（7）网络业务类型：无网络缺省配置。

（8）网络 CIC 类型：非 CIC 码。

（9）号码流最少位数：7。

（10）号码流最多位数：7。

（11）其他参数选配。

配置完成后，可选中相应的被叫分析号码，查询相关的参数。

7. 用户属性配置及数据传送

用户属性配置及数据传送与本局电话用户属性配置相同进行，对用户属性进行定义，配置完成后进行数据传送。

1）用户属性定义

用户属性定义是交换机日常工作使用最频繁的操作，可实现用户开机、停机、呼叫权限的变更、新业务的登记和撤销等功能。

用户属性定义时，首先确定所需要设置属性的用户或者用户群，然后对用户的属性进行配置。在配置属性时，可以采用用户缺省模板进行批量配置，也可以对某个号码进行单独配置。

（1）用户定位。用户定位号码输入方式有手工单个输入、手工批量输入和列表选择输入三种方式，可根据需求自定义号码输入方式。

① 手工单个输入：只能定位一个用户号码。

② 手工批量输入：可以定位多个用户号码，在每次输入用户号码后都要按回车键，也可按照模块号、局号、百号组及号码的方式进行批量定位；对于批量输入的号码可以进行保存。

③ 列表选择输入：通过列表方式定位多个用户号码，按照模块号、局号、百号、用户号码的方式定位。如果只选模块号，则该模块上的所有用户会被选中；如果选模块号和局号，则所有满足条件的百号组都会被选中；如果选模块号、局号和百号，则此百号中的所有号码被选中。

（2）用户属性配置。确定用户号码后，进入基本属性页面，在属性配置中可以配置该用户的属性。可以选择用户属性模板进行属性配置，也可以直接进行配置相关用户属性。与缺省用户模板一样，属性配置也包括基本属性、呼叫权限、普通用户业务和网络选择业务四个页面，可以对相应的参数进行修改。对多个用户号码属性进行配置时，由于多个用户的属性可能并不一致，因此不会显示属性。

2）数据传送

进入数据传送界面，选择全部表传送或者变化表传送，全部表传送表示所有的配置数据全部加载，变化表传送表示只传送变化的部分，没有变化的数据不再加载。全部表传送时需要输入密码，密码默认为～！@♯￥％。

8. 出局电话验证

完成物理配置、局间信令配置、中继管理配置、号码分析、用户属性配置等流程，在配置合理正确的情况下可以进行出局电话验证。

点击本局电话，弹出本局机房三个电话的特写图界面，首先进行本局电话互通验证，保证本局电话正常的情况下，进行出局电话验证。在本局电话中拨打对局电话号码"9990001"，检验本局电话是否能拨打出局电话。

在本局机房中，点击第一部电话摘机，听到提示拨号音，拨打电话"9990001"，可以听到第一部电话有回铃音。然后到对局机房中查看，点击第一部电话，可以听到振铃，点击第一部电话话筒接听，前两部电话进入通话状态。点击话筒挂机，通话结束。用同样的方式验证其他电话。

9. No. 7 信令跟踪

No. 7 信令跟踪可以实现的功能包括：

（1）信令跟踪部分：跟踪链路上的信令消息，可支持 MTP、TUP、ISUP、SCCP、TCAP 消息的跟踪并显示出相应解释，便于维护人员发现信令上的配合问题；此外，还可以跟踪显示 MTP 第三级所丢弃的信令消息（正常丢弃消息除外）。

（2）MTP 维护部分：查看 MTP 第三级的动态配置信息，如信令链路、信令链路组、信令路由组等；查看 MTP 的报警记录，定位 MTP 故障；监视 No.7 信令板的状态以及查看板状态，进行 MTP 第二级的维护。

（3）No.7 信令统计部分：提供 MTP 部分的统计信息，如信令链路的故障次数、倒换、倒回次数等性能数据，便于维护。

项目总结五

（1）信令；

（2）信令的分类；

（3）用户信令和局间信令；

（4）随路信令和公共信道信令；

（5）我国 No.1 信令与 No.7 信令；

（6）通过信令分析呼叫过程。

项目评价五

评价项目	评价内容	分值	自我评价	小组评价	教师评价	得分
知识点	信令的基本概念					
	信令的分类					
	用户信令与局间信令					
	No.1 信令与 No.7 信令					
	No.7 信令分析					
项目输出	出局电话配置流程					
	出局电话测试结果					
	No.7 信令分析结果					
	出局电话配置、号码分析					
环境	教室环境					
态度	迟到 早退 上课					
综合评估(优、良、中、及格、不及格)						

项目练习五

第 6 章　ZXJ10 交换机硬件施工

教学课件

知识点：

- 了解 ZXJ10 交换机的安装流程；
- 了解 ZXJ10 交换机机房设计和环境；
- 了解 ZXJ10 交换机机架结构；
- 了解 ZXJ10 交换机硬件及线缆安装；
- 了解 ZXJ10 交换机系统安装及测试。

技能点：

- 具有 ZXJ10 交换机安装规划能力；
- 具有 ZXJ10 交换机硬件安装能力；
- 具有 ZXJ10 交换机系统调测能力；
- 具有 ZXJ10 交换机的系统维护能力；
- 具有其他类型交换机的安装维护能力。

任务描述：

完成 ZXJ10 单机柜的安装调试：完成机房设计、交换机安装、布放电话线、中继线、交换数据配置，实现电话互通。

项目要求：

1．项目任务

（1）设计交换机机房图纸；

（2）完成机房勘察和环境检查；

（3）完成 ZXJ10 交换机的机柜安装；

（4）完成 ZXJ10 交换机的线缆安装（包括电话线和中继线及内部线缆）；

（5）完成 ZXJ10 上电及系统安装；

（6）完成 ZXJ10 的数据配置和局间通信；

（7）制定机房维护制度和标准。

2．项目输出

（1）输出交换机机房勘察报告；

（2）输出交换机安装设计图；

（3）输出交换机硬件检查记录；

（4）输出交换机房日常维护记录。

资讯网罗：

（1）搜罗并学习中兴 ZXJ10 安装技术手册；

（2）搜罗并阅读 ZXJ10 维护手册；

（3）搜罗并阅读 ZXJ10 配置手册；

（4）搜罗并阅读通信硬件施工规范标准；

（5）搜罗并阅读 ZXJ10 设备工程资料；

（6）搜罗并阅读其他类型交换机安装技术文档；

（7）分组整理、讨论相关资料。

6.1 安装工程准备

6.1.1 工程流程

程控交换机正常可靠地运行与安装工程质量密切相关。因此，建立一套系统规范的安装开通程序尤为重要。ZXJ10 局用数字程控交换机安装、调试、验收和开通的工作流程如图 6.1-1 所示。其中设备安装流程图如图 6.1-2 所示。

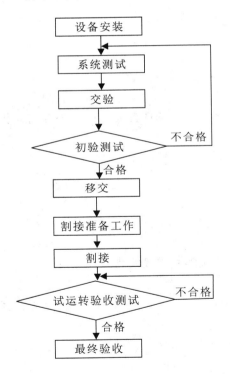

图 6.1-1 安装、调试、验收和开通流程图

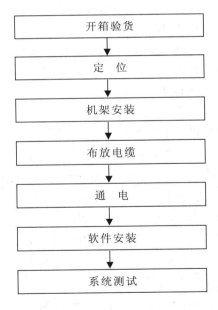

图 6.1-2 设备安装流程图

工程准备是整个安装工程的第一步，也是保障整个工程顺利进行的前提，主要包括局方配合、工具准备、技术资料准备、安装前检查、安装注意事项等几方面。

6.1.2 工具准备

准备机械安装工具，并由专业技术人员负责现场指导安装。安装所需的工具主要有螺丝刀(一字、十字)、镊子、烙铁、万用表、扳手、切割机、2M 压线钳、电源压线钳、对线器、绝缘手套等,安装必须由设备厂家专业人员进行现场指导。

6.1.3　技术资料

开局人员应携带有关技术资料备查,常见的有:《ZXJ10(V10.0)局用数字程控交换机安装手册》、《ZXJ10(V10.0)局用数字程控交换机操作维护手册》、《ZXJ10(V10.0)局用数字程控交换机技术手册》。

6.1.4　安装前检查

1. 机房环境要求

(1) 机房及道路等土建工程必须全部竣工,墙壁充分干燥;空调设施应安装到位,运转正常;主门高度、宽度应不妨碍机器搬运。

(2) 机房地面应平整光洁,地板配置应符合安装设计要求,对机房防静电活动地板应作专门检查,板块之间间隙不能大于 2 mm,电源线及信号线布放应合理、整齐,接地电阻和防静电措施应符合设计要求。

(3) 应设有放置材料和设备的场所,以免妨碍安装施工。

(4) 机房高度应满足标准要求,净空高度不能小于 2.5 m。

(5) 机房应配备适当的照明,照明度应符合标准。

2. 安全检查

(1) 机房必须配备适用的消防器材。

(2) 机房内不同的电压插座应有明显标志。

(3) 机房内严禁存放易燃、易爆等危险物品。

3. 设备包装

ZXJ10 所有部件包装应采取减震措施,确保机器运输中的安全。ZXJ10 整机包装采用分散包装方式,包括以下分包装件:机架包装件,门板包装件,侧门板包装件,MP 盒包装件,PCB 板、电源包装件,电缆、随机资料等包装件。每个包装件外部都标有明显的标志,如型号、产品名称、放置方向及防水、防潮、易碎等标志。在存储、运输中应注意不要使设备受到损坏、混淆、错配等。

1) 电路印制板的包装

将电路印制板从机柜中取下,先用防静电袋包装,再装入单板纸盒(见图 6.1 - 3),最后放入有泡沫垫的大纸箱。电源板先用塑料袋包装,再装入有泡沫垫的纸箱。

2) 机柜包装

机柜包装包含插箱、后背板、P 电源、PCB 板等的一体包装。在机柜包装箱内两端处放置好机柜专用垫。将机柜卧置,呈水平状起吊,套入机柜防静电袋,并将机柜放入机柜包装木箱内。用封口机将袋口热封,并用抽真空装置将防静电袋抽空,最后将防静电袋热封死,封上箱盖,如图 6.1 - 4 所示。

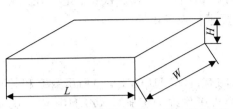
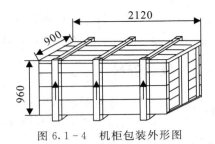

图 6.1-3 单板纸盒外形尺寸(有三种厚度) 　　图 6.1-4 机柜包装外形图

6.1.5 开箱检验

　　数字程控交换设备是贵重的电子系统设备,在运输过程中要有良好的包装及防水、防动标志。在设备抵达局方安装时,要防止野蛮装卸,防止日晒雨淋,且必须有供货商人员在场方可开箱验收。在开箱之前,应按各包装箱上所附的货运清单点明总件数,观看包装箱外观是否完好。开箱验货流程如图 6.1-5 所示。

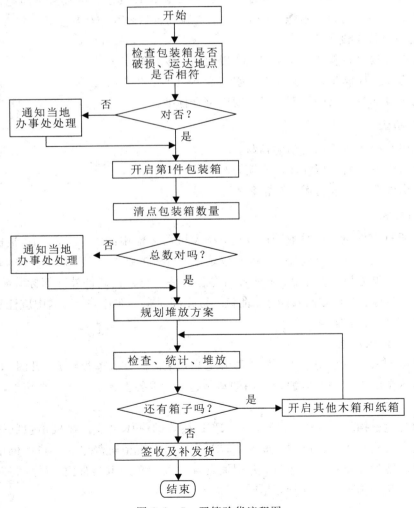

图 6.1-5 开箱验货流程图

1. 开箱

开箱过程中注意轻拿轻放，保护物件的表面涂覆，还要特别注意电路板的防静电要求。机器全部部件清单、技术文件放在编号为 1 号的包装箱内。机柜之间的连接螺栓放在控制柜内。

首先打开 1 号包装箱，安装人员应先阅读技术文件核实清单，如果内部包装有破损要详细检查记录。具体开箱步骤如下：

（1）侧板木箱：打开侧盖，取出捆扎好的一对侧板，剪开捆扎带，取出侧板。

（2）机柜木箱：先打开上盖（储运标志的箭头方向为上盖），取出两对捆扎好的前后门，再把木箱竖立起来，注意支脚朝下，从木箱中拉出机柜。

2. 清点物件

开箱后，根据配置表和装箱单清点物件是否齐全完好，附件是否齐全，部件是否变形、受损等，并由双方签署开箱验收报告。

6.1.6　安装注意事项

一般情况下，布放电缆有一定的路径要求，电源电缆、总线电缆、信号电缆、用户电缆应分离布放。同一走向的电缆应理顺绑扎在一起，使线束外观平直整齐，尽量不互相交叉，线扣间距均匀、松紧适度。线束应固定在相近的结构上，转弯处应有弧度，使线缆的根部、插头不要受到拉力。

架内、架间的电缆布放完毕再布放用户电缆，用户电缆布线方式为均匀竖向布线，在布线过程中一定要小心，勿将电缆标签丢失。

从机架背后看，在机架的层之间都有一根横向安装的走线架（共六根），插接在每层后背板上半部位的线缆，走线应先沿着上走线架走线。插接在每层后背板下半部位的线缆，走线应先沿着下走线架走线，然后再根据线缆走向，应分别沿着机架两侧的立柱走线。

6.2　交换机房工程设计

1. 机房环境要求

（1）交换机工作环境应满足以下要求：

① 长期工作条件：温度 15～30℃，湿度 30%～70%。

② 短期允许条件：温度 0～45℃，湿度 20%～90%。

配备足够的空调设备，使机房保持正常温湿度。

（2）对相对湿度较低的地区，建议应采用抗静电地板，加强防静电措施。

（3）机房内要求不得有爆炸性、导电性、导磁性及带腐蚀的尘埃，更不能有对全局有害的腐蚀性气体和损害绝缘性的气体。

（4）交换机房应配备安装防震设施。

（5）机房内涂料及装饰材料应具备防火性能，还要有过墙电缆孔填充阻燃材料。

（6）机房内不同电压的电源插座应标有明显的标志。

2. 机房平面设计要求

在设备安装之前，应首先进行机房的平面设计。在进行机房平面设计时应考虑以下因素：

(1) 机框排列的合理性，充分考虑到机架之间连线最短。

(2) 机架列之间的空间，包括机架与空调设备、墙壁以及门窗之间的空间应是多大，便于维护和空气流通。

(3) 机柜接地线合理性，电缆至 MDF 走线的合理性。

(4) 与话务台连接的合理性，与电源供电室(柜)的合理性。

(5) 充分考虑光纤走线合理。

3. 电源与接地要求

1) 直流电源要求

(1) 交换的电压标称值为 -48 V，允许变动范围为 $-57\sim-40$ V。

(2) 直流电源应具有过压/过流保护及指示。

2) 交流电源要求

(1) 三相电源：380 V$\pm$10%，50 Hz$\pm$5%，波形失真<5%。

(2) 单相电源：220 V$\pm$10%，50 Hz$\pm$5%，波形失真<5%。

(3) 备用发电机电压波形失真为 5%$\sim$10%。

3) 接地要求

机房地线布置要采用辐射式或平面式，并独立布放接地线。设备的工作接地、保护接地、防雷接地需要分别接地，接地电阻一般小于 3 Ω/5 Ω，万门以上程控机房要求小于 1 Ω。如果采用综合接地方式，则接地电阻应低于 1 Ω。接地线的截面应按承受最大电流值来确定，最好采用铜制护套线，不能使用裸铜线。

6.3　机架结构

1. 单柜结构特点

机柜外形尺寸应符合国际标准，即为 2200 mm$\times$810 mm$\times$600 mm(高$\times$宽$\times$厚)，如图 6.3-1 所示。其结构简洁、重量轻，机柜满配置情况下，约重 250kg。

单柜的主要结构特点如下：

(1) 结构坚固，机柜骨架由型钢焊接成整体，具有足够的刚强度。

(2) 色彩明快，采用国际流行色系。

(3) 装拆方便，利于调试和维护，前后门都是双开门，开启方便，两边挂装板卸装方便。

(4) 机柜顶部装有通风网，机柜采用自然通风散热方式，冷风从机柜下入，通过各层电路印制板之间的空隙，热风从顶网出。

(5) 每个单柜内最多装七个插箱，包括一个 P 电源插箱。

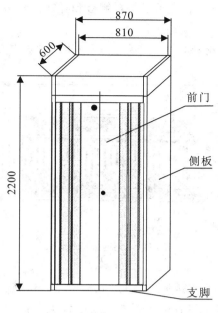

图 6.3-1　单柜示意图

2. 列柜结构特点

（1）列柜由多个单柜排列构成，其基本结构和外形尺寸都相同，如图 6.3-2 所示。由单柜构成用户柜、控制柜、中心柜，进而灵活地组合成单模块、多模块和远端模块等各种列柜，它们的区别仅在机柜内各插箱所用的后背板和电路插件不同。

（2）列柜排列整齐，要调节每个单柜下面的四个底脚，使每个单柜保持水平和列柜高度一致。它们可直接放置于机房地面。

（3）多机柜单列时中间的机柜之间无侧板，只在一列机柜的两端挂装侧板。

（4）多机柜单列时，相邻机柜之间及上下横梁用螺栓固紧。

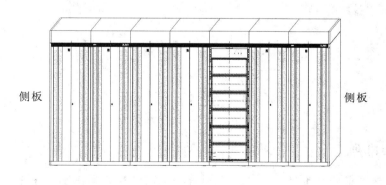

图 6.3-2　列柜排列

3. 插箱结构特点

（1）所有插箱结构尺寸相同，插箱外形尺寸为 279.5 mm×790 mm×319 mm(高×宽×厚)。

（2）结构简单，由铝前梁、铝后梁、左右侧板和导轨条构成，不同功能的插箱，只是后背板和电路插件不同，如图 6.3－3 所示。

（3）插箱的导轨为铝型材料，每个插箱有 27 个板位，板位之间间隔 25 mm。

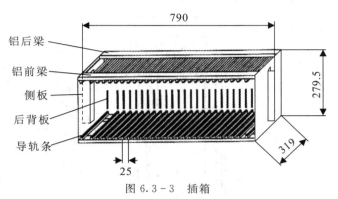

图 6.3－3　插箱

4. 插件结构特点

插件印制板外形尺寸都是 234 mm×300 mm×1.5 mm（高×长×厚）。插件由面板、拔板器、印制板组成，印制板装有两个插头，与后背板上插座相对，插头采用 64 芯或 96 芯，取决于引线数量。面板上有板名，与插箱上板位相对应，如图 6.3－4 所示。

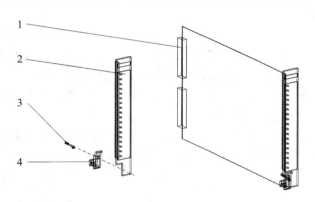

1—插头；2—小面板；3—锁定簧片；4—扳手

图 6.3－4　插件

6.4　硬　件　安　装

6.4.1　机架排列

机架配置视容量要求而定，具体情况可参看《ZXJ10（V10.0）数字程控交换机技术手册》中的系统配置部分。根据用户的不同需要有很多种配置，单模块 12480L/2760DT 用户中继 PSM 控制柜单板位置如图 6.4－1 所示。交换机机框排列的长度没有特别限制，设备之间的连接电缆长度有限，一般不超过 15 m。另外，还要根据机房的面积来考虑。总容量和配置决定了机柜的总数和各类机框的数量。机架排列如图 6.4－2 所示。

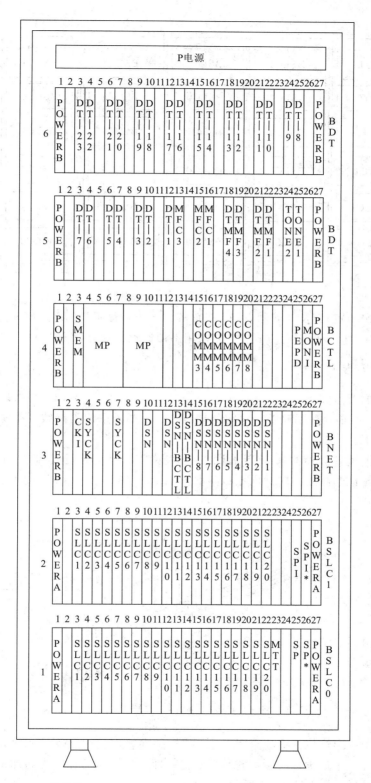

图 6.4－1　单模块 12480L/2760DT 用户中继 PSM 控制柜单板位置图（♯1）

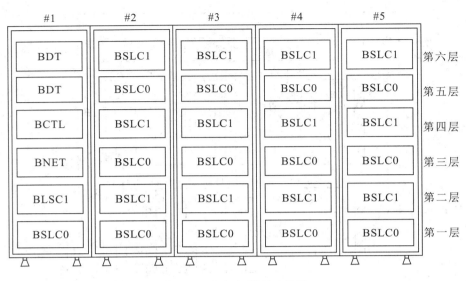

#1	#2	#3	#4	#5	
BDT	BSLC1	BSLC1	BSLC1	BSLC1	第六层
BDT	BSLC0	BSLC0	BSLC0	BSLC0	第五层
BCTL	BSLC1	BSLC1	BSLC1	BSLC1	第四层
BNET	BSLC0	BSLC0	BSLC0	BSLC0	第三层
BLSC1	BSLC1	BSLC1	BSLC1	BSLC1	第二层
BSLC0	BSLC0	BSLC0	BSLC0	BSLC0	第一层

图 6.4 - 2　机架排列示意图

ZXJ10(V10.0)正面及背面均有门，正面安装插件，背面是框内及框间连线，为操作方便，只能采取背对面或背对背方式，不能采用不留通道的背靠背方式。

6.4.2　机架安装

机架安装的要点如下：

（1）机架安装前，需了解用户电缆的走线方向，如果采用上走线，需先将用户柜机架上的上盖板卸下。

（2）为了抗震，机柜必须进行加固安装。用户可根据自己的需要自行加工，如图6.4 - 3所示。托框的高度由防静电地板高度来确定。

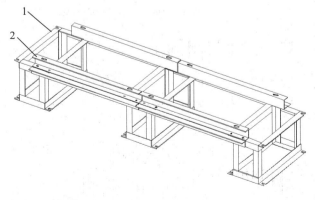

1—托框；　2—槽钢
图 6.4 - 3　基座

（3）旋松型钢导轨与托框的紧固螺栓，按槽钢导轨与托框之间的水平调整螺栓，使槽钢导轨达到水平，之后随即在紧固螺栓的旁边，即槽钢导轨与托框之间加垫适当的垫铁并旋松水平调整螺栓，如图 6.4 - 4 所示。

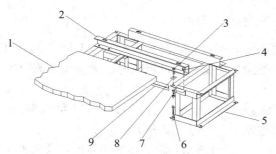

1—标准地板；2—槽钢；3—六角螺栓；4—水平调整螺栓；5—托框；

6—地角螺栓；7—弹垫、平垫、螺母；8—垫铁；9—梁

图 6.4 - 4　基座水平调整

（4）机柜的固定：首先把机柜下面四支角取下，用螺栓、平垫、弹垫、螺母将机柜固定在型钢基座上，如图 6.4 - 5 所示。

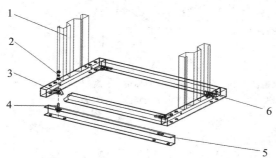

1—立柱；2—弹垫，平垫，螺母；3—螺母板；4—六角螺栓；5—槽钢；6—下框

图 6.4 - 5　机柜的固定

6.4.3　机柜之间的连接

机柜之间的连接有以下两种方式：

（1）方式一：机柜上下框的短梁上有连接板，连接板之间用 M8×25 六角螺栓、平垫、弹垫、螺母各 4 个，将两机柜固紧，如图 6.4 - 6(a)所示。

（2）方式二：机柜上下框的短梁侧面有安装孔，可以用 M10×100 六角螺栓、平垫、弹垫、螺母各 4 个，将两机柜固紧，如图 6.4 - 6(b)所示。

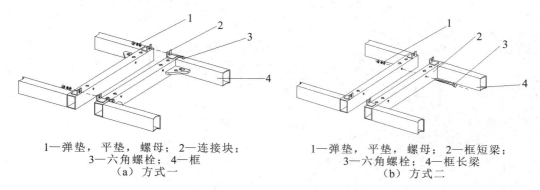

1—弹垫，平垫，螺母；2—连接块；　　　　1—弹垫，平垫，螺母；2—框短梁；

3—六角螺栓；4—框　　　　　　　　　　3—六角螺栓；4—框长梁

(a) 方式一　　　　　　　　　　　　　　(b) 方式二

图 6.4 - 6　机柜之间的连接方式

6.4.4 侧板与机柜的连接

单机柜或每列多机柜左右两边挂装侧板，侧板与机柜的连接如图 6.4－7(a)所示。侧门板上端通过装有带弹簧滑环的螺栓与机柜顶框短梁连接。侧门板下端通过以下两种方式与机柜连接：

（1）方式一：如图 6.4－7（b）所示，通过 M8×25 六角螺栓、平垫、弹垫及螺母把侧门板下端挂板与机柜底框短梁上的连接板固接。

（2）方式二：如图 6.4－7(c)所示，侧门板下端挂板以及底框短梁上都有安装孔，可通过 M8×25 六角螺栓、平垫、弹垫及螺母将其固接。

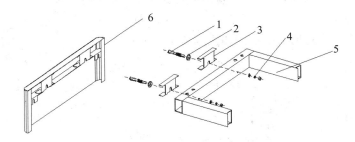

1—销轴，弹簧；2—滑环；3—挂板；4—弹垫，平垫，螺母；5—框；6—侧门板上端

（a）侧板与机柜的连接

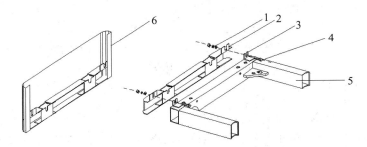

1—弹垫，平垫，螺母；2—梁；3—连接块；4—六角螺栓；5—框；6—侧门板下端

（b）方式一

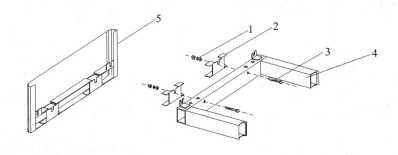

1—垫；2—挂板；3—六角螺栓；4—框；5—侧门板下端

（c）方式二

图 6.4－7　侧板与机柜的连接

6.4.5　机架布线

1. 内部连线

机柜内部连线出厂前已接好并通过测试。

2. 电源线及地线的连接

程控交换机良好的接地系统是抗干扰、防雷击的重要保证，是交换机稳定可靠工作的基础。接地电阻要求符合标准。工程上对接地电阻的要求是越小越好，影响接地电阻大小的因素有连接引线的电阻、接地桩的电阻、接地桩和土壤间的接触电阻及土壤的类型。土壤类型对接地电阻的影响最大，对土壤条件差的地区，可在接地桩周围加入降阻剂以达到要求。温度的变化也会引起地阻的变动，在北方可采用深埋地桩的方法减少温度的影响。接地桩一般采用镀锌材料，并且有足够的大小。从接地桩到交换设备上的连接电缆应采用导电良好的铜芯电缆，截面不小于 $50\ mm^2$，距离尽可能缩小。必要时，接地器件应给予防蚀处理。

为了方便电源的布放，每个机架设计了一个$-48\ V$进线盒，即 P 电源，该部分是整个机架电源入口通道，主要实现$-48\ V$的欠过压检测、滤波、告警以及过压保护等功能。整个 P 电源设计成抽屉结构，安装于机架顶部。

3. 用户线、中继线等布线

（1）下走线方式：在平地安装的情况下，由于机柜下面有四个底脚，机柜底框与地面有一定的空隙，可以用来走线。在加固安装的情况下，取下四个底脚，机柜安装在型钢基座上，这时电缆线从机柜下面通入地沟，在地沟内走线。

（2）上走线方式：为实施上走线方式，可将机柜的顶网分为大小两块，松开紧固顶网的螺钉将机柜上顶后侧的小顶网板取下，电缆即可从上面引出。走线方式按各类机柜的走线图接线。

4. 总体要求

所使用导线的规格及熔丝的容量等均应符合工程设计要求，具体如下：

（1）电源线应采用整段的线料，不得在中间接头。

（2）直流电源线应连接牢固，接头接触良好。

（3）电源线和用户电缆应尽可能分开布放，以免相互影响。

（4）交换机系统使用的交流电源线（220 V）必须有接地保护线。

（5）机架内电源线、汇流条应有明显标志。

6.4.6　机柜前后门的安装

机柜骨架装有 8 个门轴部件，安装前后左右门时，将门的孔套在门轴上，门的上边反面有带弹簧的挂钩，向下拉使轴孔销对准上面的门轴时松手，门装好后开关灵活。松开门轴部件的螺钉，可以左右调节门轴支撑板的位置，达到调节门缝均匀的目的。

6.4.7 电缆及电源线布放要求

1. 电缆布放

（1）电缆布放的走向、路线应符合施工图纸的要求，电缆排列必须整齐美观，外皮无破损。

（2）电源电缆、中继电缆、信令电缆应分开布放（三线分离）。

（3）布放走道电缆必须加线扣，电缆束应绑扎紧密，外观平整，线扣间距均匀、松紧适度。

（4）布放槽道电缆可以不绑扎，但槽内电缆应顺直，避免交叉布放，电缆不得溢出槽道。槽道入口、出口及转弯处电缆束应绑扎。

（5）活动地板下面的槽道电缆应尽量顺直布放，避免交叉。

（6）电缆标签应正确、齐全。

2. 机架间电缆的布放

（1）机架间电缆的布放应根据机房机架的平面设计要求，走线合理、整齐。

（2）架间电缆及布线的两端必须有标签，标明电缆标号。

（3）电缆插头部位应紧密牢靠，接触良好。

（4）电缆布放完后应整理均匀，外观平直整齐。

3. 电源线敷设

（1）机房直流电源线布放路由、路数及位置应符合工程设计要求，电缆规格、绝缘强度及熔丝容量应符合设计要求。

（2）电源电缆应采用整段材料，中间不得有接头。

（3）交换机系统使用交流电源必须有接地保护线。

（4）直流电源线接头应接触良好，连接可靠。

（5）采用胶皮线作直流馈电线时，每对引线应保持并行，正负线端子上应标有统一的红/蓝标志，电源线中间不得出现裸铜芯线。

（6）电源线必须与电缆线分离布放，电源线与电缆线交叉时，应在电源线外加保护措施。

6.4.8 硬件安装要求

1. 机架安装

（1）机架必须垂直安装，安装完毕后，水平、垂直度均不应超过 3 mm。

（2）机架布局应符合工程设计要求，机架列之间走道侧应对齐成直线，误差不大于5 mm。相邻机架应紧靠，整列机架应在一个平面上。

（3）各紧固螺钉必须拧紧，同种螺帽外露长度（高度）应一致。

（4）机架上各种零件不得脱落或碰坏；涂层应无剥落、碰伤，如有则应补涂；各种标签应齐全清晰。

（5）机架安装必须进行防震加固，必要时可用地螺栓将机架与地面固定。

（6）印制板插件接触应可靠插拔、灵活方便，用力适度，插入槽位表面应平整。

2. 电缆走道及槽道安装要求

（1）电缆走道及槽道的安装位置应符合施工规定，如遇到设计与现场不一致时，应重新办理有关更改手续。

（2）电缆平直走道应保持与列架平行或垂直相交，水平度差不超过 2 mm，垂直走道应保持垂直无歪斜现象，垂直偏差不超过 3 mm。

（3）走道中架安装应整齐牢固。

（4）电缆走道过墙、过地板孔应加保护框，电缆布放完毕后应用防火材料将过线孔填封。

（5）槽道安装应符合如下要求：与大列保持垂直，列同槽道应成一直线，前后偏差不超过 3 mm，两列槽道并接处水平偏差不应超过 2 mm。

6.5　系统安装测试

6.5.1　上电之前的检查

设备上电前，应保证布线和接线正确，无碰地、短路、开路和假焊等情况；机内各种插件应连接正确；机架保护地线连接可靠；设备开关、闸刀转换灵活、松紧适度，熔断器容量和规格符合设计要求；机内布线及设备等非电子器件对地绝缘电阻应符合技术标准规定。

1. 机房温度、湿度和电源电压要求

（1）温度：15～25℃。

（2）相对湿度：30％～70％。

（3）直流电压：标准值－48 V（允许变化范围为－40～－57 V）。

2. 各连接电源线、电缆线检查

（1）各层、架电源线和地线连接是否正确、可靠。

（2）插件是否到位，位置是否正确，接触是否可靠。

（3）插件板上需跳线的地方，跳线是否正确。

（4）前后台连接是否正确。

（5）外围处理单元板上加载引导程序版本号是否正确。

3. 其他硬件检查

（1）设备标签齐全、正确、清晰。

（2）印制板插放位置正确，数量无缺。

（3）设备各选择开关、控制开关均处在规定的起始位置。

（4）设备的熔丝规格符合要求。

（5）机架接地良好，接地电阻符合技术要求。

（6）正负电源之间无短路现象。

（7）检查各开关使其处于关闭状态。

6.5.2　上电开机顺序及注意事项

上电开机顺序及注意事项有如下几个方面：

（1）开启各机架的一次电源分配器（P 电源），将一次电源引入各机架。

（2）依下列次序开启二次电源（机框电源 Power A、Power B）：

① 开启功能单元（用户单元、中继单元、交换单元）的二次电源。

② 开启主控框二次电源。

③ 开启 MP 板上的工作电源以及后台服务器的工作电源。

（3）关闭电源的次序：关闭电源的原则与上电次序相反，注意必须在关闭全部的二次电源后，才能关闭一次电源。

（4）机器运行过程中，需要进行一次掉电恢复试验时，各个二次电源、MP 及后台电源均处于开启状态，检验一次掉电恢复情况。

（5）关于带电插拔单板的说明：

① 对允许带电插拔的单板（热插拔），进行插拔板操作时，应按插入方向一次插入或拔出。

② 对严禁带电插拔的单板，必须在断开电源后进行插拔操作。

6.5.3　系统上电后检查单板插件的状态

系统上电后应检查单板插件的状态，其要点如下：

（1）上电后，各机架之间电位差应小于 0.1 V。

（2）上电后，各机框电源 Power A 或 Power B，输出值应在正常额定范围之内，输出电压的纹波与噪声是否符合要求。

（3）双备电源工作负荷能力模拟测试，即单电源工作时，从远端测量其电源指标值。

（4）上电后各插件指示灯状态是否正常。

（5）机架排风扇工作是否正常，可闻、可见告警装置工作是否正常，时钟装置工作是否正常，精度是否符合要求。

6.5.4　系统软件安装

1. 初始化安装内容

硬件检查完毕后，进入系统软件安装（初始化安装），包括以下几个方面：

（1）后台数据库；

（2）通信系统；

（3）计费系统；

（4）操作权限管理系统；

（5）告警系统；

（6）文件管理系统；

（7）诊断测试系统；

（8）话务统计；

（9）装载系统；

（10）业务观察；

（11）No.7 信令系统；

（12）112 系统；

（13）定时器、SP 内存管理系统。

2. 安装要求及步骤

安装的环境需求包括硬件和软件两个方面。

1）硬件环境需求

在安装后台系统之前，必须保证后台系统所用计算机的基本设置，因为 ZXJ10 交换机的操作维护部分大都采用 Client/Server 的 LAN 方式。服务器需要配置 128 MB 以上内存和两个硬盘（均为 8 G 以上）；一个硬盘设置为第一个 IDE 主设备，另一个硬盘接第二个 IDE 的从设备。

（1）客户机 32 MB 以上内存，4 G 以上硬盘 1 只，接第一个 IDE 主设备。

（2）软驱一只，设置为第二个 IDE 主设备。

（3）CDROM 驱动器一只，设置为第一个 IDE 从设备。

（4）鼠标一只，接 COM1。

（5）NE2000 兼容网卡一个，设置为地址 320H，中断号 5。

2）软件环境需求

（1）Microsoft Windows NT Server 4.0 中文版系统安装光盘一张。

（2）Microsoft SQL Server 6.5 系统安装盘一张。

（3）ZXJ10 V10.0 后台系统软件安装盘一张。

（4）若在服务器上安装，则在安装 ZXJ10 后台操作维护系统前，应正确安装 NT Server 和 SQL Server。

（5）若在控制台和远程台上安装，应正确建立与 Server 的连接。

6.6　常规维护规则

ZXJ10（V10.0）交换机虽然本身具有自动检测和主备自动切换功能，在故障情况下能自动显示并自动切换，但是在正常工作期间的常规维护中，人工介入还是必不可少的。因此，这里介绍一些常规维护方面的主要知识。

6.6.1　值班制度

值班制度如下：

（1）值班时间坚守岗位，及时掌握机器运行情况。

（2）发现机器故障及时处理并记录在案。

（3）定时启动自检程序，对各部分设备自动检测。

（4）做好每天的话务统计和信令故障跟踪记录。

（5）严格执行交接班记录制度，上一班出现的问题必须向下一班交代清楚，下一班必须主动了解上一班的运行情况，必要时应对机器运行情况进行验证。

（6）保持机房清洁，定期清洁机框表面及通风口积尘并保持走线电缆的整洁。

（7）严禁非机房人员出入机房。

6.6.2 数据修改处理

1. 用户数据的修改

用户数据一般在局号变动、用户移机或用户开户/停机等情况下才发生用户数据的变动。修改用户数据必须有上级部局书面通知单，并对修改内容记录备案。任何人不能擅自进行违规作业。

2. 局数据的修改

局数据只有在局号升位、局号变动时才会修改局数据。局数据的修改是一项重要改动，不仅涉及所对应的用户，而且涉及局向与对端局的连接，通常电信部门会有专门的规划与公告。

3. 局数据观察与记录

所谓动态数据是指运行中产生的或人工输入的数据，如闭塞控制/解闭塞控制、半固定接续建立/拆除、V5 接口的保护切换等。

在动态数据观察中进行的动态数据处理记录必须打印，以供统计分析用。记录格式应包括动态数据处理时间、内容、结果及操作人员。

6.7 项目任务八：交换机硬件安装

在机房规划设计安装 ZXJ10 交换机，完成机房设计、交换机安装、布放电话线和中继线。

1. 安装准备

（1）工具：活动扳手，六角螺丝刀，剪刀，扎带，手套等。

（2）记清楚机柜上各个部件所在的位置，以便拆下后方便安装。

2. 从包装箱内取出交换机设备。

交换机安装前首先检查产品外包装完整和开箱检查产品，按照拆箱指导拆开机柜及机柜附件包装木箱。收集和保存配套资料，一般包括交换机、2 个支架、4 个橡皮脚垫和 4 个螺钉、1 根电源线、1 根管理电缆。然后准备安装交换机。安装前，场地划线要准确无误，否则会导致返工。

3. 安装机柜

在安装机柜之前首先对可用空间进行规划，为了便于散热和设备维护，建议机柜前后与墙面或其他设备的距离不应小于 0.8 m，机房的净高不能小于 2.5 m。

1）水泥地面上安装机柜的流程

（1）安装的时候要按照从下到上的步骤，将边沿拆下的部分先装上，然后立起机柜，安装底座，确保底座安装结实不晃动，再安装机柜上部的部件。

（2）机柜就位：将机柜安放到规划好的位置，确定机柜的前后面，并使机柜的地脚对准相应的地脚定位标记。

（3）机柜的水平调整：在机柜顶部平面两个相互垂直的方向放置水平尺，检查机柜的水平度。用扳手旋动地脚上的螺杆调整机柜的高度，使机柜达到水平状态，然后锁紧机柜地脚上的锁紧螺母，使锁紧螺母紧贴在机柜的底平面。

2）安装机柜配件

（1）机柜配件安装流程：机柜配件安装包括机柜门、机柜铭牌和机柜门接地线的安装。

（2）安装前确认：

① 机柜已经固定；

② 设备已经在机柜上安装完毕；

③ 电缆已经安装完毕。

（3）安装机柜门：机柜前后门相同，都是由左门和右门组成的双开门结构。机柜门可以作为机柜内设备的电磁屏蔽层，保护设备免受电磁干扰。另一方面，机柜门可以避免设备暴露外界，防止设备受到破坏。

（4）机柜铭牌的安装：

① 取出机柜铭牌选择门楣位置。

② 撕去铭牌背面的贴纸，将铭牌粘贴在机柜前门左侧门上部的长方形凹块位置。

（5）机柜门接地线的安装：机柜前后门安装完成后，需要在其下端轴销的位置附近安装门接地线，使机柜前后门可靠接地。门接地线连接门接地点和机柜下围框上的接地螺钉。

（6）机柜安装检查：按照表 6.7 - 1 进行检查。

表 6.7 - 1　机柜安装检查表

检查要素		检查结果			备注
编号	项目	是	否	免	
1	正确确认机柜的前后方向				
2	机柜前方留 0.8 m 的开阔空间，机柜后方留 0.8 m 的开阔空间				
3	机柜调整水平				

在机柜安装的整个过程中，要注意机柜部件的所在位置和螺丝的数量，确保机柜安装正确。

4. 固定交换机

将交换机放到机柜中提前设计好的位置，用螺钉固定到机柜立柱上，一般交换机上下要留一些空间用于空气流通和设备散热。

5. 插接电源

将交换机外壳接地，将电源线拿出来插在交换机后面的电源接口上。

6. 打开交换机电源并观察交换机

完成上面几步操作后就可以打开交换机电源了，开启状态下查看交换机是否出现抖动现象，如果出现则检查脚垫高低或机柜上的固定螺丝松紧情况。

7. 拆卸机柜部件

拆卸步骤：先拆机柜上部的部件，防止机柜倒下时损坏部件。部件拆完后，拆卸机柜底座螺丝，将机柜放倒，拆卸机柜边沿处。

项目总结六

（1）ZXJ10 交换机的组网结构；

（2）交换机房的设计要求；

（3）交换机房的环境要求；

（4）交换机的安装过程；

（5）交换机的线缆布放；

（6）交换机的系统配置；

（7）交换机的测试及日常维护。

项目评价六

评价项目	评价内容	分值	自我评价	小组评价	教师评价	得分
知识点	交换机的安装流程					
	交换机机房设计和环境					
	交换机机架结构					
	交换机硬件及线缆安装					
	交换机系统安装及测试					
	交换机日常维护					
项目输出	交换机机房勘察报告					
	交换机安装设计图					
	交换机硬件检查记录					
	交换机房日常维护记录					
环境	教室环境					
态度	迟到 早退 上课					
综合评估（优、良、中、及格、不及格）						

项目练习六

第 7 章　VoIP 原理和设备

教学课件

知识点：

- 掌握分组交换技术；
- 了解 IP 交换技术；
- 掌握 VoIP 的基本概念；
- 了解 VoIP 的拓扑结构；
- 了解 VoIP 的常用协议；
- 了解中兴 IBX1000 设备；
- 掌握 IBX1000 设备的配置和业务验证。

技能点：

- 具有区分 VoIP 拓扑结构的能力；
- 具有区分 VoIP 常用协议的能力；
- 具有 IBX1000 的配置能力；
- 具有 IAD 设备的配置能力；
- 具有视频电话的配置能力；
- 具有 IBX1000 通话的故障处理能力。

任务描述：

1. 数据规划

PC 机网口 1 地址：添加 192.168.10.222/24。

PC 机网口 2 地址：添加 192.168.1.222/24。

2. IBX1000

MCU：192.168.10.1/24。

LAN：192.168.10.2/24。

3. IAD

IP 地址：192.168.10.101/24。

网关：192.168.10.1。

服务器地址：192.168.10.1；端口：5060。

4. 视频电话

IP 地址：192.168.10.102/24。

网关：192.168.10.1。

服务器地址：192.168.10.1。

5. 电话号码

模拟电话：号码 8880001～8880005。

IAD 下模拟电话：7770001～7770005，密码 123，域名 123。

视频电话：号码 6660001，密码 123，域名 123。

项目要求：

1. 项目任务

(1) 根据项目需求，完成模拟电话、视频电话、IAD 电话互通；

(2) 完成 IBX1000 设备配置；

(3) 完成 IAD 设备配置；

(4) 完成视频电话互通验证。

2. 项目输出

(1) 输出 IBX1000 设备配置流程图；

(2) 输出视频电话、模拟电话、IAD 电话互拨测试结果。

资讯网罗：

(1) 搜罗并学习中兴 IBX1000 技术手册；

(2) 搜罗并阅读 IBX1000 配置手册；

(3) 搜罗并阅读 IAD 配置手册；

(4) 搜罗并阅读视频电话配置手册；

(5) 搜罗并阅读 IBX1000 设备工程资料；

(6) 分组整理、讨论相关资料。

为了更好地适应数据通信的特点和要求，人们在数字程控交换技术的基础上，在通信网络的体制上进行了革命性创新，即使用了分组交换通信技术。而 VoIP 是以 IP 分组交换网络为传输平台，对语音模拟信号进行压缩、打包等一系列的特殊处理，使之可以采用无连接的 UDP 协议进行传输的方式。

通过互联网进行语音通信是一个非常复杂的系统工程，其应用范围很广，涉及的技术也特别多，其中最基本的技术是 VoIP(Voice over IP)技术，也就是说，互联网语音通信是 VoIP 技术的一个最典型、最有前景的应用领域。下面首先介绍分组交换技术的基本原理，在此基础上重点讲述 VoIP 技术的应用。

7.1 分组交换技术

7.1.1 分组交换的基本概念

1. 分组交换的定义

分组交换(Packet Switching, PS)也称包交换。分组是把线路上传输的数据按一定长度分成若干个数据块，每一个数据块附加一个数据头，这种带有数据头的数据块就叫做分组(Packet)。发送端把这些"分组"分别发送出去；到达目的地后，目的交换机将一个个"分组"按顺序装好，还原成原文件发送给接收端用户，这一过程称为分组交换。进行分组交换的通信网称为分组交换网。

分组交换是在报文交换的基础上发展的。报文交换是源于电报传输方式发展的数据交换技术，它不需要通过呼叫建立连接，而是以接力的方式，在沿途各节点进行"存储—转发"。分组交换用于数据通信和计算机通信中。

2. 分组交换的特点

1）优点

（1）线路利用率高。分组交换在线路上采用动态统计时分复用技术进行传送，只有当用户发送数据时才分配给实际的线路资源，不传输数据时则可把线路资源提供给其他用户使用，因此提高了线路传输的利用率。

（2）数据传输可靠性高。分组交换可以逐段独立进行差错控制和流量控制，全程的误码率在 10^{-11} 以下。由于分组交换具有灵活的动态路由迂回功能，当网内发生故障时分组能自动避开故障点，选择迂回路由进行传输，不会造成通信中断，提高了数据传输的可靠性。

（3）提供不同速率、不同代码、不同同步方式、不同通信规程的数据终端之间互相通信的灵活通信环境。由于分组交换采用了"存储—转发"方式，不需要建立端到端的物理连接，不像电路交换那样通信双方必须具有同样的速率和控制规程，因此分组交换可以实现不同类型的数据终端设备之间的通信。

（4）降低通信成本，经济性好。分组交换以分组为单元在交换机内进行存储和处理，有利于降低网内设备的费用，提高交换机的处理能力；而且分组交换按通信信息量和通信时长计费，与通信距离无关，大大降低了使用费用。

2）缺点

（1）信息传送时延大，时延抖动大。由于分组交换采用了"存储—转发"方式，分组在每个节点都要经历存储、排队、转发过程，因此分组穿越网络的平均时延达到几百毫秒；并且由于每个分组通过不同路径进行传送，到达目的地的顺序不同，因此会造成较大的时延抖动。

（2）额外开销大。由于信息被分成多个分组，每个分组都有附加的分组头，从而增加了额外开销。

（3）协议和控制复杂。由于分组交换具有逐段链路的差错控制和流量控制，还有代码、速率变换和接口、网络管理以及智能化控制等功能，使得分组交换具有较高的可靠性，但同时也加重了分组交换机处理的负担，使得分组交换的发展受到限制。

7.1.2　分组交换提供的业务

1. 基本业务

（1）SVC（交换虚电路）——可同时与不同的用户进行通信，方便灵活；

（2）PVC（永久虚电路）——可建立与一个或多个用户间的固定连接。

2. 可选业务

（1）CUG（闭合用户群）——限于特定用户之间进行通信，避免外人干扰；

（2）NUI（网络用户标志）——提供严密的安全保障，并可实现全国漫游；

（3）广播服务——单向的点对多点信息传送；

（4）反向计费——由被叫方付费；

（5）其他服务——包括呼叫转移、直接呼叫、快速选择等。

7.1.3 分组交换系统指标体系

分组交换机的指标主要有以下几个:

(1) 端口数:表示交换机可以提供连接的端口数量,包括同步端口数和异步端口数。

(2) 分组吞吐量:表示每秒通过交换机的数据分组的最大数量。在给出该指标时,必须指出分组长度,通常为 128 B/分组。一般小于 50 分组/s 的为低速率交换机,50~500 分组/s 的为中速率交换机,大于 500 分组/s 的为高速率交换机。

(3) 链路速度:指分组交换机能支持的最高速率。一般小于 19.2 kb/s 的为低速率链路,19.2~64 kb/s 的为中速率链路,大于 64 kb/s 的为高速率链路。

(4) 并发虚呼叫数:指交换机可以同时处理的虚呼叫数。

(5) 平均分组处理时延:指一个数据分组从输入端口传送到输出端口所需要的平均处理时间。在给出该指标时,也必须指出分组长度。

(6) 可靠性:包括硬件和软件的可靠性。可靠性与程控交换机衡量指标相同,也是用 MTBF 表示的。

(7) 可利用度:指分组交换机正常运行时间与总的运行时间之比。

(8) 为用户提供补充业务和增值业务的能力:指分组交换机为用户提供的业务,除基本业务外,还可以是用户提供的补充业务和增值业务。

7.2 分组交换关键技术

7.2.1 逻辑信道

1. 逻辑信道的概念

在统计时分复用方式下,虽然每个用户的信息不在固定信道中传送,但是通过对数据分组进行编号,可以区分各个用户的数据,就好像线路被分成许多信道,每个信道用相应的号码表示,这种信道就被称为逻辑信道。也就是说,逻辑信道是通过统计复用的方式,按需分配信道带宽,只有用户有数据要传送时才为之生成一个分组,并复用到信道中,从而形成逻辑信道。每个分组中含有区分不同起点、终点的编号,称为逻辑信道号(Logical Channel Number,LCN)。逻辑信道用逻辑信道号来标识。

2. 逻辑信道的特点

(1) 逻辑信道是一种客观存在:它总是存在的,或是占用或是空闲,永远不会消失。逻辑信道有 4 种状态:

① "准备好"——逻辑信道上没有呼叫存在,逻辑信道号未分配;

② "呼叫建立"——处于呼叫建立过程,逻辑信道号已分配;

③ "数据传输"——通过逻辑信道发送和接收数据;

④ "呼叫释放"——断开连接,释放所有网络资源,逻辑信道回到"准备好"状态。

(2) 逻辑信道是相邻两点间点到点的局部实体:它是在终端与交换机或交换机与交换机之间可以分配的代表信道的一种编号资源。每条线路独立分配逻辑信道号。

（3）相邻两点间的一条物理链路可以支持多条逻辑信道，为多对用户服务，多条逻辑信道异步时分复用同一条物理链路。

（4）逻辑信道分为两大类：专用信道和公共信道。专用信道主要是指用于传送用户语音或数据的业务信道，另外还包括一些用于控制的专用控制信道。公共信道主要是指用于传送基站向移动台消息广播的广播控制信道和用于传送 MSC（移动交换中心）与 MS（移动台）之间建立连接所需的双向信号的公共控制信道。

7.2.2　虚电路

分组交换可提供两种连接方式，一种是虚电路（Virtual Circuit，VC），另一种是数据报（Datagram，DG）。

1. 虚电路的概念

虚电路是在用户双方开始通信之前建立的一种端到端的逻辑连接。一条虚电路由多条逻辑信道链接而成。虚电路不同于电路交换中的物理连接，它是逻辑连接。

虚电路有两种方式：交换虚电路（Switched Virtual Circuit，SVC）和永久虚电路（Permanent Virtual Circuit，PVC）。SVC 是指两个用户之间建立的临时逻辑连接，类似电话通信，在通信前用户要通过发送呼叫请求分组来建立虚电路（拨号），对方要进行建立虚电路确认（被叫应答），然后才可进行数据交换（通话）。SVC 的费用低，适用于随机性强、数据传输量较小的通信用户。PVC 是指由网络建立的永久逻辑连接，它是应用户预约，由网络运营者为之建立的固定虚电路，不需要在呼叫时建立虚电路，可直接进入数据传送阶段，类似热线电话，一拿起电话就可通信。PVC 的通信响应时间短，适用于通信对象固定、数据传输量较大的通信用户。

2. 虚电路的特点

（1）虚电路服务的思路来源于传统电信网，即可靠通信应该由网络来保证。

（2）虚电路是一种面向连接的方式（Oriented Connection，OC），即在呼叫前要事先建立虚连接。

（3）虚电路方式的一次通信具有 3 个阶段：呼叫建立、数据传输和呼叫清除。用户数据在传送之前要通过发送呼叫请求分组建立端到端的虚电路，虚电路建立后开始进行数据传输，属于同一呼叫的数据分组均沿着这一虚电路进行传送，数据传输完成后通过呼叫清除分组来拆除虚电路。

（4）虚电路方式下数据分组中不含目的地址，优点是对通信量较大的通信传输效率高。

（5）虚电路方式下数据分组顺序通过网络，在数据接收端不需要对分组进行重新排队。

（6）虚电路方式下对用一条虚电路发送的所有分组只作一次路由选择，如果某个节点出现故障，会使虚电路中断，可能造成分组丢失，这是虚电路的缺点。

7.2.3　数据报

1. 数据报的概念

数据报不需要预先建立逻辑连接，而是按照每个分组头中的目的地址对各个分组独立进行选路。

2. 数据报的特点

（1）数据报服务的思想来源于计算机网络，即网络尽力而为提供服务，可靠通信由终端来提供。

（2）数据报是一种无连接方式（Connection Less，CL），呼叫前不需要事先建立连接，而是边传送信息边寻路。

（3）数据报方式下不需要呼叫建立和呼叫清除过程，直接进行数据传输。

（4）数据报方式下每个分组都有源地址和目的地址，优点是对于短报文的通信传输效率高。

（5）数据报方式下每一个数据分组都包含有详细的目的地址信息，同一报文的不同分组可以选择不同的路由到达目的地，因此需要在接收端重新排序组装，这是数据报方式的缺点。

（6）数据报方式下每个节点可以自由选路，如果某个节点出现故障，则分组可以通过其他路由传送，这是数据报的优点。

7.3　IP 交换

IP 交换技术最初由 Ipsilon 公司于 1996 年提出，也称为第三层交换技术、多层交换技术、高速路由技术等。其实，这是一种利用第三层协议中的信息来加强第二层交换功能的机制。因为 IP 不是唯一需要考虑的协议，所以把它称为多层交换技术更贴切。当今绝大部分企业网都已变成运行 TCP/IP 协议的 Web 技术的 Intranet，用户数据往往越过本地网络在 Internet 上传送，因而路由器常常不堪重负。解决这个问题的一种办法是安装性能更强的超级路由器，但这样做成本太高。如果重建交换网，这种投资显然不合理。而 IP 交换的目标是，只要在源地址和目的地址之间有一条更为直接的第二层通路，就没有必要经过路由器转发数据包。IP 交换使用第三层路由协议确定传送路径，此路径可以只用一次，也可以存储起来，供以后使用。路径确定之后数据包通过一条虚电路绕过路由器快速发送。传统的路由技术在每个路由器上都要进行计算，而 IP 交换技术则像直通车，在开始时知道目的地即可。路由器一般每秒处理 50 万至 100 万个数据包，IP 交换技术则提供比路由器强 10 倍的转发能力。

当前 IP 交换技术主要有以下两种：

（1）Cisco 标签交换：给数据包贴上标签，此标签在交换节点读出，判断包传送路径。该技术适用于大型网络和 Internet。

（2）3Com 快速 IP 交换（Fast IP）：侧重数据策略管理、优先原则和服务质量。Fast IP 协议保证实时音频或视频数据流能得到所需的带宽。Fast IP 支持其他协议（如 IPX），客户机需要有设置优先等级的软件。

7.4　VoIP 的基本传输过程

传统的电话网是以电路交换方式传递语音信息，VoIP 是通过语音分组实现的，在 VoIP 中，数字信号处理器 DSP 将语音信号封装成帧并储存在分组包中再进行传输。VoIP

是一种软件解决方案，但需要在路由器上加装语音接口卡或语音模块提供语音接口来实现。目前，主要利用 IP 电话网关来实现 PSTN 和互联网相通，同时电脑终端到电话之间的通信技术已经成熟，语音质量也得到了改善，因此 VoIP 完全能够满足商用的要求。

最简单的 IP 网络由两个或多个具有 VoIP 功能的设备组成，这些设备通过 IP 网络连接。VoIP 模型的基本结构如图 7.4 - 1 所示，可以发现 VoIP 设备在发送端把语音信号转换为 IP 数据流，并转发到 IP 目的地，在接收端把接收到的 IP 数据流还原为原始语音信号。两者之间的网络必须支持 IP 传输，因此可以简单地将 VoIP 的传输过程（如图 7.4 - 2 所示）分为以下五个阶段。

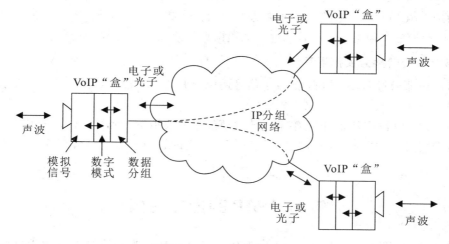

图 7.4 - 1　VoIP 的模型结构

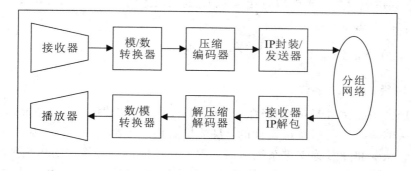

图 7.4 - 2　VoIP 传输的基本过程

1. 语音—数据转换

语音信号是一种典型的模拟信号，为了在数据网络上传输这些模拟信号，必须先把模拟信号转换为某种类型的数字信号，这可以使用各种语音编码方案来实现。目前采用的语音编码标准主要有 ITU - TG.711。源和目的地的语音编码器必须使用相同的算法，这样目的地的语音设备可以还原模拟语音信号。

2. 原数据到 IP 转换

语音信号经过 A/D 转换后，将对转换后的数据以特定的帧长进行压缩编码。网络处理器为语音添加包头、时标和其他信息后通过网络传送到目的端点。压缩编码后的语音信号在端到端的逻辑线路上传输。IP 网络不像电路交换网络，通话前建立物理连接，它要求把数据放在可变长的数据报或分组中，然后给数据报附带寻址和控制信息，并通过网络发送，一站一站地转发到目的地。

3. 传送

网络中的中间节点检查 IP 数据报附带的寻址信息，把该数据报转发到目的地路径上的下一站。网络链路可以是支持 IP 数据流的任何拓扑结构或访问方法。

4. IP 包—数据的转换

目的地 VoIP 设备接收 IP 数据报并进行分析。在数据报的处理过程中，去掉寻址和控制信息，保留原始的原数据，然后把这个原数据提供给设备解码器。

5. 数字语音转换为模拟语音

设备解码器通过 D/A 转换，把数字信号还原成原始模拟信号，该模拟信号近似于原始语音信号。

简而言之，语音信号在 IP 网络上的传送要经过从模拟信号到数字信号的转换、数字语音封装成 IP 分组、IP 分组通过网络的传送、IP 分组的解包和数字语音还原到模拟信号等过程。

7.5　VoIP 的拓扑结构

与所有通信系统一样，VoIP 业务的设备也可以被划分为网络侧设备和用户侧设备两类。从 VoIP 终端侧设备是否参与为其他 VoIP 提供服务的角度看，可以把 VoIP 的拓扑结构大致划分为集中式和分布式两类。

7.5.1　集中式 VoIP

1. 第一阶段：H. 323 协议

目前全球大多数商用 VoIP 网络都是基于 H. 323 协议构建的。H. 323 协议是 ITU－T 为包交换网络的多媒体通信系统设计的，目前主要用于 VoIP。H. 323 协议主要由网关、网守以及后台认证和计费等支撑系统组成。网关是完成协议转换和媒体编解码的主要设备，网守是对网络终端网关等呼叫和管理，在 IP 电话中，网守处于高层，是用来管理 IP 电话网关的，它也是 VoIP 网络系统的重要组成部分。

基于 H. 323 协议的 VoIP 系统本身就是从电信级网络的角度出发设计的，有着传统电信网的优点，如易于构建大规模网络、网络的运营管理性较好、不同厂商设备之间的互通性较好等。但在实际部署和实施时也遇到了一些问题，如协议设计过于复杂、设备成本高、投资建设成本高和协议扩展性较差等。

2. 第二阶段：H. 248/MGCP 协议

在下一代网络(NGN)的研究过程中，出现了所谓的"以软交换为核心的下一代网络"的说法。所谓软交换，其核心思想是控制、承载和业务分离，以软交换为控制中心，媒体网关进行媒体处理，进而为用户提供语音、数据、视频等多媒体业务。其核心协议有 ITU-T 制定的 H.248 协议和 IETF 制定的 MGCP 协议，是与媒体相关的控制协议。

H.248 协议是 2000 年由 ITU-T 第 16 工作组提出的媒体网关控制协议，它是在早期的 MGCP 协议基础上改进而成的。H.248 协议是用于连接 MGC 与 MG 的网关控制协议，应用于媒体网关与软交换之间及软交换与 H.248 终端之间，是软交换支持的重要协议。

3. 第三阶段：SIP/IMS

SIP 会话初始协议是由 IETF（因特网工程任务组）制定的多媒体通信协议。它是一个基于文本的应用层控制协议，用于创建、修改和释放一个或多个参与者的会话。广泛应用于电路交换、NGN 以及 IMS（IP 多媒体子系统）的网络中，可以支持并应用于语音、数据、视频等多媒体业务。

SIP 协议本身在消息发送和处理机制上具有一定的灵活性，使得用 SIP 协议可以很方便地实现一些 VoIP 的补充业务，比如各种情况下的呼叫前转、呼叫转接、呼叫保持、呈现（Presence）、即时消息等。

7.5.2　分布式 VoIP

近两年来，以 Skype 为代表的分布式 VoIP 开始快速兴起，给传统电信业务带来了强烈的冲击。Skype 是一款即时通讯软件，其具备 IM 所需的功能，比如视频聊天、多人语音会议、多人聊天、传送文件、文字聊天等功能。它可以免费实现与其他用户进行高清晰的语音对话，也可以拨打国内国际电话，无论固定电话、手机、小灵通均可直接拨打，并且可以实现呼叫转移、短信发送等功能。Skype 主要提供 VoIP 及其增值业务，其推出的软件和应用包括 Skype、SkypeIn、SkypeOut、即时消息、电话会议以及 Skype Voice-mail 等。但 Skype 的目标绝不仅仅是为了让通话费变得更加低廉，未来还将提供视频和其他许多尚未被开发出来的通信服务。

当然，Skype 也存在一些其他问题，比如 Skype 用户占用个人计算机上的资源包括网络带宽等，这样会导致接收呼叫时产生延迟；另外，利用 Skype 发送蠕虫病毒和其他网络病毒也是不容忽视的问题。

7.6　VoIP 的常用协议

VoIP 所涉及的协议分为两大类：信令协议和媒体协议。信令协议用于建立、维护和拆除一个呼叫连接，如 H.323、MGCP、H.248 和 SIP。媒体协议用于建立呼叫连接后语音数据流的传输，如 RTP、RTCP、T38 和语音编解码协议等。

7.6.1　实时传输协议（RTP）

实时传输协议（Real-time Transport Protocol，RTP）是一个网络传输协议，它是由 IETF 的多媒体传输工作小组于 1996 年在 RFC 1889 中公布的，后在 RFC3550 中进行更新。

RTP 协议详细说明了在互联网上传递音频和视频的标准数据包格式。它一开始被设计为一个多播协议，但后来被用在很多单播应用中。RTP 协议常用于流媒体系统（配合

RTSP 协议)、视频会议和一键通(Push to Talk)系统(配合 H. 323 或 SIP),使它成为 IP 电话产业的技术基础。RTP 协议和 RTP 控制协议 RTCP 一起使用,而且它是建立在用户数据报协议上的。RTP 广泛应用于流媒体相关的通信和娱乐,包括电话、视频会议、电视和基于网络的一键通业务(类似对讲机的通话)。

RTP 的典型应用建立在 UDP 上,但也可以在 TCP 或 ATM 等其他协议之上工作。RTP 本身只保证实时数据的传输,并不能为按顺序传送数据包提供可靠的传送机制,也不提供流量控制或拥塞控制,它依靠 RTCP 提供这些服务。

不可预料数据到达时间是威胁多媒体数据传输的一个严峻问题。数据适时的到达用以播放和回放是流媒体传输的基本要求。RTP 协议提供了时间标签、序列号以及其他的结构用于控制适时数据。发送端依照即时采样在数据包里设置了时间标签。在接收端收到数据包后,依照时间标签按照正确的速率恢复成原始的适时数据。RTP 本身并不负责同步,RTP 只是传输层协议,为了简化传输层处理,提高该层的效率,将部分传输层协议功能上移到应用层完成。同步就是属于应用层协议完成的,它没有传输层协议的完整功能,不提供任何机制来保证实时地传输数据,不支持资源预留,也不保证服务质量。RTP 报文甚至不包括长度和报文边界的描述。RTP 协议的数据报文和控制报文使用相邻的端口,这样大大提高了协议的灵活性和处理的简单性。

RTP 协议和 UDP 二者共同完成传输层协议功能。UDP 协议只是传输数据包,不管数据包传输的时间顺序。UDP 分组用来承载 RTP 协议数据单元,在承载 RTP 数据包的时候,有时一帧数据被分割成几个包,具有相同的时间标签。UDP 的多路复用让 RTP 协议利用支持显式的多点投递,可以满足多媒体会话的需求。

RTP 协议虽然是传输层协议,但是它没有作为 OSI 体系结构中单独的一层来实现。RTP 协议通常根据具体的应用来提供服务,RTP 只提供协议框架,开发者可以根据应用的具体要求对协议进行充分的扩展。

7.6.2 实时传输控制协议(RTCP)

实时传输控制协议(Real-Time Transport Control Protocol,RTCP)提供数据分发质量反馈信息,这是 RTP 作为传输协议的部分功能并且它涉及了其他传输协议的流控制和拥塞控制。RTCP 负责管理传输质量在当前应用进程之间交换控制信息。

1. RTCP 工作机制

应用程序开始一个 RTP 会话时会使用两个端口,一个给 RTP,一个给 RTCP。RTP 本身不能为按顺序传送的数据包提供可靠的传送机制,也不提供流量控制或拥塞控制,它依靠 RTCP 提供这些服务。在 RTP 会话期间,参与者周期性地传送 RTCP 包,包中含有已发送的数据包的数量、丢失数据包的数量等统计资料。因此,服务器可以利用这些信息动态地改变传输速率,甚至改变有效承载类型。RTP 和 RTCP 配合使用,可以有效反馈使传输效率最佳化,故适合传送网上的实时数据。RTCP 根据用户间的数据传输反馈信息,可以制定流量控制的策略;根据会话用户信息的交互,可以制定会话控制的策略。

2. RTCP 数据报

在 RTCP 通信控制中,RTCP 协议的功能是通过不同的 RTCP 数据报来实现的,主要有如下几种类型：

(1) SR：发送端报告，发送和接收来自活动发送端的统计信息。

(2) RR：接收端报告，接收来自非活动发送端的统计信息。

(3) SDES：数据源描述项，包括 CNAME，其主要功能是作为会话成员有关标识信息的载体，此外还具有向会话成员传达会话控制信息的功能。

(4) BYE：表示某用户结束会话，其主要功能是指示某一个或者几个会话不再有效，即通知会话中的其他成员自己将退出会话。

(5) APP：由应用程序指定的功能，解决了 RTCP 的扩展性问题，并且为协议的实现者提供了很大的灵活性。

7.6.3　资源预订协议(RSVP)

资源预订协议(Resource ReSerVation Protocol，RSVP)是一种用于互联网上质量整合服务的协议。RSVP 允许主机在网络上请求特殊服务质量，用于特殊应用程序数据流的传输。路由器也使用 RSVP 发送服务质量(QoS)请求给所有节点(沿着流路径)并建立和维持这种状态以提供请求服务。由于音频和视频数据流比传统数据对网络的延时更敏感，因此，要在网络中传输高质量的音频、视频信息，除带宽要求之外，还需其他更多的条件。

7.6.4　会话启动协议(SIP)

会话启动协议(Session Initiation Protocol，SIP)是 IETF 制定的多媒体通信协议，它是基于文本的应用层控制协议，独立于底层协议，用于建立、修改和终止 IP 网上的双方或多方的多媒体会话。这些会话包括 Internet 多媒体会议、Internet 电话、远程教育以及远程医疗等，即所有的因特网上两方或多方交互式多媒体通信活动统称为多媒体会话。参加会话的成员可以通过组播方式、单播联网方式或者两者结合的方式进行通信。

利用带有会话描述的 SIP 邀请消息来创建会话，使参加者能够通过 SIP 交互进行媒体类型协商。它通过代理和重定向请求用户当前位置，以支持用户的移动性。用户也可以登记它们的当前位置。SIP 协议独立于其他会议控制协议，它在设计上独立于下面的传输层协议，因此可以灵活方便地扩展其他附加功能。

SIP 协议可以通过 MCU(Multipoint Control Unit)、单播联网方式或组播方式创建多方会话，支持 PSTN 和因特网电话之间的网关功能。SIP 协议与 RTP/RTCP、SDP、RTSP、DNS 等协议配合，可应用于语音、视频、数据等多媒体业务，同时可以应用于 Presence(呈现)、Instant Message(即时消息，类似 QQ)等特色业务，如图 7.6－1 所示。

SIP 协议是 IETF 多媒体数据和控制体系结构的一部分，与其他协议相互合作。例如：RSVP 用于预约网络资源；RTP 用于传输实时数据并提供 QoS 反馈；RTSP(Real-Time Stream Protocol)用于控制实时媒体流的传输；SAP(Session Announcement Protocol)用于通过组播发布多媒体会话；SDP(Session Description Protocol)用于描述多媒体会话。但是 SIP 协议的功能和实施并不依赖这些协议。

传输层支持 SIP 协议承载在 IP 网，网络层协议为 IP，传输层协议可用 TCP 或 UDP，推荐首选 UDP。

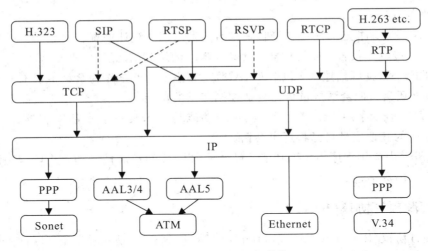

图 7.6-1 SIP 协议栈结构

1. SIP 协议网络基本构成

SIP 协议会话使用五个主要组件：SIP 协议用户代理、SIP 协议代理服务器、SIP 协议注册服务器、SIP 协议位置服务器和 SIP 协议重定向服务器，如图 7.6-2 所示。这些系统通过传输 SDP 协议的消息来完成 SIP 协议会话。下面概括性地介绍各个 SIP 协议组件及其作用。

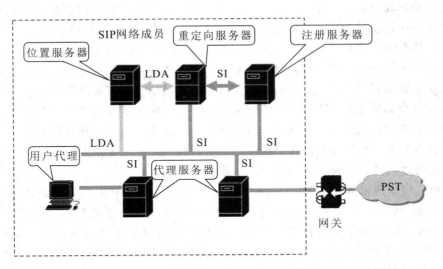

图 7.6-2 SIP 协议网络基本构成

1) User Agents(用户代理)

（1）用户代理 UA：直接与用户发生交互作用的功能实体，它能够代理用户所有的请求和响应。UA 是终端用户设备，用于创建和管理 SIP 协议会话的移动电话、多媒体手持设备、PC、PDA 等。用户代理客户机发出消息，用户代理服务器对消息进行响应。

（2）UAC：主叫用户代理，支持用户的各项操作，发起和传送 SIP 请求，与服务器建立连接的应用程序。

（3）UAS：被叫用户代理，收到 SIP 请求的时候，连接用户并代表用户返回响应，用来接收、终止和重定向请求。

UAC 和 UAS 是相对于事务而言的，由于一个呼叫中可能存在多个事务，因此对于同一个功能实体，在同一个呼叫中的不同阶段会充当不同的角色。例如：主叫用户在发起呼叫时，逻辑上完成的是 UAC 的功能，并在此事务中充当的角色都是 UAC；当呼叫结束时，如果被叫用户发起 bye，则此时主叫用户侧的代理所起的作用为 UAS。

2）Proxy Server(代理服务器)

SIP 协议代理服务器是 SIP 网络的核心，包含了所有的服务逻辑，代表其他用户发起请求，既充当服务器，又充当用户的媒介程序，它在转发请求之前可以改写请求消息中的内容。

SIP 协议代理服务器接受 SIP 协议用户代理的会话请求并查询 SIP 协议注册服务器，获取收件方 UA 的地址信息。然后，它将会话邀请信息直接转发给收件方 UA 或 SIP 协议代理服务器。

从运营商角度看，需要采用状态代理服务器，就是需要具备计费、选路等功能。具体功能上，需要具备立即计费或详细计费功能，能够对基于 SIP 地址或 E.164 号码的地址进行相应选路；性能上，需要达到电信级需求。

3）Redirect Server(重定向服务器)

SIP 协议重定向服务器将用户新的位置信息告诉请求方，这是与 SIP 协议代理服务器的本质区别，逻辑位置上，SIP 协议重定向服务器一般靠近被叫用户，当 SIP 协议重定向服务器接收用户的请求时，它只是将用户当前的位置告诉请求方。

SIP 协议重定向服务器允许 SIP 协议代理服务器将 SIP 协议会话邀请信息定向到外部域。SIP 协议重定向服务器可以与 SIP 协议注册服务器和 SIP 协议代理服务器同在一个硬件上。

4）Location Server(位置服务器)

SIP 协议位置服务器是一个数据库，用于存放终端用户当前的位置信息，为 SIP 协议重定向服务器或 SIP 协议代理服务器提供被叫用户可能的位置信息。完成用户数据的存储，从严格意义上讲，该实体并不是 SIP 网络中的功能实体，但注册服务器、代理服务器和重定向服务器等设备在实现位置服务时都需要与 SIP 协议位置服务器相配合。

5）Registrar Server(注册服务器)

SIP 协议注册服务器接受 REGISTER 请求完成用户地址的注册，可以支持鉴权功能。当用户上电开机或者位移到新区域时，需要将当前位置登记到网络中的某一个服务器上，以便其他用户可以找到该用户，完成该功能的服务器在 SIP 网络中成为 SIP 协议注册服务器。

SIP 协议注册服务器、SIP 协议重定向服务器、SIP 协议位置服务器、SIP 协议代理服务器可共存于一个设备，也可以分布在不同的物理实体中。SIP 服务器可以完全是纯软件实现，也可以根据需要运行于各种相关设备中，体现了 SIP 网络的灵活性。

SIP 协议位置服务器是一个 SIP 网络公共资源，对它的信息咨询所采用的协议不是SIP，而是其他协议，如 LDAP(Light Directory Access Protocol)协议。

主叫用户代理 UAC、被叫用户代理 UAS、SIP 协议代理服务器、SIP 协议重定向服务器角色不是固定不变的，一个 UA 在一个呼叫中可以是 UAC，也可以是 UAS。

2. SIP 消息类型

SIP 消息采用文本方式编码，分为两类：请求消息和响应消息。

1) 请求消息

请求消息用于客户端为了激活特定操作而发给服务器的 SIP 消息,包括 INVITE、ACK、OPTIONS、BYE、CANCEL 和 REGISTER 消息等,各消息功能如表 7.6 - 1 所示。

表 7.6 - 1 请 求 消 息

请求消息	消 息 含 义
INVITE	发起会话请求,邀请用户加入一个会话,会话描述含于消息体中。对两方呼叫来说,主叫方在会话描述中指示其能够接受的媒体类型及其参数。被叫方必须在成功响应消息的消息体中指明其希望接受哪些媒体,还可以指示其行将发送的媒体。 如果收到的是关于参加会议的邀请,被叫方可以根据 Call - ID 或者会话描述中的标识确定用户已经加入该会议,并返回成功响应消息
ACK	证实已收到对于 INVITE 请求的最终响应。该消息仅和 INVITE 消息配套使用
BYE	结束会话
CANCEL	取消尚未完成的请求,对于已完成的请求(即已收到最终响应的请求)则没有影响
REGISTER	注册
OPTIONS	查询服务器的能力

2) 响应消息

响应消息是对请求消息进行响应,指示呼叫的成功或失败状态。用不同的状态码来区分不同类的响应消息。状态码包含三位整数,状态码的第一位用于定义响应类型,另外两位状态码用于消息功能详细说明。各响应消息分类和含义如表 7.6 - 2 所示。

表 7.6 - 2 响 应 消 息

序号	状 态 码	消 息 功 能
1xx	信息响应(呼叫进展响应)	表示已经接收到请求消息,正在对其进行处理
	100	试呼叫
	180	振铃
	181	呼叫正在前转
	182	排队
2xx	成功响应	表示请求已经被成功接受、处理
	200	OK
3xx	重定向响应	表示需要采取进一步动作,以完成该请求
	300	多重选择
	301	永久迁移
	302	临时迁移
	303	见其他
	305	使用代理
	380	代换服务

序 号	状 态 码	消 息 功 能
4xx	客户出错	表示请求消息中包含语法错误或者 SIP 服务器不能完成对该请求消息的处理
	400	错误请求
	401	无权
	402	要求付款
	403	禁止
	404	没有发现
	405	不允许的方法
	406	不接受
	407	要求代理权
	408	请求超时
	410	消失
	413	请求实体太大
	414	请求 URI 太大
	415	不支持的媒体类型
	416	不支持的 URI 方案
	420	分机无人接听
	421	要求转机
	423	间隔太短
	480	暂时无人接听
	481	呼叫腿/事务不存在
	482	相环探测
	483	跳频太高
	484	地址不完整
	485	不清楚
	486	线路忙
	487	终止请求
	488	此处不接受
	491	代处理请求
	493	难以辨认
5xx	服务器出错	表示 SIP 服务器故障不能完成对正确消息的处理
	500	内部服务器错误
	501	没实现的

序号	状态码	消息功能
	502	无效网关
	503	不提供此服务
	504	服务器超时
	505	SIP 版本不支持
	513	消息太长
6xx	全局故障	表示请求不能在任何 SIP 服务器上实现
	600	全忙
	603	拒绝
	604	都不存在
	606	不接受

3. SIP 的 URL 结构

为了能正确传送协议消息，SIP 还需解决两个重要的问题。一是寻址问题，即采用什么样的地址形式标识终端用户；二是用户定位问题。SIP 沿用万维网（WWW）技术解决这两个问题。

寻址采用 SIP URL（Uniform Resource Locators）结构，该结构支持 IP 电话网关寻址，实现 IP 电话和 PSTN 的互通。

（1）URL 格式：

    SIP：用户名：口令@主机：端口；参数（传送参数；用户参数；方法参数；生存期参数；服务器地址参数）

（2）URL 形式：

    USER@HOST；

SIP 的 URL 可以代表主机上的某个用户，可指示 From、To、Request URI、Contact 等 SIP 头部字段。

（3）URL 应用举例：

    Sip：j. doe@big. com

    Sip：j. doe：secret@big. com；transport＝tcp；subject＝project

    Sip：＋1－212－555－1212：1234@gateway. com；user＝phone

    Sip：alice@10. 1. 2. 3

    Sip：alice@registar. com；method＝REGISTER

4. SIP 协议的主要消息头字段

如图 7.6－3 所示是 SIP 请求命令的格式，由起始行、消息头和消息体组成。通过换行符区分消息头中的每一条参数行。对于不同的请求消息，有些参数可选。

（1）Via 字段。Via 字段用以指示请求历经的路径。它可以防止请求消息传送产生环路，并确保响应和请求消息选择同样的路径，以保证通过防火墙或满足其他特定的选路要求。

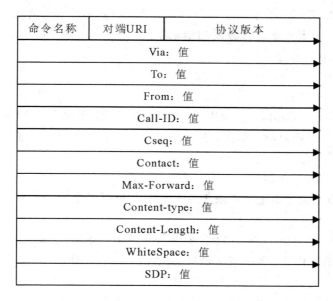

图 7.6 - 3　SIP 协议头部字段格式

该字段的一般格式为

　　　　Via：发送协议　发送方　参数（可选）

其中：发送协议的格式为协议名/协议版本/传送层；发送方为发送方主机和端口号。

　　Via 字段的示例如下：

　　　　Via：SIP/2.0/UDP 202.202.41.8：5060

（2）From & To 字段。所有请求和响应消息必须包含 From 字段，以指示请求的发起者。服务器将此字段从请求消息复制到响应消息。

　　该字段的一般格式为

　　　　From：显示名〈SIP URL〉；tag＝xxx

　　From 字段的示例：

　　　　From："iwf"＜sip：6136000@202.202.21.1＞；tag＝aab7090044b2－195254e9

　　To 字段指明请求的接收者，其格式与 From 相同，仅第一个关键词代之以 To。所有请求和响应都必须包含此字段。

　　　　To：＜sip：6130001@202.202.21.1＞

（3）Call ID 字段。Call ID 字段用以唯一标识一个特定的邀请（或唯一表示一个会话）。该字段的一般格式为

　　　　Call ID：本地标识@主机

其中，主机应为全局定义域名或全局可选路 IP 地址。

　　Call ID 的示例可为

　　　　Call - ID：0009b7aa－124f0006－2050db78－7fded6f5@202.202.41.8

（4）Cseq 字段。Cseq 字段是指命令序号。客户在每个请求中应加入此字段，它由请求方法和一个十进制序号组成。序号初值可为任意值，其后具有相同的 Call ID 值，但不同请求方法、头部或消息体的请求，其 Cseq 序号应加 1。重发请求的序号保持不变。ACK

和 CANCEL 请求的 Cseq 值与对应的 INVITE 请求相同，BYE 请求的 Cseq 值应大于 INVITE请求，由代理服务器并行分发的请求，其 Cseq 值相同。服务器将请求中的 Cseq 值复制到响应消息中。

Cseq 的示例为

   Cseq：101 INVITE

（5）Contact 字段。Contact 字段用于 INVITE、ACK 和 REGISTER 请求以及成功响应、呼叫进展响应和重定向响应消息，其作用是给出其后和用户直接通信的地址。

Contact 字段的一般格式为

   Contact：地址；参数

其中，Contact 字段中给定的地址不限于 SIP URL，也可以是电话、传真等 URL。其示例可为

   Contact：sip：6130000@202.202.41.8：5060

（6）SIP 请求消息格式。SIP 请求消息格式如图 7.6-4 所示。

起始行 $\Longrightarrow$ INVITE sip：6130001@202.202.21.1 SIP/2.0

消息头 {

 INVITE sip：6130001@202.202.21.1 SIP/2.0
 Via：SIP/2.0/UDP 202.202.41.8：5060
 From："iwf" ＜sip：6130000@202.202.21.1＞；tag＝aab7090044b2－195254e9
 To：＜sip：6130001@202.202.21.1＞
 Call－ID：0009b7aa－124f0006－2050db78－7fded6f5@202.202.41.8
 CSeq：101 INVITE
 Expires：180
 User－Agent：Cisco－SIP－IP－Phone/2
 Accept：application/sdp

SDP 消息体 {

 Contact：sip：6136000@202.202.41.8：5060
 Content－Type：application/sdp
 Content－Length：224
 v＝0
 o＝CiscoSystemsSIP－IPPhone－UserAgent 17052 15931 IN IP4 202.202.41.8
 s＝SIP Call

图 7.6-4　SIP 请求消息格式

（7）SIP 响应消息格式。SIP 响应消息格式如图 7.6-5 所示。

起始行 $\Longrightarrow$ SIP/2.0 180 Ringing

消息头 $\Longrightarrow$

 Via：SIP/2.0/UDP 202.202.41.8：5060
 To：
 ＜sip：6130001@202.202.21.1＞；tag＝caca1501－15112
 From：
 "iwf"＜sip：6136000@202.202.21.1＞；tag＝aab7090044b2－195254e9
 Call－ID：
 0009b7aa－124f0006－2050db78－7fded6f5@202.202.41.8
 Cseq：101 INVITE

图 7.6-5　SIP 响应消息格式

5. 基本消息流程

1) SIP 用户的注册流程

用户每次开机时都需要在服务器中注册，当 SIP 客户端的地址发生改变时也需要重新注册，注册信息必须定期更新，如图 7.6－6 所示。下面以 SIP Phone 向 A 软交换机注册的流程为例，说明 SIP 用户的注册流程。

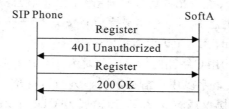

图 7.6－6　SIP 实体和 SIP 服务器之间的注册流程

在下面的实例中，基于以下约定：

- A 软交换机的 IP 地址为 191.169.150.30；
- SIP Phone 的 IP 地址为 191.169.150.251；
- SIP Phone 向 A 软交换机请求登记。

事件 1：SIP Phone 向 A 软交换机发起注册请求，汇报其已经开机或重启。下面是注册请求消息编码的示例：

REGISTER sip：191.169.150.30 SIP/2.0

From：sip：6540012@191.169.150.30；tag＝16838c16838

To：sip：6540012@191.169.150.30；tag＝946e6f96

Call－ID：1－reg@191.169.150.251

Cseq：2762 REGISTER

Contact：sip：6540012@191.169.150.251

Expires：100

Content－Length：0

Accept－Language：en

Supported：sip－cc，sip－cc－01，timer

User－Agent：Pingtel/1.2.7（VxWorks）

Via：SIP/2.0/UDP 191.169.150.251

第一行：请求起始行。该字段注册（REGISTER）请求消息，表示终端向 IP 地址为 191.169.150.30 的 A 软交换机发起登记请求。SIP 版本号为 2.0。

第二行：From 字段。该字段指明该 REGISTER 请求消息是由 A 软交换机（IP 地址：191.169.150.30）控制的 SIP Phone 发起的。

第三行：To 字段。该字段指明 REGISTER 请求接收方的地址。此时 REGISTER 请求的接收方为 IP 地址为 191.169.150.30 的 A 软交换机。

第四行：Call－ID 字段。该字段唯一标识一个特定的邀请，全局唯一。Call－ID 为"1－reg@191.169.150.251"，191.169.150.251 为发起 REGISTER 请求的 SIP Phone 的 IP 地址，1－reg 为本地标识。

第五行：Cseq 字段。此时用于将 REGISTER 请求和其触发的响应相关联。

第六行：Contact 字段。在 REGISTER 请求中的 Contact 字段指明用户可达位置。表示 SIP Phone 当前的 IP 地址为"191.169.150.251"，电话号码为"6540012"。

第七行：表示该登记生存期为 100 s。

第八行：表明此请求消息消息体的长度为空，即此消息不带会话描述。

第九行：表示原因短语、会话描述或应答消息中携带的状态应答内容的首选语言为英语。

第十行：表示发送该消息的 UA 实体支持 sip - cc、sip - cc - 01 以及 timer 扩展协议。timer 表示终端支持 session - timer 扩展协议。

第十一行：发起请求的用户终端的信息。此时为 SIP Phone 的型号和版本。

第十二行：Via 字段。该字段用于指示该请求历经的路径。"SIP/2.0/UDP"表示发送的协议，协议名为"SIP"，协议版本为 2.0，传输层为 UDP；"191.169.150.251"表示该请求消息发送方 SIP 终端 IP 地址为 191.169.150.251。

事件 2：A 软交换机返回 401 Unauthorized(无权)响应，表明 A 软交换机端要求对用户进行认证，并且通过 WWW - Authenticate 字段携带 A 软交换机支持的认证方式 Digest 和 A 软交换机域名"zte.com"，产生本次认证的 nonce，并且通过该响应消息将这些参数返回给终端从而发起对用户的认证过程。

  SIP/2.0 401 Unauthorized

  From：＜sip：6540012@191.169.150.30＞；tag＝16838c16838

  To：＜sip：6540012@191.169.150.30＞；tag＝946e6f96

  CSeq：2762 REGISTER

  Call - ID：1 - reg@191.169.150.251

  Via：SIP/2.0/UDP 191.169.150.251

  WWW - Authenticate：

  Digest realm＝"zte.com"，nonce＝"2003617223104911179922"

  Content - Length：0

事件 3：SIP Phone 重新向 A 软交换机发起注册请求，携带 Authorization 字段，包括认证方式 DIGEST、SIP Phone 的用户标识、A 软交换机的域名、NONCE、URI 和 RESPONSE 字段。下面是 Register 请求消息编码的示例：

  REGISTER sip：191.169.150.30 SIP/2.0

  From：sip：6540012@191.169.150.30；tag＝16838c16838

  To：sip：6540012@191.169.150.30；tag＝946e6f96

  Call - ID：1 - reg@191.169.150.251

  Cseq：2763 REGISTER

  Contact：sip：6540012@191.169.150.251

  Expires：100

  Content - Length：0

  Accept - Language：en

  Supported：sip - cc，sip - cc - 01，timer

  User - Agent：Pingtel/1.2.7（VxWorks）

Authorization：DIGEST USERNAME＝"6540012"，REALM＝"zte. com"，

NONCE＝"200361722310491179922"，

RESPONSE＝"b7c848831dc489f8dc663112b21ad3b6"，URI＝"sip：191.169.

150.30"

Via：SIP/2.0/UDP 191.169.150.251

事件 4：A 软交换机收到 SIP Phone 的注册请求，首先检查 NONCE 的正确性，如果和在
401 Unauthorized 响应中产生的 NONCE 相同，则通过；否则，直接返回失败。然后，A 软交
换机会根据 NONCE、用户名、密码、URI 等采用和终端相同的算法生成 RESPONSE，并且对
此 RESPONSE 和请求消息中的 RESPONSE 进行比较，如果二者一致则用户认证成功，否则
认证失败。此时，A 软交换机返回 200 OK 响应消息，表明终端认证成功。

SIP/2.0 200 OK

From：＜sip：6540012@191.169.150.30＞；tag＝16838c16838

To：＜sip：6540012@191.169.150.30＞；tag＝946e6f96

CSeq：2763 REGISTER

Call - ID：1 - reg@191.169.150.251

Via：SIP/2.0/UDP 191.169.150.251

Contact：＜sip：6540012@191.169.150.251＞；expires＝3600

Content - Length：0

2）成功的 SIP 用户呼叫流程

在同一 A 软交换机控制下的两个 SIP 用户之间的成功呼叫，呼叫流程应用实例如图
7.6 - 7 所示。

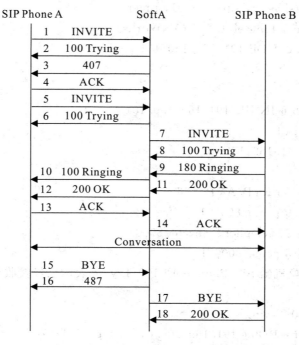

图 7.6 - 7　SIP 实体之间的 SIP 呼叫流程

在下面的实例中，我们基于以下约定：

- A 软交换机的 IP 地址为 191.169.200.61；
- SIP PhoneA 的 IP 地址为 191.169.150.101；
- SIP PhoneB 的 IP 地址为 191.169.150.100；
- SIP PhoneA 为主叫，SIP PhoneB 为被叫，主叫先挂机；
- SIP PhoneA 的电话号码为 1000，SIP PhoneB 的电话号码为 1001。

事件 1：SIP PhoneA 发 INVITE 请求到 A 软交换机，请求 A 软交换机邀请 SIP PhoneB 加入会话。SIP PhoneA 还通过 INVITE 消息的会话描述，将自身的 IP 地址（191.169.150.101）、端口号（8766）、静荷类型、静荷类型对应的编码等信息传送给 A 软交换机。

> INVITE sip：1001@191.169.200.61 SIP/2.0
>
> From：sip：1000@191.169.200.61；tag＝1c12674
>
> To：sip：1001@191.169.200.61
>
> Call－ID：call－973598097－16@191.169.150.101
>
> Cseq：1 INVITE
>
> Contact：sip：1000@191.169.150.101
>
> Content－Type：application/sdp
>
> Content－Length：203
>
> Accept－Language：en
>
> Allow：INVITE，ACK，CANCEL，BYE，REFER，OPTIONS，NOTIFY，REGISTER，SUBSCRIBE
>
> Supported：sip－cc，sip－cc－01，timer
>
> User－Agent：Pingtel/1.2.7（VxWorks）
>
> Via：SIP/2.0/UDP 191.169.150.101
>
>
> v＝0
>
> o＝Pingtel 5 5 IN IP4 191.169.150.101
>
> s＝phone－call
>
> c＝IN IP4 191.169.150.101
>
> t＝0 0
>
> m＝audio 8766 RTP/AVP 0 96 8
>
> a＝rtpmap：0 pcmu/8000/1
>
> a＝rtpmap：96 telephone－event/8000/1
>
> a＝rtpmap：8 pcma/8000/1

事件 2：A 软交换机给 SIP PhoneA 回 100 Trying 表示已经接收到请求消息，正在对其进行处理。

> SIP/2.0 100 Trying
>
> From：＜sip：1000@191.169.200.61＞；tag＝1c12674
>
> To：＜sip：1001@191.169.200.61＞

CSeq：1 INVITE

Call－ID：call－973598097－16@191.169.150.101

Via：SIP/2.0/UDP 191.169.150.101

Content－Length：0

事件 3：A 软交换机给 SIP PhoneA 发 407 Proxy Authentication Required 响应，表明 A 软交换机端要求对用户进行认证，并且通过 Proxy－Authenticate 字段携带 A 软交换机支持的认证方式 Digest 和 A 软交换机域名"zte.com"，产生本次认证的 nonce，并且通过该响应消息将这些参数返回给终端从而发起对用户的认证过程。

SIP/2.0 407 Proxy Authentication Required

From：＜sip：1000@191.169.200.61＞；tag＝1c12674

To：＜sip：1001@191.169.200.61＞；tag＝de40692f

CSeq：1 INVITE

Call－ID：call－973598097－16@191.169.150.101

Via：SIP/2.0/UDP 191.169.150.101

Proxy－Authenticate：Digest realm＝"zte.com"，nonce＝"1056131458"

Content－Length：0

事件 4：SIP PhoneA 发 ACK 消息给 A 软交换机，证实已经收到 A 软交换机对于 INVITE请求的最终响应。

ACK sip：1001@191.169.200.61 SIP/2.0

Contact：sip：1000@191.169.150.101

From：＜sip：1000@191.169.200.61＞；tag＝1c12674

To：＜sip：1001@191.169.200.61＞；tag＝de40692f

Call－ID：call－973598097－16@191.169.150.101

Cseq：1 ACK

Accept－Language：en

User－Agent：Pingtel/1.2.7（VxWorks）

Via：SIP/2.0/UDP 191.169.150.101

Content－Length：0

事件 5：SIP PhoneA 重新发 INVITE 请求到 A 软交换机。携带 Proxy－Authorization 字段，包括认证方式 DIGEST、SIP Phone 的用户标识(此时为电话号码)、A 软交换机的域名、NONCE、URI 和 RESPONSE(SIP PhoneA 收到 407 响应后根据服务器端返回的信息和用户配置等信息采用特定的算法生成加密的 RESPONSE)字段。

INVITE sip：1001@191.169.200.61 SIP/2.0

From：sip：1000@191.169.200.61；tag＝1c12674

To：sip：1001@191.169.200.61

Call－ID：call－973598097－16@191.169.150.101

Cseq：2 INVITE

Contact：sip：1000@191.169.150.101

Content－Type：application/sdp

Content – Length：203

Accept – Language：en

Allow：INVITE，ACK，CANCEL，BYE，REFER，OPTIONS，NOTIFY，REGISTER，SUBSCRIBE

Supported：sip – cc，sip – cc – 01，timer

User – Agent：Pingtel/1. 2. 7（VxWorks）

Proxy – Authorization：DIGEST USERNAME＝"1000"，REALM＝"zte. com"，NONCE＝"1056131458"，RESPONSE＝"1b5d3b2a5441cd13c1f2e4d6a7d5074d"，URI＝"sip：1001@191. 169. 200. 61"

Via：SIP/2. 0/UDP 191. 169. 150. 101

v＝0

o＝Pingtel 5 5 IN IP4 191. 169. 150. 101

s＝phone – call

c＝IN IP4 191. 169. 150. 101

t＝0 0

m＝audio 8766 RTP/AVP 0 96 8

a＝rtpmap：0 pcmu/8000/1

a＝rtpmap：96 telephone – event/8000/1

a＝rtpmap：8 pcma/8000/1

事件 6：A 软交换机给 SIP PhoneA 回 100 Trying 表示已经接收到请求消息，正在对其进行处理。

SIP/2. 0 100 Trying

From：＜sip：1000@191. 169. 200. 61＞；tag＝1c12674

To：＜sip：1001@191. 169. 200. 61＞

CSeq：2 INVITE

Call – ID：call – 973598097 – 16@191. 169. 150. 101

Via：SIP/2. 0/UDP 191. 169. 150. 101

Content – Length：0

事件 7：A 软交换机向 SIP PhoneB 发 INVITE 消息，请求 SIP PhoneB 加入会话。并且通过该 INVITE 请求消息携带 SIP PhoneA 的会话描述给 SIP PhoneB。

INVITE sip：1001@191. 169. 150. 100 SIP/2. 0

From：＜sip：1000@191. 169. 200. 61＞；tag＝1fd84419

To：＜sip：1001@191. 169. 150. 100＞

CSeq：1 INVITE

Call – ID：1746ac508a14feaaccb35e4a35ea1768@sx3000

Via：SIP/2. 0/UDP 191. 169. 200. 61；5061；branch＝z9hG4bK8fd4310b0

Contact：＜sip：1000@191. 169. 200. 61：5061＞

Supported：100rel，100rel

Max－Forwards：70

Allow：INVITE，ACK，CANCEL，OPTIONS，BYE，REGISTER，PRACK，
INFO，UPDATE，SUBSCRIBE，NOTIFY，MESSAGE，REFER

Content－Length：183

Content－Type：application/sdp

v＝0

o＝HuaweiA 软交换机 1073741833 1073741833 IN IP4 191.169.200.61

s＝Sip Call

c＝IN IP4 191.169.150.101

t＝0 0

m＝audio 8766 RTP/AVP 0 8

a＝rtpmap：0 PCMU/8000

a＝rtpmap：8 PCMA/8000

　　事件 8：SIP PhoneB 给 A 软交换机回 100 Trying 表示已经接收到请求消息，正在对其
进行处理。

SIP/2.0 100 Trying

From：＜sip：1000@191.169.200.61＞；tag＝1fd84419

To：＜sip：1001@191.169.150.100＞；tag＝4239

Call－ID：1746ac508a14feaaccb35e4a35ea1768@sx3000

Cseq：1 INVITE

Via：SIP/2.0/UDP 191.169.200.61：5061；branch＝z9hG4bK8fd4310b0

Contact：sip：1001@191.169.150.100

User－Agent：Pingtel/1.0.0（VxWorks）

Content－Length：0

　　事件 9：SIP PhoneB 振铃，并回 180 Ringing 响应通知 A 软交换机。

SIP/2.0 180 Ringing

From：＜sip：1000@191.169.200.61＞；tag＝1fd84419

To：＜sip：1001@191.169.150.100＞；tag＝4239

Call－ID：1746ac508a14feaaccb35e4a35ea1768@sx3000

Cseq：1 INVITE

Via：SIP/2.0/UDP 191.169.200.61：5061；branch＝z9hG4bK8fd4310b0

Contact：sip：1001@191.169.150.100

User－Agent：Pingtel/1.0.0（VxWorks）

Content－Length：0

　　事件 10：A 软交换机回 180 Ringing 响应给 SIP PhoneA，SIP PhoneA 听回铃音。

SIP/2.0 180 Ringing

From：＜sip：1000@191.169.200.61＞；tag＝1c12674

To：＜sip：1001@191.169.200.61＞；tag＝e110e016

CSeq：2 INVITE

Call‐ID：call‐973598097‐16@191. 169. 150. 101

Via：SIP/2. 0/UDP 191. 169. 150. 101

Contact：＜sip：1001@191. 169. 200. 61：5061；transport＝udp＞

Content‐Length：0

　　事件 11：SIP PhoneB 给 A 软交换机回 200 OK 响应表示其发过来的 INVITE 请求已经被成功接受、处理，并且通过该消息将自身的 IP 地址（191. 169. 150. 101）、端口号（8766）、静荷类型、静荷类型对应的编码等信息传送给 A 软交换机。

SIP/2. 0 200 OK

From：＜sip：1000@191. 169. 200. 61＞；tag＝1fd84419

To：＜sip：1001@191. 169. 150. 100＞；tag＝4239

Call‐ID：1746ac508a14feaaccb35e4a35ea1768@sx3000

Cseq：1 INVITE

Content‐Type：application/sdp

Content‐Length：164

Via：SIP/2. 0/UDP 191. 169. 200. 61：5061；branch＝z9hG4bK8fd4310b0

Session‐Expires：36000

Contact：sip：1001@191. 169. 150. 100

Allow：INVITE，ACK，CANCEL，BYE，REFER，OPTIONS，NOTIFY

User‐Agent：Pingtel/1. 0. 0（VxWorks）

v＝0

o＝Pingtel 5 5 IN IP4 191. 169. 150. 100

s＝phone‐call

c＝IN IP4 191. 169. 150. 100

t＝0 0

m＝audio 8766 RTP/AVP 0 8

a＝rtpmap：0 pcmu/8000/1

a＝rtpmap：8 pcma/8000/1

　　事件 12：A 软交换机给 SIP PhoneA 回 200 OK 响应表示其发过来的 INVITE 请求已经被成功接受、处理，并且将 SIP PhoneB 的会话描述传送给 SIP PhoneA。

SIP/2. 0 200 OK

From：＜sip：1000@191. 169. 200. 61＞；tag＝1c12674

To：＜sip：1001@191. 169. 200. 61＞；tag＝e110e016

CSeq：2 INVITE

Call‐ID：call‐973598097‐16@191. 169. 150. 101

Via：SIP/2. 0/UDP 191. 169. 150. 101

Contact：＜sip：1001@191. 169. 200. 61：5061；transport＝udp＞

Content‐Length：183

Content – Type：application/sdp

v＝0

o＝HuaweiA 软交换机 1073741834 1073741834 IN IP4 191.169.200.61

s＝Sip Call

c＝IN IP4 191.169.150.100

t＝0 0

m＝audio 8766 RTP/AVP 0 8

a＝rtpmap：0 PCMU/8000

a＝rtpmap：8 PCMA/8000

事件 13：SIP PhoneA 发 ACK 消息给 A 软交换机，证实已经收到 A 软交换机对于 IN-VITE 请求的最终响应。

ACK sip：1001@191.169.200.61：5061；transport＝UDP SIP/2.0

Contact：sip：1000@191.169.150.101

From：＜sip：1000@191.169.200.61＞；tag＝1c12674

To：＜sip：1001@191.169.200.61＞；tag＝e110e016

Call – ID：call – 973598097 – 16@191.169.150.101

Cseq：2 ACK

Accept – Language：en

User – Agent：Pingtel/1.2.7（VxWorks）

Via：SIP/2.0/UDP 191.169.150.101

Content – Length：0

事件 14：A 软交换机发 ACK 消息给 SIP PhoneB，证实已经收到 SIP PhoneB 对于 IN-VITE 请求的最终响应。此时，主被叫双方都知道了对方的会话描述，启动通话。

ACK sip：1001@191.169.150.100 SIP/2.0

From：＜sip：1000@191.169.200.61＞；tag＝1fd84419

To：＜sip：1001@191.169.150.100＞；tag＝4239

CSeq：1 ACK

Call – ID：1746ac508a14feaaccb35e4a35ea1768@sx3000

Via：SIP/2.0/UDP 191.169.200.61：5061；branch＝z9hG4bK44cfc1f25

Max – Forwards：70

Content – Length：0

事件 15：SIP PhoneA 挂机，发 BYE 消息给 A 软交换机，请求结束本次会话。

BYE sip：1001@191.169.200.61：5061；transport＝UDP SIP/2.0

From：sip：1000@191.169.200.61；tag＝1c12674

To：sip：1001@191.169.200.61；tag＝e110e016

Call – ID：call – 973598097 – 16@191.169.150.101

Cseq：4 BYE

Accept – Language：en

Supported：sip－cc，sip－cc－01，timer

User－Agent：Pingtel/1.2.7（VxWorks）

Via：SIP/2.0/UDP 191.169.150.101

Content－Length：0

事件 16：A 软交换机给 SIP PhoneA 回 487 响应，表明请求终止。

SIP/2.0 487 Request Terminated

From：＜sip：1000@191.169.200.61＞；tag＝1c12674

To：＜sip：1001@191.169.200.61＞；tag＝e110e016

CSeq：4 BYE

Call－ID：call－973598097－16@191.169.150.101

Via：SIP/2.0/UDP 191.169.150.101

Content－Length：0

事件 17：A 软交换机收到 SIP PhoneA 发过来的 BYE 消息，知道 A 已挂机，给 SIP PhoneB 发 BYE 请求，请求结束本次会话。

BYE sip：1001@191.169.150.100 SIP/2.0

From：＜sip：1000@191.169.200.61＞；tag＝1fd84419

To：＜sip：1001@191.169.150.100＞；tag＝4239

CSeq：2 BYE

Call－ID：1746ac508a14feaaccb35e4a35ea1768@sx3000

Via：SIP/2.0/UDP 191.169.200.61：5061；branch＝z9hG4bKf5dbf00dd

Max－Forwards：70

Content－Length：0

事件 18：SIP PhoneB 挂机，给 A 软交换机反馈 200 OK 响应，表明已经成功结束会话。

SIP/2.0 200 OK

From：＜sip：1000@191.169.200.61＞；tag＝1fd84419

To：＜sip：1001@191.169.150.100＞；tag＝4239

Call－ID：1746ac508a14feaaccb35e4a35ea1768@sx3000

Cseq：2 BYE

Via：SIP/2.0/UDP 191.169.200.61：5061；branch＝z9hG4bKf5dbf00dd

Contact：sip：1001@191.169.150.100

Allow：INVITE，ACK，CANCEL，BYE，REFER，OPTIONS，NOTIFY

User－Agent：Pingtel/1.0.0（VxWorks）

Content－Length：0

3）成功的 SIP 中继呼叫流程

不同 A 软交换机之间采用 SIP 协议进行互通，SIP 中继的成功呼叫流程应用实例如图 7.6－8 所示。在下面的实例中，基于以下约定：

• A 软交换机的 IP 地址为 191.169.1.112；

• B 软交换机的 IP 地址为 191.169.1.110；

- A 软交换机控制的 SIP PhoneA 的电话号码为 66600003；
- B 软交换机控制的 SIP PhoneB 的电话号码为 5550045；
- SIP PhoneA 为主叫、SIP PhoneB 为被叫，被叫先挂机。

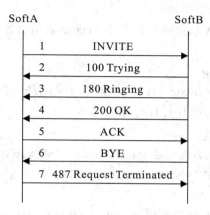

图 7.6 - 8　SIP 中继呼叫流程示例

　　事件 1：A 软交换机控制的 SIP PhoneA 摘机，拨打 B 软交换机控制的 SIP PhoneB。A 软交换机向 B 软交换机发 INVITE 消息，邀请 B 软交换机加入会话。A 软交换机还通过 INVITE 消息的会话描述，将自身的 IP 地址（191.169.200.61）、SIP PhoneA 的 IP 地址（191.169.200.101）、端口号（30014）、支持的静荷类型、静荷类型对应的编码等信息传送给 B 软交换机。

　　　　INVITE sip：5550045@191.169.100.50 SIP/2.0

　　　　From：＜sip：66600003@191.169.200.61＞；tag＝64e3f587

　　　　To：＜sip：5550045@191.169.100.50＞

　　　　CSeq：1 INVITE

　　　　Call - ID：9e62b921769c9ae546ed4329a3c04182@sx3000

　　　　Via：SIP/2.0/UDP 191.169.200.61：5061；branch＝z9hG4bKff661c627

　　　　Contact：＜sip：008675566600003@191.169.200.61：5061＞

　　　　Supported：100rel，100rel

　　　　Max - Forwards：70

　　　　Allow：INVITE，ACK，CANCEL，OPTIONS，BYE，REGISTER，PRACK，INFO，UPDATE，SUBSCRIBE，NOTIFY，MESSAGE，REFER

　　　　Content - Length：184

　　　　Content - Type：application/sdp

　　　　v＝0

　　　　o＝A 软交换机 1073741831 1073741831 IN IP4 191.169.200.61

　　　　s＝Sip Call

　　　　c＝IN IP4 191.169.200.101

t＝0 0

m＝audio 30014 RTP/AVP 8 0

a＝rtpmap：8 PCMA/8000

a＝rtpmap：0 PCMU/8000

事件 2：B 软交换机给 A 软交换机回 100 Trying 表示已经接收到请求消息，正在对其进行处理。

SIP/2.0 100 Trying

From：＜sip：66600003@191.169.200.61＞；tag＝64e3f587

To：＜sip：5550045@191.169.100.50＞

CSeq：1 INVITE

Call－ID：9e62b921769c9ae546ed4329a3c04182@sx3000

Via：SIP/2.0/UDP 191.169.200.61：5061；branch＝z9hG4bKff661c627

Content－Length：0

事件 3：B 软交换机给 A 软交换机回 180 Ringing 响应，通知 A 软交换机 SIP PhoneB 已振铃。

SIP/2.0 180 Ringing

From：＜sip：66600003@191.169.200.61＞；tag＝64e3f587

To：＜sip：5550045@191.169.100.50＞；tag＝2dc18caf

CSeq：1 INVITE

Call－ID：9e62b921769c9ae546ed4329a3c04182@sx3000

Via：SIP/2.0/UDP 191.169.200.61：5061；branch＝z9hG4bKff661c627

Contact：＜sip：5550045@191.169.100.50：5061；transport＝udp＞

Content－Length：0

事件 4：B 软交换机给 A 软交换机回 200 OK 响应，表示其发过来的 INVITE 请求已经被成功接受、处理，并且通过该消息将自身的 IP 地址（191.169.100.50）、SIP PhoneB 的 IP 地址（191.169.100.71）、端口号（40000）、支持的静荷类型、静荷类型对应的编码等信息传送给 A 软交换机。

SIP/2.0 200 OK

From：＜sip：66600003@191.169.200.61＞；tag＝64e3f587

To：＜sip：5550045@191.169.100.50＞；tag＝2dc18caf

CSeq：1 INVITE

Call－ID：9e62b921769c9ae546ed4329a3c04182@sx3000

Via：SIP/2.0/UDP 191.169.200.61：5061；branch＝z9hG4bKff661c627

Contact：＜sip：5550045@191.169.100.50：5061；transport＝udp＞

Content－Length：159

Content－Type：application/sdp

v＝0

o＝HuaweiA 软交换机 1073741826 1073741826 IN IP4 191.169.100.50

s＝Sip Call

c＝IN IP4 191.169.100.71

t＝0 0

m＝audio 40000 RTP/AVP 0

a＝rtpmap：0 PCMU/8000

事件 5：A 软交换机发 ACK 消息给 B 软交换机，证实已经收到 B 软交换机对于 INVITE请求的最终响应。

ACKsip：5550045@191.169.100.50：5061；transport＝udp SIP/2.0

From：＜sip：66600003@191.169.200.61＞；tag＝64e3f587

To：＜sip：5550045@191.169.100.50＞；tag＝2dc18caf

CSeq：1 ACK

Call－ID：9e62b921769c9ae546ed4329a3c04182@sx3000

Via：SIP/2.0/UDP 191.169.200.61：5061；branch＝z9hG4bK7d4f55f15

Max－Forwards：70

Content－Length：0

事件 6：SIP PhoneB 挂机，B 软交换机发BYE 请求消息给 A 软交换机，请求结束本次会话。

BYE sip：66600003@191.169.200.61：5061 SIP/2.0

From：＜sip：5550045@191.169.100.50＞；tag＝2dc18caf

To：＜sip：66600003@191.169.200.61＞；tag＝64e3f587

CSeq：1 BYE

Call－ID：9e62b921769c9ae546ed4329a3c04182@sx3000

Via：SIP/2.0/UDP 191.169.100.50：5061；branch＝z9hG4bK2a292692a

Max－Forwards：70

Content－Length：0

事件 7：A 软交换机给 B 软交换机回 487 响应，表明请求终止。

SIP/2.0 487 Request Terminated

From：＜sip：5550045@191.169.100.50＞；tag＝2dc18caf

To：＜sip：008675566600003@191.169.200.61＞；tag＝64e3f587

CSeq：1 BYE

Call－ID：9e62b921769c9ae546ed4329a3c04182@sx3000

Via：SIP/2.0/UDP 191.169.100.50：5061；branch＝z9hG4bK2a292692a

Content－Length：0

4）SIP－T 中继呼叫流程

SIP－T 并不是一个新的协议，它在 SIP 的基础上增加了关于如何实现 SIP 网络与 PSTN 网络互通的扩展机制，包括三种应用模型：PSTN－IP、IP－PSTN、PSTN－IP－PSTN。

SIP - T 协议的特点如下：

(1) 封装：在 SIP 消息体中携带 ISUP 消息。

(2) 映射：ISUP - SIP 消息映射，ISUP 参数与 SIP 头域映射。SIP 消息与 ISUP 信令之间的映射关系可简单描述为

IAM＝INVITE

ACM＝180 RINGING

ANM＝200 OK

RLS＝BYE

RLC＝200 OK

下面以 PSTN - IP - PSTN 模型为例，简单介绍 PSTN 消息通过 SIP - T 消息透传的呼叫流程，成功的 SIP - T 中继呼叫流程应用实例如图 7.6 - 9 所示。

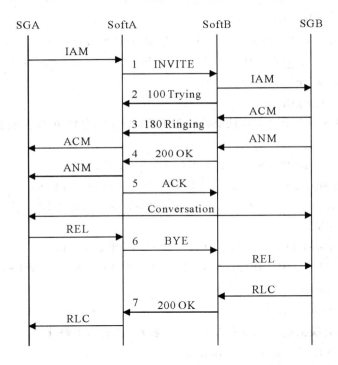

图 7.6 - 9　成功的 SIP - T 呼叫流程(PSTN 端—IP 端—PSTN 端)

事件 1：主叫 PSTN 用户摘机拨号，通过 A 软交换机控制的 SGA 向 A 软交换机发送 IAM 消息。

A 软交换机收到 SGA 发过来的 IAM 消息，将其封装到 INVITE 消息的消息体(SDP)中发送给 B 软交换机，邀请 B 软交换机加入会话。A 软交换机还通过 INVITE 消息的会话描述，将 SGA 的 IP 地址(191.169.200.188)、端口号(30014)、支持的静荷类型、静荷类型对应的编码等信息传送给 B 软交换机。

事件 2：B 软交换机给 A 软交换机回 100 Trying 表示已经接收到请求消息，正在对其进行处理。

　　事件 3：被叫 PSTN 用户振铃，同时，SGB 送 ACM 消息给 B 软交换机，B 软交换机收到 ACM 消息，将其封装到 180 Ringing 响应消息中发送给 A 软交换机。B 软交换机还通过 180 Ringing 消息的会话描述，将 SGB 的 IP 地址(191.169.150.1)、端口号(13304)、支持的静荷类型、静荷类型对应的编码等信息传送给 A 软交换机。

　　A 软交换机收到 180 Ringing 消息后，将 ACM 消息从 180 Ringing 消息中解析出来转发给 SGA。SGA 收到 ACM 消息，同时，主叫 PSTN 用户听回铃音。

　　事件 4：被叫 PSTN 用户摘机，SGB 送 ANM 消息给 B 软交换机，B 软交换机收到 ANM 消息，将其封装到 200 OK 响应消息的消息体(SDP)中发送给 A 软交换机。

　　A 软交换机收到 200 OK 消息，将 ANM 消息从 200 OK 消息中解析出来转发给 SGA。

　　事件 5：A 软交换机发 ACK 消息给 B 软交换机，证实已经收到 B 软交换机对于 INVITE 请求的最终响应。此时，就建立了一个双向的信令通路，双方可以进行通话。

　　事件 6：主叫 PSTN 用户挂机，SGA 发 REL 消息给 A 软交换机。A 软交换机收到 REL 消息，将其封装到 BYE 请求消息的消息体(SDP)中，发送给 B 软交换机。B 软交换机收到 BYE 消息，将 REL 消息从 BYE 消息中解析出来转发给 SGB。

　　事件 7：SGB 收到 REL 消息，知道主叫 PSTN 用户已挂机，转发该 REL 消息给 PSTN 交换机，PSTN 交换机收到该消息，同时，给被叫 PSTN 用户送忙音。被叫 PSTN 用户挂机，SGB 送 RLC 消息给 B 软交换机，B 软交换机收到 RLC 消息，将其封装到 200 OK 响应消息的消息体(SDP)中发送给 A 软交换机。A 软交换机收到 200 OK 响应，将 RLC 消息从中解析出来转发给 SGA。

7.7　项目扩展：认识 IBX1000 相关设备

7.8　项目任务九：完成 IBX1000 业务配置

　　IBX1000 设备的所有配置均在 Web 网管上进行，对于 Web 网管的整体布局、配置方式将在下面的配置过程中进行介绍。数据规划和网络拓扑如图 7.8-1 所示。

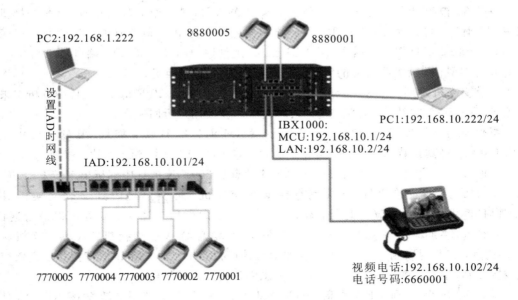

PC2:192.168.1.222

8880005   8880001

设置IAD时网线

IAD:192.168.10.101/24

IBX1000:
MCU:192.168.10.1/24
LAN:192.168.10.2/24

PC1:192.168.10.222/24

7770005 7770004 7770003 7770002 7770001

视频电话:192.168.10.102/24
电话号码:6660001

图 7.8-1　IBX1000 规划和网络拓扑图

（1）数据规划：

PC 机网口 1 地址：添加 192.168.10.222/24。

PC 机网口 2 地址：添加 192.168.1.222/24。

（2）IBX1000：

MCU：192.168.10.1/24。

LAN：192.168.10.2/24。

（3）IAD：

IP 地址：192.168.10.101/24。

网关：192.168.10.1。

服务器地址：192.168.10.1；端口：5060。

（4）视频电话：

IP 地址：192.168.10.102/24。

网关：192.168.10.1。

服务器地址：192.168.10.1。

（5）电话号码：

模拟电话：号码 8880001～8880005。

IAD 下模拟电话：号码 7770001～7770005，密码 123，域名 123。

视频电话：号码 6660001，密码 123，域名 123。

（6）要求：模拟电话、视频电话、IAD 电话互通。

1. 登录 IBX1000

1）网络准备

根据网络拓扑结构图连接配置电脑 PC1 和 IBX1000 设备。然后修改电脑的 IP 地址，具体方法为点击电脑右下角的"网络设置"，打开"网络和共享中心"，进入 Internet 选项对话框。修改 IP 地址为 192.168.10.222，子网掩码为 255.255.255.0，使电脑的 IP 地址与 IBX1000 设备的维护地址 192.168.10.1/2 在同一个网段，以便用此配置电脑对 IBX1000 进行访问和配置。点击"确定"，退出 IP 地址修改操作。

2）网络登录

在浏览器中输入"192.168.20.2/rt - nm"，出现登录界面后，输入用户名"admin"和密码"123456"。

2. IBX1000 电话配置

1）模拟电话配置

在用户类型中选"模拟用户"，"槽位"选项里选"槽位 0"；勾选"批量添加"，一次性添加 8880001～8880005 共 5 个号码，用户配置信息可以查询到 5 个模拟用户。

2）IAD 电话配置

（1）打开"用户配置"页面，点击"添加"，用户类型选"SIP 用户"，域名"123"，用户密码"123"，电话号码填"7770001"，勾选"批量添加"，数量"5"，步长"1"，一次性添加 7770001～7770005 共 5 个号码。用户配置信息可以查询到 5 个模拟用户和 5 个 SIP 用户。5 个 SIP 电话 7770001～7770005 状态为无效状态。

3）视频电话配置

打开"用户配置"页面，点击"添加"，用户类型选"SIP 用户"，域名"123"，用户密码"123"，电话号码填"6660001"，用户配置信息可以查询到 5 个模拟用户和 6 个 SIP 用户。5 个 SIP 电话 7770001～7770005 状态为无效状态，1 个 SIP 电话 6660001 状态为无效状态。

3. 路由配置

添加 888、777 和 666 的路由表。点击"路由配置"，再点击"添加选择路由配置"下拉选项中的路由表选项，这里的配置是由用户配置的数据来决定的。由于此次设置是本局音频电话的互通，所以只需将配置设置为：前缀是 888/777/666、号码长度为 7、最大号码长度为 7、类型默认为本局、路由号为 255，完成网管系统的配置。

4. IAD 配置

1）网络准备

PC2 电脑网口与 IAD 以太网口连接，地址为 192.168.1.222/24。

2）网络配置

（1）打开 IE 浏览器，在地址栏输入"http：//192.168.1.1"，用户名和密码均是"admin"。

（2）点击"VoIP"，然后点击"SIP Protocel"，开始 SIP 协议配置。Primary Proxy Server栏目的 Proxy Server 处填"192.168.10.1"，端口填"5060"，第 1～5 个电话号码填"7770001～7770005"，Password 填"123"，Auth Username 填"123"，Enable 处打勾。

（3）点击"Wizard"，选"Static"静态地址，然后点击"Next"。

（4）WAN IP Address 填"192.168.10.101"，WAN Mask 填"255.255.255.0"，Gateway填"192.168.10.1"，DNS Server 填"192.168.10.1"。

（5）Proxy Address 填"192.168.10.1"，Account 填"7770001"，Password 填"123"，Auth UserName 填"123"。

（6）IAD 重启成功，表示配置生效。

（7）登录 IBX1000 查询数据配置，5 个 SIP 电话 7770001～7770005 状态为有效状态，注册 IP 地址为 IAD 的 WLAN 地址 192.168.10.101，电话号码对应 IAD 前 5 个电话口。

5. 视频电话配置

1）视频电话界面配置

（1）设置视频电话账户。首先打开视频电话，点击"设置"，选择"账号"，输入密码"admin"，对视频电话账户进行设置。然后勾选"启用账号"，进行账号配置：显示名为"6660001"，即在视频电话线路上显示的名称，一般配置为该用户的电话号码；注册名为"6660001"，即该用户的电话号码，对应 IBX1000 的 SIP 电话号码 6660001；用户名为"6660001"，即用户名称，可以设置为用户姓名也可以设置为电话号码；密码为"123"，即 IBX1000 内置 SIP 电话所设置的用户密码；服务器地址为"192.168.10.1"，即 IBX1000 代理服务器地址；端口为"5060"。

（2）设置网络地址。打开视频电话，点击"设置"，选择"网络"，输入密码"admin"，配置网络参数和静态 IP 地址。在设置界面，分别输入：IP 地址"192.168.10.102"，为用户传递业务的 IP 地址；子网掩码"255.255.255.0"，为 24 位掩码地址；网关"192.168.10.1"，为 IBX1000 代理服务器地址；DNS"192.168.10.1"。然后重启视频电话，完成视频电话配置。

2）视频电话网页配置

（1）在视频电话界面点击"设置"，选择"网络"，输入密码"admin"，查看网络地址为 192.168.1.1。PC2 电脑网口与视频电话 Internet 口连接，地址为 192.168.1.222/24。

（2）网页上进行视频电话配置，打开 IE 浏览器，在地址栏输入 http：//192.168.10.102，用户名和密码均是 admin。

（3）查询当前视频电话的配置信息。

（4）选择"账户配置"，启用账户，进行账号配置。

（5）配置网络参数，选择静态 IP 地址配置。设置完成后，重启视频电话，设置 IP 地址生效。

（6）登录 IBX1000 查询数据配置，5 个 SIP 电话 7770001～7770005 状态为有效状态，注册 IP 地址为 IAD 的 WLAN 地址 192.168.10.101，1 个 SIP 电话 6660001 状态有效，注册 IP 地址为视频电话网络设置地址 192.168.10.102。

6. IBX1000 业务配置验证

（1）在 IBX1000 处观察所配号码是否注册。

（2）待号码注册成功后，模拟电话、IAD 电话、视频电话拨打测试。

（3）记录拨打测试结果。

项目总结七

（1）VoIP；

（2）VoIP 与普通电话的不同点；

（3）VoIP 传递方式；

（4）VoIP 拓扑结构的分类；

（5）VoIP 常用的协议；

（6）VoIP 的配置和验证。

项目评价七

评价项目	评价内容	分值	自我评价	小组评价	教师评价	得分
知识点	VoIP 的基本概念					
	VoIP 的拓扑结构					
	VoIP 的常用协议					
	IBX1000 设备配置					
	IBX1000 设备业务验证					
项目输出	IBX1000 配置流程					
	IBX1000 电话验证					
环境	教室环境					
态度	迟到 早退 上课					
综合评估(优、良、中、及格、不及格)						

项目练习七

第 8 章　软交换技术

教学课件

知识点：

- 掌握软交换技术的概念；
- 了解软交换设计思路；
- 了解软交换的网络结构；
- 了解软交换的基本功能；
- 了解软交换的系统功能；
- 了解软交换的应用。

技能点：

- 具有软交换方案解决能力；
- 具有软交换技术设计能力；
- 具有软交换网络结构分析能力；
- 具有软交换应用设计能力。

任务描述：

通过中兴通讯软交换维护平台，配置有关局数据和用户数据，进行字冠分析，用 Multiphone 做呼入和呼出实验。用 Multiphone 进行呼叫，跟踪 SIP 消息，分析 SIP 消息流程。

项目要求：

1. 项目任务

(1) 根据项目需求，完成交换平台数据规划；

(2) 完成交换平台局数据配置及用户数据配置；

(3) 完成交换平台呼入呼出实验；

(4) 完成交换平台 SIP 信令跟踪。

2. 项目输出

(1) 输出交换平台数据规划报告；

(2) 输出交换平台数据配置流程图；

(3) 输出呼出呼入实验报告；

(4) 输出 SIP 信令跟踪报告。

资讯网罗：

(1) 搜罗并学习中兴通讯 ss1b 技术手册；

(2) 搜罗并阅读中兴通讯 ss1b 配置手册；

(3) 搜罗并阅读中兴通讯 ss1b 设备工程资料；

(4) 搜罗并阅读其他类型软交换设备技术文档；

(5) 分组整理、讨论相关资料。

8.1　软交换技术概况以及同 IMS 的关系

下一代网络(NGN)是集话音、数据、传真和视频业务于一体的全新的网络。能够为下一代网络实现控制功能的软交换技术,其核心思想是硬件软件化,通过软件来实现原来交换机的控制、接续和业务处理等功能,在下一代网络中更快地实现各类复杂的协议的互通,并更方便地提供业务。

软交换是一种功能的实体集合,它将呼叫控制功能从媒体网关(传输层)中分离出来,通过服务器上的软件实现为下一代网络提供具有实时性要求业务的呼叫控制和连接控制功能,包括呼叫选路、管理控制、连接控制和信令互通。软交换位于网络分层中的控制层,它与媒体层的网关交互作用,接收正在处理的呼叫相关信息,并指示网关完成呼叫。软交换主要处理实时业务,首先是话音业务,也可以包括视频业务和其他多媒体业务。

目前 NGN 的网络演进引起了广泛的关注,即固网演进是否适于采用 IMS(IP 多媒体子系统,IP Multimedia Subsystem)的架构。IMS 是 3GPP 在 Release 5 版本上提出的可支持 IP 多媒体业务的子系统,它的核心特点是采用了 SIP 和与接入的无关性。在网络融合的发展趋势下 3GPP、ETSI 和 ITU – T 都在研究基于 SIP 的网络融合方案,希望能使 IMS 成为基于 SIP 会话的通用平台,同时支持固定和移动的多种接入方式,以实现固网和移动网的融合。

IMS 将来如何提供统一的业务平台,它的相关标准的制定乃至商品的成熟性等问题仍有待进一步的探讨和解决。同时,支持固定和移动的多种接入方式,实现固网和移动网的融合也是需要解决的重大问题。但目前,相当多的运营商面临的问题是如何将传统的基于电路的 PSTN 演进到基于分组技术的 NGN 中。尽管 IMS 可能成为 NGN 的重要组成部分,但是这种模式并不能很迅速地进行商业化的部署,特别是由于移动网络和固定网络的差异,对 IMS 的推广造成了一些不确定的影响,因为 IMS 是为移动网络设计的。在 2004 年 ITU – T 的 NGN 会议上,大会同意启动基于呼叫服务器(软交换)网络演进的标准化研究。ITU FGNGN 也在 2004 年启动了 PSTN 演进的研究,提出了基于呼叫服务器的 PSTN 演进方案和示例。呼叫服务器将主要完成电路交换网的演进历程,而 IMS 将主要完成多媒体业务的功能,随着 IMS 成熟性的增加,两者的应用将长期共存。

8.2　软交换产生的背景及特点

随着通信技术的飞速发展和电信市场的逐步开放,电信业的一个最重要的发展趋势就是业务运营和网络运营的分离,由网络运营商提供可靠、高效的基础承载平台,由业务提供商提供各种应用。相对于承载系统而言,由于直接面向不同的用户需求,应用系统要复杂得多,这就决定了在下一代网络中,业务提供商的数量将远远超过网络运营商的数量,其生存和发展则依赖于丰富的业务和应用。

在传统交换网络中,网络给用户提供的功能或者业务都直接与该节点的交换机有关,因此当网络要为用户提供某种新的功能或业务时,就需要网络中所有相关节点的交换机提供这种功能或者业务,例如 PSTN/ISDN 交换机所提供的基本电信业务和附加业务。这样当需要增加新业务时，就需要对相关的交换机和其信令系统进行改造，因此业务提供周期长且成本高。

　　未来网络的资源将主要用于数据和视频业务，而话音业务则可用固定不变的甚至更少的带宽。在传统电信网中，为了满足日益增长的业务需求，出现了智能网的概念。在智能网中，由交换机实现 SSP（业务交换点，Service Switch Point）的功能完成呼叫控制，由 SCP（业务控制点，Service Control Point）设备完成业务的提供功能。智能网的设计思想就是把呼叫控制和业务提供分开。将呼叫控制和业务提供分开的方法大大增强了业务提供的能力，缩短了业务提供的时间。但是这种分离仅仅是第一步，随着承载的多样化还必须将呼叫控制和承载连接进一步分离。分离的目标是使业务真正独立于承载网络，灵活有效地实现业务的提供。这样，用户可以自行配置和定义自己的业务特征，不必关心承载业务的网络形式以及终端类型，使得业务和应用的提供有较大的灵活性。

　　软交换技术作为 NGN 中的核心技术，正是为了解决这一问题应运而生的一种技术。借鉴了业务由第三方开发实现这一思想，软交换吸取了 IP、ATM、IN 和 TDM 等众家之长，形成分层、全开放的体系架构，使得各个运营商可以根据自己的需要，全部或部分利用 Softswitch 体系的产品，采用适合自己的网络解决方案，在充分利用现有资源的同时，寻找到自己的立足点。作为下一代网络的发展方向，Softswitch 不但实现了网络的融合，更重要的是实现了业务的融合，即在任何时间、任何地点、以任一种方式与任何人进行通信。软交换设备是下一代分组网中语音业务、数据业务和视频业务呼叫、控制、业务提供的核心设备，同时还是电路交换网向分组网演进的重要设备。

　　软交换技术作为业务与呼叫控制相分离和传送与承载相分离思想的体现，是 NGN 体系结构中的关键技术，其核心思想是硬件功能软件化，通过软件的方式来实现原来交换机的控制、接续和业务处理等功能，各实体之间通过标准的协议进行连接和通信，便于在 NGN 中更快地实现各类复杂的协议及更方便地提供业务。

　　另一方面，从网络发展的角度来看，用户需求以及市场需求的巨大转变，都使传统的电信基础网络在业务量设计、容量、组网方式以及交换方式等方面无法适应新的发展趋势。在这一大背景下，以软交换技术为核心的下一代网络模型逐渐形成，并很快成为目前国内外电信界最关注的热点之一。软交换系统以开放的架构、灵活的组网方式可以有效地实现现有的 PSTN 与分组交换网的互通，是 PSTN 逐步向 IP 网络演进的关键网络产品。以提供业务为核心，基于分组的软交换必将成为下一代网络的核心技术，它的出现是电信网络发展的大势所趋。

　　目前，软交换已经被公认为 NGN 的核心技术，它的发展受到越来越多的关注。软交换作为 NGN 分层体系中的控制层核心，支持多种网络协议和呼叫信令，实现了现有多种网络的无缝融合。同时软交换技术提供开放的业务接口，支持分布式的业务实施，可以为下一代通信网络提供丰富的应用业务。概括起来，软交换主要有以下特点：

　　（1）高效灵活。软交换体系结构的最大优势在于将应用层和控制层与核心网络完全分开，有利于以最快的速度、最有效的方式引入各类新业务，大大缩短了新业务的开发周期。

　　（2）开放性。由于软交换体系结构中的所有网络部件之间采用标准协议，因此各个部件之间既能独立发展、互不干涉，又能有机组合成一个整体，实现互连互通。

　　（3）多用户。ISDN 用户、ADSL 用户、移动用户都可以享用软交换提供的业务。

（4）强大的业务功能。可以利用标准的全开放应用平台为客户定制各种新业务和综合业务，最大限度地满足用户需求。特别是可以提供包括语音、数据和多媒体等各种业务。

8.3　软交换解决方案

图 8.3-1 示意说明了一个从媒体传输中松绑业务和控制的软交换解决方案模型结构。图中，左边是用模型表示的传统电路交换机的功能组成，右边是应用软交换技术松绑和分散核心功能并跨越分组骨干网的模型组成。在电路交换中的用户板/中继板被用媒体网关所替代，它完成 TDM 流到 IP 或 ATM 分组流的转换。时隙互换或者交换矩阵被高性能分组骨干网本身所替代。控制交换矩阵实现时隙交换的交换控制器被软交换技术所替代，它控制着跨越分组骨干网的媒体网关之间的媒体分组的交换和选路。在这两种情况下，交换控制器完成业务逻辑功能，如同在高级智能网（AIN 0.1）中所使用的智能网应用协议（IN-AP）触发器的情况一样。另外，其他业务也被引入到该通信流中并归它控制。例如在 PSTN 智能网情况下，通过它与 SS7 网络的互连，或者通过其他数据库、逻辑或性能服务器、媒体服务器等来引入其他业务并加以控制。

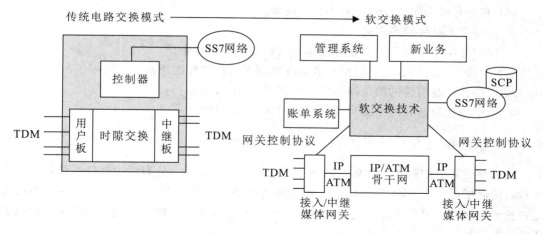

图 8.3-1　从媒体传输中松绑业务和控制的模型结构

中继设备或中继网关是终接符合 SS7 控制链路的中继设备。在传统的电路交换网络中，这些 TDM 中继承载着来自邻接交换机的媒体，邻接交换机常常可归属于不同的业务提供者。按照其在业务提供者之间的配置安排，这些中继常常被称作公用承载中继或者特性群 D 中继。

接入设备或接入网关是终接 PSTN 信令和媒体的设备。传统的用户驻地设备或 C5 交换机都是合适的例子。

中继和接入设备及网关一般都被看做是媒体设备或媒体网关。

软交换技术的目标是在媒体设备和媒体网关的配合下，通过计算机软件编程的方式来实现对各种媒体流进行协议转换，并基于分组网络（IP/ATM）的架构实现 IP 网、ATM 网、PSTN 网等的互连，以提供和电路交换机具有相同功能并便于业务增值和灵活伸缩的设备。软交换技术的突出特点包括如下几个方面：

（1）它是一个支持各种不同的 PSTN、ATM 和 IP 协议的可编程呼叫处理系统。

（2）它运行在商用计算机和操作系统上。

（3）它控制着扩展的中继网关、接入网关和远程接入服务器（RAS）。例如：

· 软交换加上一个中继网关便是一个长途/汇接交换机（C4 交换机）的替代，在骨干网中具有 VoIP 或 VTOA 功能；

· 软交换加上一个接入网关便是一个语音虚拟专用网（VPN）/专用小交换机（PBX）中继线的替代，在骨干网中具有 VoIP 功能；

· 软交换加上一个 RAS，便可利用公用承载中继来提供受管的调制解调器（Modem）业务（即 Modem 呼叫通过 SS7 ISDN 用户部分（ISUP）发送信令）；

· 软交换加上一个中继网关和一个本地性能服务器便是一个本地交换机（C5 交换机）的替代，在骨干网中具有 VoIP/VTOA 功能。

（4）它通过一个开放的和灵活的号码簿接口便可以再利用 IN 业务。例如，它提供一个具有接入到关系数据库管理系统、轻量级号簿访问协议和事务能力应用部分（TCAP）号簿的号码簿嵌入机制。

（5）它为第三方开发者创建下一代业务提供了开放的应用编程接口（API）。

（6）它具有可编程的后营业室特性。例如：

· 可编程的事件详细记录；

· 详细呼叫事件写到一个业务提供者的收集事件装置中。

（7）它具有先进的基于策略服务器的管理所有软件组件的特性，包括：

· 展露给所有组件的简单网络管理协议（SNMP）2.0 接口；

· 策略描述语言和一个编写及执行客户策略的系统。

8.3.1　软交换技术设计思想

在软交换背后的基本设计思想是基于创建一个可伸缩的、分布式的软件系统，它独立于特定的底层硬件/操作系统，并且能够处理各种各样的同步通信协议——在一个理想的位置把该架构推向莫尔曲线轨道。这样的一个分布式系统可以被看成是一个可编程的同步通信控制网络，并且它应该有能力支持下列基本要求：

（1）独立于协议和设备的呼叫处理或同步会晤管理应用的开发。

（2）在其软交换网络中能够安全地执行多个第三方应用而不存在由恶意或错误行为的应用所引起任何有害的影响。

（3）第三方硬件销售商能增加支持新设备和协议的能力。

（4）业务提供者和应用提供者能增加支持全系统范围的策略能力而不会危害其性能和安全。

（5）有能力进化同步通信控制网络，以支持包括账单、网络管理和其他运行支持系统的各种各样的后营业室系统。

（6）支持运行时间捆绑或有助于结构改善的同步通信控制网络的动态拓扑。

（7）从非常小的网络到非常大的网络（类似于现行 PSTN 的层次和更多层次的网络组织结构）的可伸缩性。

（8）支持彻底的故障恢复能力。

这些要求使得下一代业务提供者能够把类似于此软交换的网络部署为同步通信的骨干网，这将允许快速开发和部署先进的同步多媒体应用。

8.3.2 信令和通信协议不可知论

如上所述，软交换技术的基本概念是对信令和同步通信协议及其通过一个典范模型具体实现的概念化抽象，它隐藏了核心呼叫/会晤处理和控制过程等这些具体的实现细节。这个典范模型是一个广义化的零加入方或更多方的多方呼叫/会晤模型。现存的呼叫模型，如 Q.931 模型，变成了这个模型的一个特殊情况，特殊情况零加入方表示纯粹的三方呼叫控制模型。这允许以某种方式开发和改良系统，对于显现和采用某个协议或者由不同销售商对它们采用的各种不同实现的具体方式是不可知的。

如图 8.3-2 所示，同步通信协议一般能够被分成两组基本类型：第一组涉及媒体内容的表示、处理和传送，例如音频和视频；第二组涉及在参加者、设备和交换、处理、传输媒体内容的架构系统之间的控制和相应信令。

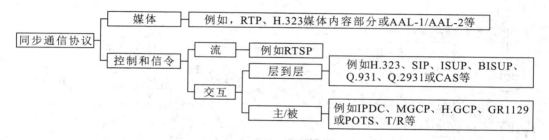

图 8.3-2 同步通信协议

软交换技术应支持各种各样的控制和信令协议，包括主/被控制协议以及从电路技术到分组技术整个范围的层到层协议树。由软交换技术所支持的窄带电路的电话协议的例子包括 SS7 ISUP(包括国家差异)、Q.931 和各种 CAS 变体(由媒体网关进行到 Q.931 的等效映射)，支持分组电话 VoIP 协议的例子包括 H.323 v1/v2、SIP、IPDC 和 MGCP 等，支持分组电话 VTOA 协议的例子包括 IPDC、Sapphire(ATM 网关控制协议)和用户-网络接口(UNI)描述等。

软交换技术还应支持各种电路和分组电话协议的第 3 层(呼叫控制信令)功能。信令协议的第 2 层、第 1 层由下列方式指定：

(1) 运行在相同的通用计算机中的硬件元素看做是不同软交换组件。

(2) 软交换外部的硬件元素，例如外部信令网关和具有 TCP/IP 支持的 STP。

对于后一种情况，第 3 层信令由外部硬件元素利用 TCP/IP 进行隧道方式传递。

8.3.3 基于软交换技术的网络结构

软交换技术是一个分布式的软件系统，可以在基于各种不同技术、协议和设备的网络环境之间提供无缝的互操作性。图 8.3-3 表示了一个针对 VoIP 的基于软交换技术的网络结构的示例，它的功能类似于现行电路交换的传送系统间的交换/长途网。在这个图中，C4 交换机被用一个软交换技术和一组中继网关的组合体所替代。软交换技术终接来自 STP 的 ISUP 信令，既可以直接终接 A 链路(图中表示为 ISUP/MTP)，也可以通过接收在

TCP/IP 上的 ISUP 信令来终接。来自一个本地交换机(或其他电路交换机)的中继(它通过 ISUP 发送信令)用中继网关进行终接,它能够把 G.711 TDM 信号转换成实时传输协议 (RTP)/用户数据报协议(UDP)/使用各种编码方法(如 G.711 或 G.729)的不同大小的 IP 分组。从电路交换机的角度来看软交换技术,它和其他电路交换机或者 SSP 的功能一样, 没有什么差别。中继网关自身是由软交换技术利用主/被协议进行控制的,例如是一个和 来自某个具有指定源/目的 RTP/UDP/IP 流的电路交换机的一个指定时隙(机架/模块/线 路/信道或电路标识码)相关的 IPDC 或 MGCP 协议。软交换技术作为呼叫处理的组成部 分,其标识要被用来终接该呼叫的最可能的出口网关,并且利用这个信息来命令中继网关 执行指定功能。例如,软交换能够通过一个最小代价路由逻辑选择完成绝大部分呼叫,以 使所选择的出口网关最接近目的电话。在这种情况下,典型的语音承载其大部分是在 IP 骨干网上。换句话说,软交换技术能够决定使用中继网关的 TDM 交换能力,于是完成了 应通过电路交换网执行的呼叫操作功能。该业务逻辑作为软交换技术的组成部分来运行, 并且做这些基本的路由决策是自身完全可编程的。

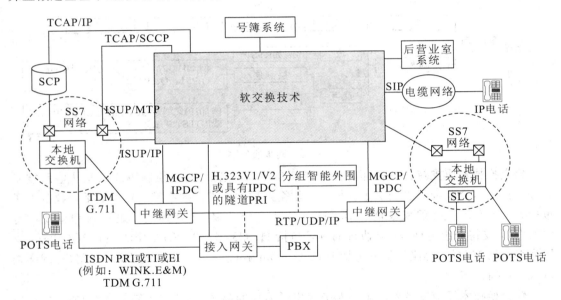

图 8.3-3 基于软交换技术的 VoIP 网络组织结构

　　图 8.3-3 也说明了软交换技术处理接入网关的能力。接入网关既可以终接综合业务数字 网(ISDN)的 PRI,也可以终接来自企业 PBX 的 CAS 信令(在专用的接入线路上或在一个基于 IP 的接入线路上)。这种接入网关能够被软交换以该接入网关真正支持的基于分组电话协议的多 种方式进行控制。对于采用网桥路由模式的基于 H.323 的网关,软交换技术能够像一个 H.323 网桥那样动作并且对于静态的/指定的路由模式,它能够像目的网关一样动作。如果接入网关隧 道 Q.931(PRI)或 CAS 信令返回到软交换,那么软交换还能够使用像 IPDC 或 MGCP 这样的主/ 被协议以更好的方式(在一个单独的 DS0 级上)控制接入网关。作为软交换技术的组成部分而运 行的应用逻辑能够启动各种应用,包括语音 VPN、专线业务和集团业务。

　　软交换技术通过相应协议控制或通信能够支持企业 IP PBX 和 IP 电话。在图 8.3-3 中,这个功能是通过 SIP 接至软交换技术的电缆网上 IP 电话的模式来表示的。

　　图 8.3－3 还说明了软交换通过提供到 SCP 的接入来再利用现行 PSTN 的宝贵遗产的能力，既可以通过 TCP/IP 接入 SCP，也可以通过标准 SS7 链路（信令部分和控制部分（SCCP）上的 TCAP/SCCP）来接入它。SS7 链路看做是连接一个 SS7 设备服务器到 SS7 网络的物理链路，这些链路分作 6 类并且从 A 标到 F。其中和此有关的链路是，连接 SS7 设备服务器到 STP 的 A 链路和连接 SS7 设备服务器到相邻交换机的 F 链路。

　　SCP 也把软交换看做一个标准的电路 SSP，对 SCP 不会引起变化。由 SCP 提供的业务，例如长途免费号码（如 800 和 888）、本地号码便携、高级 VPN 业务、预付卡/被叫付费/信用卡业务以及其他 AIN 业务包，都适合使用软交换技术。由于采用软交换技术而使得无缝互连成为可能，所以来自任何设备的呼叫（使用任何协议）都能获得对整个 PSTN 当前资产的接入。

　　图 8.3－4 说明了在一个核心 ATM 网络中为了控制 VTOA 中继网关而使用软交换技术的一个示例。图 8.3－3 和图 8.3－4 的主要差别是通过不同的传输机制来实现交换语音的底层媒体网关。在 VTOA 世界，语音是通过 ATM 适配层（AAL）以分组形式承载的，例如 AAL－1 或 AAL－2。更进一步说，它是能够使用永久虚电路或者甚至使用现存的信令机制，如为了在指定的业务质量上支持交换式虚电路的 Q.2931（UNI3.1 或 UNI4.0）。所有应用全都覆盖来自媒体的参差，因此，所有的信令业务和应用既可以在基于 VoIP 的软交换组织结构中，也可以在基于 VTOA 的组织结构中，并且只需业务逻辑自身而不需任何额外的工作。软交换技术的能力使得这种透明性成为可能，在引入新协议和设备到系统时不会危害现存的由软交换支持的应用集。该透明是真正地对驻存在一个现行资产中的业务逻辑透明，例如一个 SCP，或一个在该软交换中进行开发的新应用。

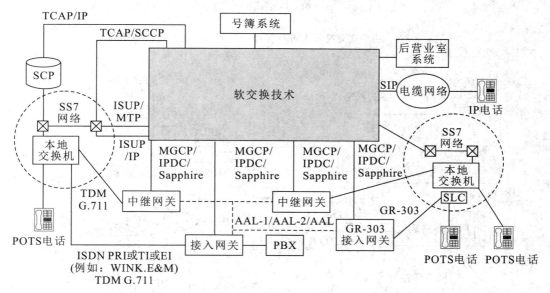

图 8.3－4　基于软交换技术的 VTOA 网络结构

　　图 8.3－4 描述了任何使用软交换技术来控制 RAS 以提供现行的数据业务时的组织结构，例如因特网呼叫转移。软交换技术可以通过 IPDC 或 IP 上 Q.931 来控制 RAS。在 VoIP 结构中的元素组合，如分组智能环境（PIP）或媒体资源服务器——由软交换控制的基于 RAS 的网络，都可为下一代综合数据和语音的业务提供基础。

　　图 8.3-5 和图 8.3-6 表示了如何使用软交换技术在接入网中提供下一代网络控制的示例结构。

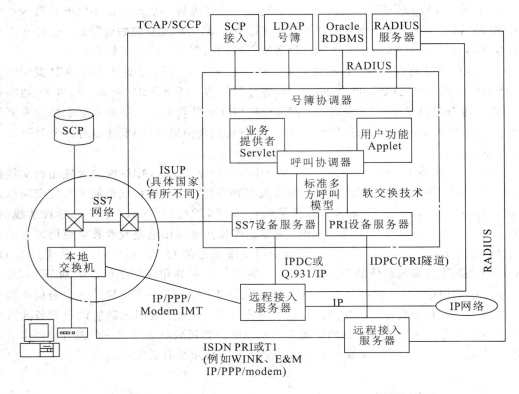

图 8.3-5　基于软交换技术进行管理调制解调器业务的网络结构

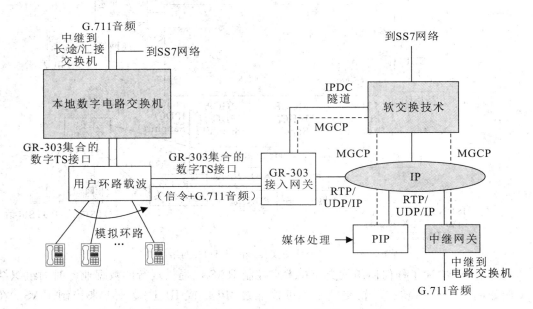

图 8.3-6　软交换技术控制的下一代接入业务组织结构

在图 8.3－5 中，一个 GR－303 接入网关终接由 G.711 媒体和信令组成的数字复用设施。控制消息通过架设在 IPDC 上的管道传送至软交换，从而为呼叫处理提供和其在先前的所有情况一样的控制。

通过 MGCP 语法，尤其是使用 PIP 所提供的附加控制，能够为在终端用户上的模拟 POTS 电话提供细化控制。这可能包括传统拨号音、摘/挂检测和整个新形式的拨号音等。一个例子可能是一个通知，如"欢迎到新电话世界！今天您喜欢去哪儿？"，也可能是一个基于语音识别的语音激励使能，如"带我到母亲家！"。然后，IP 骨干网架构将会提供接入，从而改善了电子商务能力，并为开放极其大量的新业务提供了可能。

为了增强 PSTN 业务性能，可以和先前一样，把软交换技术连接到 SS7 网络上。一个专用的服务器，例如呼叫性能服务器，可以被用来提供具有传统电路交换接入架构的完全能力。

图 8.3－7 表示了以上基本概念如何被扩展到数字用户线（DSL）和基于电缆的接入网的情况。在所有情形中，唯一的必要条件是关于端用户的终端和中间设备（如电缆调制解调器、家庭网络控制器和网关等）的信令及控制信息能被上传到软交换。

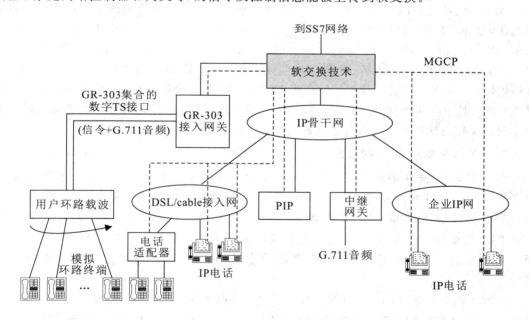

图 8.3－7　软交换技术控制的 DSL 和电缆接入的组织结构

8.3.4　软交换与现有电话网络的比较

传统的程控交换机，根据所执行功能的不同，一般也可划分为 4 个功能层：呼叫控制层、媒体交换层、业务提供层、接入网关层。这 4 个功能层物理上合为一体，软、硬件互相牵制，不可分割。各个功能层处在一个封闭体内，它们之间没有开放的互连标准和接口，因此，增加新功能费用高、周期长，并且受到设备制造商的限制。

软交换的主要设计思想是业务与呼叫控制相分离和传送与承载相分离的思想，把传统交换机各功能实体离散分布在网络之中。其优点是高效灵活、开放性强、业务开发更加方便，但是由于各功能实体不在同一个设备之内，需要互相通信，因此必须开发大量的接口协议。

1. 软交换与智能网的比较

智能网是在原有通信网络基础上，为快速提供新业务而设置的附加网络结构。其目的是让电信运营商能经济有效地提供用户所需的各类电信新业务。它依靠 No.7 信令网和大型集中式数据库来支持，其最大特点是将网络的交换功能和业务控制功能相分离，将原来各交换机的网络控制功能集中于新的网络部件 SCP 上，一旦需要增加或修改新业务，无需修改各个交换中心的交换机，只需在业务控制点中增加和修改新业务逻辑，并在大型的数据库中增加新的业务数据和用户数据即可。

智能网体现的是一种交换和业务控制相分离的思想，而软交换技术也正是吸收了这种思想，并且克服了智能网相对封闭的缺点，提供开放的 API，为第三方业务开发提供创作平台，因而加快了业务开发的进程。

2. 软交换与 H. 323 网络的比较

H. 323 网络是我国目前广泛使用的 IP 电话系统，其结构为集中式对等结构，不适用于组建大规模网络，且没有拥塞控制机制，服务质量不能得到保证。后来，随着网络开放需求的增加，提出了将 H. 323 网关进行分解的解决方案。H. 323 网关是一种 IP 电话网关，原来完成的功能主要包括：电路侧呼叫建立和释放、IP 网络侧的呼叫建立和释放、语音编码转换、信令编码转换等等。所谓将 H. 323 网关进行分解，就是指呼叫控制和媒体处理相分离，其中呼叫处理部分由媒体网关控制器实现，媒体处理部分由智能终端或媒体网关实现。而软交换技术正好实现了这种功能的分离。

3. 软交换技术和 IPv6 的融合

由于 IPv6 标准在地址空间、安全性和移动性上，相比于 IPv4，更有利于开展多种业务，因此从某种角度来说，IPv6 具有开展业务的优势，IPv6 替代 IPv4 已经成为必然趋势。而软交换则是 IPv6 业务的具体实施。NGN 和 3G 的发展很大程度上受到 IPv6 的发展影响，而 IPv6 的发展也随软交换的完善得到促进，两者互相促进、互相作用。具体来说，软交换是 IPv6 业务发展的推动力，而 IPv6 是软交换进一步发展的基础。

从发展理念上分析，IPv6 的发展有助于软交换业务从一个点的网络向一个"面"的网络发展。在 IPv4 网络情况下，限于各种条件的限制（地址问题、带宽问题、设备问题），在开展 NGN 业务时，必须对 IPv4 网络进行优化，而这种优化工作必须一个点、一个点地开展。在利用 IPv6 开展软交换业务时，一方面 IP 地址空间足够大，提供便于部署的移动 IP 技术，在互连互通方面有很强的优势，另一方面在部署 IPv6 网络时已经考虑到承载综合业务的需求，网络的服务质量和安全性方面有保证，因此 IPv6 的网络从一开始就具备承载软交换业务的能力，也就是说，在 IPv6 网络上开展 NGN 业务是一个网络平"面"的问题。具体到 CNGI(China Next Generation Internet，中国下一代互联网)的建设，在利用 IPv6 标准建立的试验网络上，通过开展 NGN 业务支持 VoIP、视频会议等，能够在试验技术的同时探索网络运营的新方式，也就是如何在一个"面"的网络上开展业务，如何跨越不同的行政区划，管理范围如何协调的问题。

8.4　软交换实现的主要功能

8.4.1　软交换的基本功能

　　软交换设备是多种逻辑功能实体的集合，为下一代网络提供语音业务、数据业务和视频业务的呼叫控制和连接控制功能，是下一代网络呼叫与控制的核心设备，是电路交换网向分组网演进的重要设备。它独立于底层承载协议，主要完成呼叫控制、资源分配、协议处理、路由、认证、计费等主要功能，并可以向用户提供传统电路交换机所能提供的所有业务以及第三方业务。软交换设备作为一个开放的实体，与外部的接口采用开放的协议。图 8.4-1 展示了软交换设备对外接口，软交换必须能够维护外围设备的基本运作。

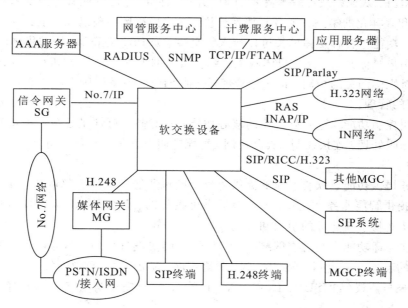

图 8.4-1　软交换设备对外接口图

8.4.2　软交换软件系统功能

1. 软交换的应用领域

　　软交换设备是电路交换网向分组网演进的核心设备，也是下一代电信网络的重要设备。软交换既可以作为独立的下一代网络部件分布在网络的各处，为所有媒体提供基本业务和补充业务，也可以与其他的业务节点结合，形成新的产品形态。正是软交换的灵活性，使得它可以应用在以下领域：

　　(1) 协议互通领域。支持多种信令协议（包括 H.248、H.323、SIP、MGCP、ISUP、INAP、RADIUS、SNMP），实现现有网络的互连互通。

　　(2) 电路交换网领域。软交换核心控制设备与媒体网关和信令网关相结合，呼叫控制和承载连接，可作为汇接局和长途局的接入，提供现有的 PSTN 中的基本业务和补充业务。

（3）电路/分组网领域。软交换可与分组终端进行互通，实现分组网与电路网的互通。如在 H.323 呼叫中，软交换可视为 H.323 终端，在 SIP 呼叫中，可视为用户代理。

（4）智能网领域。软交换与媒体网关相结合，完成 SSP 功能，通过支持 INAP 和 CAP 与现有智能网的 SCP 相结合，提供各种智能业务。

（5）业务提供领域。目前软交换支持提供基本话音、会议和网上浏览等业务，理论上软交换还可与应用服务器相配合，提供各种新的增值业务和补充业务。

2. 软交换实现的功能

作为下一代网络的核心设备之一，软交换为具有实时性要求的业务提供呼叫控制和连接控制功能，它独立于底层承载协议，主要完成呼叫控制、媒体网关接入控制、资源分配、协议处理、路由、认证以及计费等主要功能，并可以向用户提供现有电路交换机所能提供的所有业务和多样化的第三方业务。概括地说，软交换主要实现以下功能：

（1）接入功能。各种媒体网关可以接入软交换，如 PSTN/ISDN 中继媒体网关、ATM 媒体网关、用户媒体网关、无线媒体网关和综合接入网关等，支持 MGCP、Megaco/H.248 协议，实现对媒体网关的控制、接入和管理，支持 SIP 终端通信接入，支持 H.323 协议及对 H.323 域的管理。

（2）呼叫控制功能。这是软交换的核心功能，它对基本呼叫的建立、维持和释放提供控制，包括呼叫处理、连接控制、资源控制、智能呼叫触发等。提供支持多方呼叫控制、二次拨号等功能。

（3）业务提供功能。软交换能够提供传统交换机所能提供的全部业务，并且能够与智能网相配合提供智能业务。此外，软交换提供可编程的、开放的 API，实现与外部应用平台的互通，从而易于新业务的引入和开发。

（4）互连互通功能。在现有网络向 NGN 的发展演进过程中，不可避免地要实现与现有多个网络的互连互通（包括 PSTN、No.7 信令网、VoIP 网、智能网等）。软交换设备支持相应的信令与协议（如 ISUP、INAP、MAP 等），从而完成与上述网的互通，实现网络融合。

（5）网管与计费功能。软交换支持本地的维护管理以及实现与外部网管中心的互通，实现对软交换系统的管理、配置、统计、告警以及计费信息的采集等功能。

3. 软交换软件系统的功能

详细来讲，软交换软件系统需要为多种形式的业务提供有效的运行、开发和管理的支持，其主要功能应包括以下几方面：

（1）独立的呼叫控制功能：软交换呼叫控制功能独立于底层承载协议，完成基本呼叫的建立、维持和释放提供控制功能，包括呼叫处理、连接控制、智能呼叫触发检出和资源控制等，可以说是整个网络的灵魂。

（2）接收来自业务交换功能的监视请求，并对其中与呼叫相关的事件进行处理。

（3）接收来自业务交换功能的呼叫控制相关信息，支持呼叫的建立和监视。

（4）支持基本的两方呼叫控制功能和多方呼叫控制功能，提供对多方呼叫控制的功能，包括多方呼叫的特殊逻辑关系、呼叫成员的加入/退出/隔离/旁听以及混音过程的控制等。

（5）能够识别媒体网关报告的用户摘机、拨号和挂机等事件，控制媒体网关向用户发送各种音信号，如拨号音、振铃音、回铃音等；提供满足运营商需求的拨号计划。

（6）实现多种异构网络间的无缝融合。这就要求软交换不仅要支持多种不同的网络协议，而且还需提取不同网络中呼叫控制的通用特征，在异构的网络资源层上叠加一个通用的呼叫控制模型，实现对跨网呼叫的统一处理。

（7）控制媒体网关发送 IVR，以完成诸如二次拨号等多种业务。

（8）软交换可以同时直接与 H.248 终端、MGCP 终端、H.323 终端和 SIP 客户端终端进行连接，提供相应业务。

（9）当软交换位于 PSTN/ISDN 本地网时，应具有本地电话交换设备的呼叫处理功能。

（10）当软交换位于 PSTN/ISDN 长途网时，应具有长途电话交换设备的呼叫处理功能。

（11）承载控制功能：在融合网络中，特别是 IP 分组网中，信令链路和承载链路的建立是分离的和分别可控的，因此，软交换还必须能够对承载链路的建立进行控制和监视，以保证多媒体业务和特定业务对承载链路服务质量的要求。

（12）媒体接入功能：此项功能可以认为是一种适配功能，它可以连接各种媒体网关，如 PSTN/ISDN IP 中继媒体网关、ATM 媒体网关、用户媒体网关、无线媒体网关、数据媒体网关等，完成 H.248 协议功能。同时还可以直接与 H.323 终端和 SIP 客户端终端进行连接，提供相应业务。因此软交换应支持 H.248、H.323、SIP、SCTP、M3UA、M2PA、V5UA、IUA 等等。

（13）业务提供功能：由于软交换在网络从电路交换向分组网演进的过程中起着十分重要的作用，因此软交换应能够提供 PSTN/ISDN 交换机提供的业务，包括基本业务和补充业务，同时还应该可以与现有的智能网配合提供现有智能网提供的业务。

（14）互连互通功能：软交换应可以通过信令网关实现分组网与现有 No.7 信令网的互通。可以通过信令网关与现有智能网互通，为用户提供多种智能业务；允许 SCF 控制 Vole 呼叫且对呼叫信息进行操作（如号码显示等）。可以通过软交换中的互通模块，采用 H.323 协议实现与现有 H.323 体系的 IP 电话网的互通。可以通过软交换中的模块互通，采用 SIP 实现与未来 SIP 网络体系的互通。可与其他软交换设备互连互通，它们之间的协议可以采用 SIP 或 BICC，提供 IP 网内 H.248 终端、SIP 终端和 MGCP 终端之间的互通。

（15）网守功能：即接入认证与授权、地址解析和带宽管理。软交换应能够与认证中心连接，并可以将所管辖区域内的用户、媒体网关信息送往认证中心进行认证与授权，以防止非法用户/设备的接入。软交换应可以完成 E.164 地址至 IP 地址、别名地址至 IP 地址的转换功能，同时也可完成重定向的功能。

（16）操作维护功能：主要包括业务统计和告警等。

（17）计费功能：软交换应具有采集详细话单及复式计次功能，并能够按照运营商的需求将话单传送到相应的计费中心。当使用记账卡等业务时，软交换应具备实时中断呼叫的功能。

（18）语音处理功能：软交换应可以控制媒体网关是否采用语音压缩，并提供可以选择的语音压缩算法，算法应至少包括 G.729、G.723 等。软交换应可以控制媒体网关是否采用回声抵消技术。软交换应可以向媒体网关提供语音包缓存区的大小，以减少抖动对语音质量带来的影响。

8.4.3　软交换软件系统性能要求

软交换软件系统的性能要求如下：

（1）灵活的可扩展性（Extensibility）。

（2）强大的分布性（Distribution）。

（3）良好的可伸缩性（Scalability）。

（4）基于计算机系统自身的计算处理能力的可用性软交换开放的终端伸缩性使得它们能够支持数百个本地用户或数百万的全球用户。

（5）超强的可靠性和鲁棒性（Robustness and Reliability）。

（6）良好的可管理和维护性（Manageability and Maintainability）。

（7）符合高电信级的性能（Performance）、高可用性和高效的容错处理能力（High Availability and Fault Tolerance）。由于采用的是分布式结构，软交换可以在复杂的系统中对任何类型的系统故障进行软硬件旁路，是完全容错结构。

8.5　软交换网络面临的挑战

尽管人们把下一代网络描绘成一个功能强大、能够满足人们广泛需求的业务网，人们可以非常方便地定制个性化业务，然而，下一代网络成为实际运营的网络仍然面临许多挑战。

（1）下一代网络的组网问题。传统的电信网的组网方式采用层次的组网方式，然而下一代网络的网络架构特别是基于软交换的下一代网络架构仍然是一个全新的概念，是采用基于软交换的全平面结构，还是分区域选路结构都有待于进一步的探索。

（2）下一代网络的业务冲突问题研究。业务冲突问题在传统的智能网系统中就已经存在，许多专家为此做了大量的工作。然而，这个问题到目前没有得到很好的解决。随着业务能力通过 API 开放，大量增值业务将部署在下一代网络中，业务冲突问题将更为突出并呈现新的特点：动态解决方法正逐渐成为业务冲突问题解决的一个必不可缺少的部分。在过去的 10 多年中，业务冲突的研究大都集中在业务冲突的静态检测（在业务的设计阶段）并通过业务规范设计解决业务冲突。尽管较早发现业务冲突可以降低系统的开销，然而静态检测的方法自身存在着种种弊端，加之下一代网络的商业模式和增值业务在网络中渐进的部署方法限制了试图利用业务冲突静态检测方法解决业务冲突问题的可能性，因此，业务冲突动态检测和解决方法成为解决软交换网络中业务冲突问题的一个重要组成部分。

虽然软交换网络是一个完整的网络解决方案，可应用在各种领域，包括移动和多媒体领域，但由于其技术新，就目前的开发情况来看，许多问题如 QoS、安全、网管、业务提供方式等重要问题还有待于进一步研究和完善。

1. 软交换网络的 QoS

与传统的电信网络相比较，软交换网络面临的一个重要问题就是服务质量，从根本而言，软交换网络本身并不能解决服务质量问题，服务质量的好坏很大程度上取决于软交换网络的承载网络，承载网络可以为 ATM 和 IP 两种方式，对于 ATM 承载方式，由于 ATM 技术从一开始就是为综合业务设计的，所以有很强的 QoS 机制，可以保证话音的服务质量。但是，就目前设备厂家的开发情况和网络的发展趋势来看，以 IP 作为软交换网络的承载网是大势所趋，因此建设软交换网络时必须考虑如何解决 IP 承载网络的 QoS。当前看来，软交换的构建可以有三大类解决方案：

（1）提供富裕的网络带宽，这种方法简单易行，但在规划网络时，需要处理好成本和业务质量的关系，并且网络的业务量是个动态变化的参数，容量可能会动态调整，而且随着移动性的增强，业务量的分布也是动态变化的参数，因此给准确规划带来了一定困难。

（2）为实时业务分配一个专门网络，在软交换网络应用的初期，可以采用此种方式，但不符合软交换实现网络融合的初衷，并且不能从根本上解决实时业务的服务质量问题。

（3）使用 IETF 提出的服务质量的解决方案，主要包括 InterServ 模型、DiffServ 模型和 MPLS 解决方案。这三种解决方案需要配合使用，在全网共同实施，在网络的不同层次，采用不同的 QoS 技术，保证语音的端到端的服务质量。

2. 软交换网络的业务提供能力

对于传统运营商，引入软交换网络的一个很大驱动力是软交换网络可提供更多的增值业务，目前看来，软交换网络主要有三种业务提供方式：在软交换内部直接实现、与现有智能网互通实现以及与应用服务器配合实现。

在软交换内部直接实现的一般是现有的 PSTN/ISDN 基本业务和补充业务，这种业务实现方式沿袭了传统的业务实现特点，虽然实现效率最高，但扩展性和灵活性都很差，与软交换系统的业务与呼叫控制分离的思想背道而驰，只是目前的一种过渡业务解决方案。

与智能网络互通提供现有的智能网的业务提供方式的优点是可利用现有智能网络资源保护已有投资，并且可以很快投入运营。不过，由于目前智能网实现的都是语音业务，而且 INAP 过于复杂，限制了独立软件商的参与，并且业务提供方式的稳定性还有待考察。与应用服务器配合的业务提供方式是软交换网络未来的发展趋势，由于应用服务器上可提供开放的 API，应用服务提供商可通过 API 调用通信网络资源开发新的增值业务，通过这种方式实现的主要是各种语音与数据相结合的增值业务，这些业务和应用在现有网络中很难实现。这种业务提供方式的优势是可以与第三方的应用开发商配合开发业务，从而打破了原有电信网络封闭的业务开发环境，丰富了业务开发的种类，同时缩短了业务开发周期。不过，这种业务提供方式存在的一个问题是软交换与应用服务器的互通协议尚无定论，可以为 SIP、INAP、Parlay 等，而且这种业务提供方式的业务开发潜力、业务的管理、计费、安全等问题都有待研究。

此外，通过应用服务器方式提供的各种增值业务需要相对智能的终端的支持，这些智能终端一旦引入，面临的一个重要问题就是地址资源紧张的问题，因为这些终端若要与外界进行通信，就需要具备合法的 IP 地址，如何解决终端的地址问题也是运营商建设软交换网络时必须考虑的问题。

3. 软交换网络的管理

从软交换系统目前的实现情况来看,基本上采用 SNMP 作为软交换系统的网管协议,但是 SNMP 网管以静态管理为主,无法针对业务需求对所需各类设备进行综合协调管理,并且 SNMP 基于 UDP 承载方式,不能保证网管信息的可靠传输。由于软交换网络提供的是实时业务,因此网管系统还需具备 QoS 管理能力,目前的软交换网管系统这方面的能力还比较差,还有待于进一步的扩展才能满足用户对服务质量的要求。

4. 软交换网络的组网

现有的电话网采用的是分层的网络模型,随着软交换网络规模的扩大,软交换网络到底采用什么样的组网方式目前也没有统一定论,目前大家的一个共识是软交换层面为不分层的网状网结构,但是软交换不分层并不意味着路由不分层,因为随着网络规模的扩大以及用户位置信息的经常变化,如果路由仍然采用软交换内部直接实现的方式,网络的扩展性就会非常差,为此,一些厂家针对大规模组网应用引入了专门提供路由服务的功能实体,但国际上尚没有形成统一的技术标准,因此,有关其大规模应用时的组网结构还需进行研究。

5. 软交换网络协议的成熟性

软交换网络很重要的一个特点是开放性,这主要体现在软交换网络的各个网络元素之间采用开放的协议进行通信,理论上只要各个厂家的设备都采用的是标准协议接口,运营商就可自由选择各个厂家的设备来构建自己的网络,但是,无论从协议的制定情况还是厂家的开发情况来看,目前离最终的开放网络还有一段距离。

总体来说,软交换网络虽然具有强大的发展潜力,但仍然有许多问题还有待于进一步研究。

8.6　软交换技术的应用

8.6.1　软交换技术的基本应用

下面给出了软交换设备可以实现的一些应用,包括替代模拟交换机,实现电话到电话、PC 到电话、PC 到 PC、替代本地交换机,实现 ITSP 应用和商务应用。

1. 替代模拟交换机的应用

对数字和模拟电路交换混合的网络进行改造,服务提供商发现通过 NGN 软交换的 VoIP 技术将现有网络升级为 NGN 是一种理想的解决方案。服务提供商可以通过用 NGN 替代原有的模拟交换机向用户提供新业务。在这个过程中,服务提供商可以获得 NGN 操作的专有技术。这样,当用 NGN 替代现有的数字电路交换机的时候就可以实现一个比较平缓的过渡。这是未来投资的一个明智的决策,而不是简单的继承。

图 8.6-1 描述的是现有网络的概况。语音网络包括模拟中心局和数字中心局。承载数据业务的是一个单独的分组网络,模拟交换机是无法提供这种要求的数据业务的。

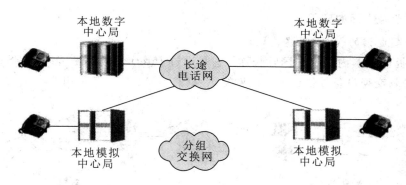

图 8.6-1 现有网络

在图 8.6-2 升级的第一步中，模拟中心局将被软交换设备和网关替代。分组网络将提供集成的语音和数据业务，以前使用模拟交换机业务的用户将使用可能由软交换设备提供的新业务。

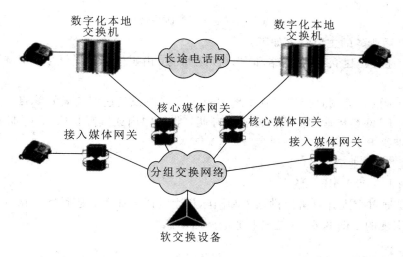

图 8.6-2 升级的第一步

在升级的第二阶段，数字中心局将被升级为 NGN。图 8.6-3 这个升级的完成将导致由一个普遍存在的分组网络提供集成的语音、数据和多媒体业务。

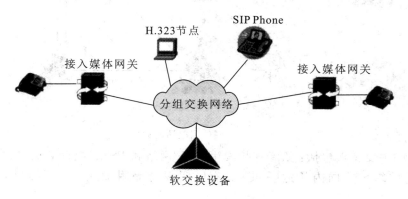

图 8.6-3 升级完成

2. 电话业务方面的应用

1）电话到电话的 VoIP 业务

该业务提供了国内长途和国际长途，它是通过 Internet 而不是传统的 PSTN 实现的。图 8.6 - 4 是软交换设备提供此业务的网络示意图。

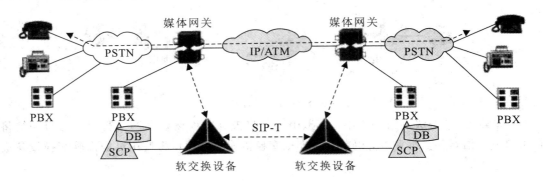

图 8.6 - 4　电话到电话的业务

电话到电话业务的主要特点如下：

（1）语音连接是建立在 IP 网络和 PSTN 之间的，由媒体网关提供接入服务，直接连接到 PBX 电路上。

（2）对于国内长途则直接连接到本地 PSTN 交换机或长途汇接局的 PSTN 交换机上。

（3）使用 IP 网络传输国内或国际长途呼叫，收到国内或国际长途 IP 呼叫并将它们连接到 PSTN 网络上。

（4）可提供 IN 业务。

2）PC 到电话的 VoIP 业务

该业务是通过个人计算机提供国内和国际长途电话的业务，是通过 Internet 而不是传统的 PSTN 实现的。图 8.6 - 5 是该业务的网络示意图。

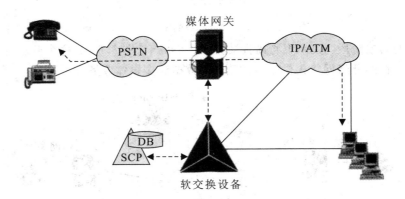

图 8.6 - 5　PC 到电话的业务

该业务的主要特点包括：语音连接发生在 IP 网络和 PSTN 之间，从 PC 发起电话呼叫，使用 IP 网络传输国内长途呼叫，具有呼叫保持等附加业务，可提供智能网（IN）业务。

3. 替代本地交换机的应用

1) 通过分组网络接口替代本地交换机

该应用展示了软交换设备作为本地交换系统和接入网关的情况。软交换设备将通过分组网络（IP 或者 ATM 网络）提供本地、国内长途以及国际长途业务，而不是通过传统的PSTN。图 8.6-6 为这种应用的网络图的简单描述。

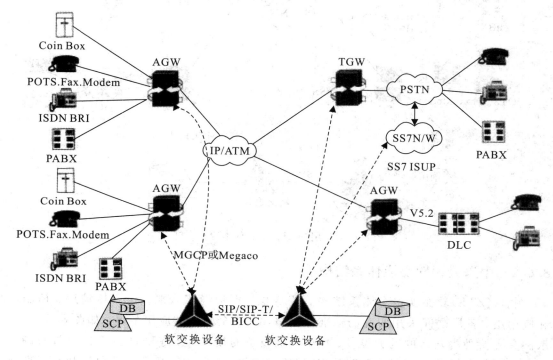

图 8.6-6　通过分组网络接口替代本地交换机

该应用的潜在用户是本地运营商和竞争性本地交换运营商（Competitive Local Exchange Carrier，CLEC）。

用软交换设备和接入网关替代现有的本地交换机，这就意味着当前连接到本地交换机的每个用户要被连接到接入网关上，软交换设备则需要对这些用户提供呼叫控制和业务。

2) 用 SCN 接口替代本地交换机

该应用展示了作为本地交换系统的软交换设备对接入网关的应用。软交换设备提供了本地、国内长途和国际长途呼叫业务。如图 8.6-7 所示，没有作为骨干网络的 VoIP 网络提供该应用。在一栋大厦或者中心局的接入网关之间的载荷可以在企业网内部传递，充分利用传输的有效性和节省开支。软交换设备和接入网关合在一起，如图 8.6-7 所示的圆圈所示的区域，将替代本地交换机。

该应用产生的主要原因是很多本地交换机不支持 IDLC 接口，例如 V5.2 接口，因此需要替换当前 PSTN 网络中的这些交换机系统。在替换这些过时的本地交换机的过程中，通过该应用可简单地将网络升级到 NGN 的解决方案来解决这个问题。图 8.6-7 是该应用的网络图的简单描绘。

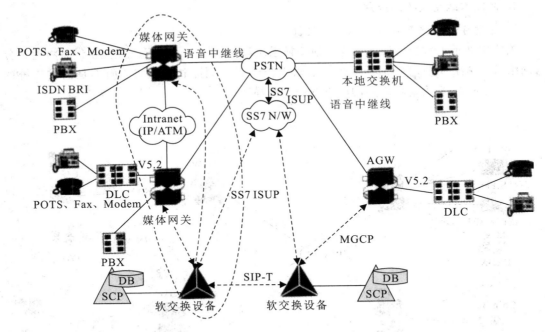

图 8.6 - 7 用 SCN 接口替代本地交换机

8.6.2 中兴公司软交换体系结构

中兴(ZTE)软交换整个体系结构分为四层,即边缘接入层、核心传输层、控制层和应用层,各层之间采用明确的标准化接口,形成全开放的应用平台,如图 8.6 - 8 所示。它支持种类众多的网关设备、数据终端设备的接入,支持和 H.323 网络设备的互通,可以完成与现在 PSTN/ISDN、PLMN、IN 和 Internet 的互通。它通过开放标准业务接口与现有 SCP 互通快速提供新业务,并提供全新的基于策略的网管机制实现动态网管。

参照下面的 ZTE 软交换体系的整体结构图,可以将整个系统的网元分为如下几类:

(1) ZXSS10SS1,系统的控制核心,完成协议适配、呼叫控制等功能。

(2) ZXSS10A200,接入网关,容量为 1000~8000 线,可线性扩展,可放置在小区或者市区的中心机房以管理一个小区甚至一个城市。

(3) ZXSS10T200,中继网关,完成媒体流转换和 SS7 信令的功能处理。

(4) ZXSS10APP,应用服务器,利用软交换提供的 API,通过业务生成环境,完成业务创建和维护功能。

(5) ZXSS10MSAG,综合业务网关,主要完成多媒体综合业务接入。

(6) ZXSS10I500 系列,综合接入设备,完成用户端数据、语音、图像等多媒体业务接入的设备,可用于用户家庭或放置在楼道、办公室,具有灵活方便、拆卸自如、客户化明显等优势。

(7) ZXSS10S200,信令网关,完成电路交换网和包交换网之间的 SS7 信令的转换功能。

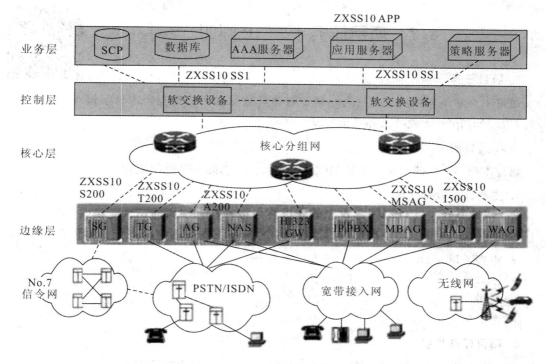

图 8.6 - 8　中兴软交换体系结构

（8）PolicyServer，策略服务器，完成策略管理。所谓策略，就是规则和服务的组合，其中规则定义了资源接入和使用的标准。

中兴的软交换网络具有一个最基本的特点，就是它把 PSTN 的可靠性和数据网的灵活性很好地结合起来，从而为用户提供最优质的服务，也就是说，ZTE 的软交换网络首先是一种数据网。但它区别于现有数据网（如因特网）的根本点在于：网络中的所有节点设备都满足电信级要求，从而充分保证了网络整体性能的发挥。

中兴的软交换设备的一个显著特点就是具有强大的业务能力，这种能力不仅体现在提供业务的种类上，更重要的是体现在提供业务的速度上。这一点对于运营商能否在未来激烈的市场竞争中立于不败之地至关重要。中兴的软交换设备通过两种方式实现业务生成和提供：一是在软交换设备提供的开放的通用 API 基础上，由 Application Server 完成业务逻辑和流程，这样就可以实现网络运营和业务运营的分离，便于运营商根据自身实际情况和市场走势灵活掌握；二是软交换设备提供标准 INAP 接口，通过和 IN 的 SCP 互通实现对传统智能业务的继承和再利用，有效地保护已有投资。

根据不同运营商的网络特点，ZTE 软交换技术体系对构建下一代网络提供了多种有针对性的解决方案。ZTE 软交换具有强大的组网能力，它以分布广泛的数据网络作为承载网络，支持星形、树形、环形、星形＋环形等各种网络拓扑结构，通过 Softswitch 控制设备与各种网关设备的不同组合，ZTE 软交换提供了下一代网络的全面解决方案。

8.7 项目任务十：SIP 呼叫

1. 项目任务

通过中兴通讯软交换维护平台，配置有关局数据和用户数据，进行字冠分析，用 Multiphone 做呼入和呼出实验。

2. 项目目的

通过本项目，掌握软交换系统的呼叫处理特点，掌握 SIP 呼叫流程。

3. 主要仪器设备

- 微型计算机　　　　　　一台
- 软件　　　　　　　　　中兴通讯统一网络管理平台
- 中兴通讯 ss1b　　　　 一套
- IAD　　　　　　　　　一部
- 耳机　　　　　　　　　一副
- 麦克风　　　　　　　　一个

4. 项目任务步骤

（1）登录客户端。双击桌面客户端，登录中兴通讯统一网络管理平台。

（2）SIP 呼出。以要求配置的数据为例，进行 SIP 呼出，首先增加网关节点，进入"配置管理-ss1b"界面新增 SIP。

（3）增加局码和百号组。

① 进入配置管理界面，选择 ss1b/数据配置/用户配置/百号组配置。

② 选择 ss1b 本局局码和百号组配置/增加/新增局码。

③ 新增本局局码配置 ss1b 本局局码和百号组配置/选中局码"105"，增加/新增百号组。

（4）增加本局用户。

① 配置管理-ss1b/数据配置/用户配置/本局用户配置。

② ss1b 用户配置/增加。

③ 新增用户配置。

（5）增加 SIP 登记用户。进入配置管理，选择 ss1b/协议配置/SIP 配置/SIP 登记用户配置。

（6）使用软终端进行呼出。

（7）配置号码分析数据。

① 增加字冠，选择数据配置/号码分析配置/号码分析配置。

② ss1b：号码分析配置界面，打开号码分析子管理树，选择号码分析子1。

③ 新增本局局码。

④ 选择本局局码/号码分析。

（8）配置 Digmap 模板。

8.8　项目任务十一：SIP 消息跟踪

1. 项目任务

用 Multiphone 进行呼叫，跟踪 SIP 消息，分析 SIP 消息流程。

2. 项目目的

通过本项目，要求掌握正常呼叫时的 SIP 消息流程。

3. 主要仪器设备

- 微型计算机　　　　　　　一台
- 软件　　　　　　　　　　中兴通讯统一网络管理平台
- 中兴通讯 ss1b　　　　　　一套
- IAD　　　　　　　　　　一部
- 耳机　　　　　　　　　　一副
- 麦克风　　　　　　　　　一个

4. 项目任务步骤

(1) 跟踪一次呼叫所涉及的消息。进入消息跟踪界面，在"主逻辑视图"中双击 "100001[192.168.100.230：21099]→"ss1b"→"通过服务器代理连接"→"ss1b/信令 跟踪"。

(2) 消息跟踪设置。

① 跟踪/开始跟踪。

② 跟踪条件设置。

(3) 跟踪消息。

① 用 MultiPhone 进行呼叫，主叫(或)被叫的号码为 14010000。

② 观察跟踪界面中出现的消息。

③ 双击消息查看详细数据。

④ 跟踪/停止跟踪。

(4) 保存跟踪到的消息。

项目总结八

(1) 软交换的基本概念；

(2) 软交换的技术设计；

(3) 软交换的信令与协议；

(4) 软交换的基本功能；

(5) 软交换的系统性能；

(6) 软交换的应用场景；

(7) 软交换的信令跟踪。

项目评价八

评价项目	评价内容	分值	自我评价	小组评价	教师评价	得分
知识点	软交换的基本概念					
	软交换的设计思路					
	软交换技术的网络结构					
	软交换的基本功能					
	软交换的系统功能					
	软交换的应用					
项目输出	交换平台数据规划报告					
	交换平台数据配置流程图					
	电话呼叫实验报告					
	SIP 信令跟踪报告					
环境	教室环境					
态度	迟到 早退 上课					
综合评估(优、良、中、及格、不及格)						

项目练习八

第 9 章　IMS 多媒体技术

教学课件

知识点：

- 了解 IMS 的基本概念；
- 了解 IMS 的定位与发展；
- 了解 IMS 的结构及功能；
- 了解 IMS 的融合；
- 了解 IMS 的网络及业务；
- 了解 IMS 网络的演进——EPS。

技能点：

- 具有 IMS 定位发展分析能力；
- 具有 IMS 网络结构分析能力；
- 具有 IMS 业务功能分析能力；
- 具有 EPS 业务分析能力；
- 具有 EPS 方案解决能力。

任务描述：

根据 4G - LTE 设备，设计 IMS 业务规划图，画出 IMS 网络架构图，掌握 4G - LTE 核心网设备结构，熟悉 EPS 业务流程，构造 IMS 网络，实现 EPS 与传统电话网的互通，与基于 SIP 协议的 VoIP 网络互通，实现 IMS 多媒体业务。

项目要求：

1. 项目任务

（1）熟悉移动通信核心网基本理论；

（2）掌握 4G - LTE 核心网设备结构；

（3）熟悉 EPS 业务流程；

（4）构架 IMS 网络。

2. 项目输出

（1）IMS 网络架构图；

（2）IMS 多媒体业务流程图。

资讯网罗：

- 搜罗并学习 IMS 技术手册；
- 搜罗并阅读 IMS 技术文档；
- 搜罗并阅读 IMS 相关技术案例；
- 分组整理、讨论相关资料。

9.1 IMS 技术

IMS(IP Multimedia Subsystem)是 IP 多媒体系统，是一种全新的多媒体业务形式，它能够满足现在终端客户的更新颖、更多样化的多媒体业务的需求。目前，IMS 被认为是下一代网络的核心技术，也是解决移动与固网融合，引入语音、数据、视频三重融合等差异化业务的重要方式。但是，目前全球 IMS 网络多数处于初级阶段，应用方式也处于业界探讨当中。

9.1.1 IMS 的定位

IMS 在 3GPPRelease 5(3GP R5)版本中提出，是对 IP 多媒体业务进行控制的网络核心层逻辑功能实体的总称。3GPP R5 主要定义 IMS 的核心结构、网元功能、接口和流程等内容；R6 版本增加了部分 IMS 业务特性、IMS 与其他网络的互通规范和无线局域网（WLAN）接入特性等；R7 版本加强了对固定、移动融合的标准化制定，要求 IMS 支持数字用户线(xDSL)、电缆调制解调器等固定接入方式。

软交换技术从 1998 年就开始出现并且已经历了实验、商用等多个发展阶段，目前已比较成熟。全球范围早已有多家电信运营商开展了软交换试验，发展至今，软交换技术已经具备了替代电路交换的能力，并具备一定的宽带多媒体业务能力。

如果从采用的基础技术上看，IMS 和软交换有很大的相似性：都是基于 IP 分组网；都实现了控制与承载的分离；大部分的协议都是相似或者完全相同的；许多网关设备和终端设备甚至是可以通用的。IMS 和软交换最大的区别在于以下几个方面：

（1）在软交换控制与承载分离的基础上，IMS 更进一步地实现了呼叫控制层和业务控制层的分离；

（2）IMS 起源于移动通信网络的应用，因此充分考虑了对移动性的支持，并增加了外置数据库——归属用户服务器（HSS），用于用户鉴权和保护用户业务触发规则；

（3）IMS 全部采用会话初始协议（SIP）作为呼叫控制和业务控制的信令，而在软交换中，SIP 只是可用于呼叫控制的多种协议中的一种，更多的则使用媒体网关协议（MGCP）和 H.248 协议。

总体来讲，IMS 和软交换的区别主要是在网络构架上。软交换网络体系基于主从控制的特点，使得其与具体的接入手段关系密切，而 IMS 体系由于终端与核心侧采用基于 IP 承载的 SIP 协议，IP 技术与承载媒体无关的特性使得 IMS 体系可以支持各类接入方式，从而使得 IMS 的应用范围从最初始的移动网逐步扩大到固定领域。此外，由于 IMS 体系架构可以支持移动性管理并且具有一定的 QoS 保障机制，因此 IMS 技术相比于软交换的优势还体现在宽带用户的漫游管理和 QoS 保障方面。

9.1.2 IMS 的发展与应用

1. IMS 标准的发展

对 IMS 进行标准化的国际标准组织主要有 3GPP、高级网络电信、互联网融合业务和协议（TISPAN）。3GPP 侧重于从移动的角度对 IMS 进行研究，而 TISPAN 则侧重于从固定的角度对 IMS 提出需求，并统一由 3GPP 来完善。

　　3GPP 对 IMS 的标准化是按照 R5 版本、R6 版本、R7 版本这个过程来发布的。R5 版本主要侧重于对 IMS 基本结构、功能实体及实体间的流程方面的研究；而 R6 版本主要是侧重于 IMS 和外部网络的互通能力以及 IMS 对各种业务的支持能力等。R6 版本的网络结构并没有发生改变，只是在业务能力上有所增加。比如，在 R5 的基础上增加了部分业务特性，网络互通规范以及无线局域网接入特性等，其主要目的是促使 IMS 成为一个真正的可运营的网络技术。R7 阶段更多地考虑了固定方面的特性要求，加强了对固定、移动融合的标准化制定。R5 版本和 R6 版本分别在 2002 年和 2005 年被冻结，而 R7 版本也即将冻结。

　　在 TISPAN 定义的 NGN 体系架构中，IMS 是业务部件之一。TISPANIMS 是在 3GPPR6IMS 核心规范的基础上对功能实体和协议进行扩展的，支持固定接入方式。TISPAN 的工作方式和 3GPP 相似，都是分阶段发布不同版本。目前，TISPAN 已经发布了 R1 版本相关规范，从固定的角度向 3GPP 提出对 IMS 的修改建议；R2 版本目前还处于需求分析阶段。

　　TISPAN 在许多文档中都直接应用了 3GPP 的相关文档内容，而 3GPP R7 版本中的很多内容又都是在吸收了 TISPAN 的研究成果的基础上形成的，所以一方对文档内容的修改都将直接影响另一方。此外，部分先进的运营商（如德国电信、英国电信和法国电信）已经明确了未来网络和业务融合的战略目标，并开始特别关注基于 IMS 的网络融合研究。各大设备厂商也加大了对 IMS 在固网领域应用的研究，正积极参与并大力推进基于 IMS 的 NGN 的标准化工作。因此各个标准之间的协调一致的问题还需要进一步探讨。

　　2. IMS 的主要应用

　　1）IP 媒体业务类型

　　IMS 是一个在分组域（PS）上的多媒体控制/呼叫控制平台，IMS 使得 PS 具有电路域（CS）的部分功能，支持会话类和非会话类的多媒体业务。IMS 为未来的多媒体应用提供了一个通用的业务平台，典型的业务如呈现、消息、会议、一键通等等。将不同的业务进行分组可以得到以下类型：

　　（1）信息类业务：这类业务对用户来讲已经非常熟悉，而且目前为运营商带来了良好的收益，IMS 的信息类业务将带给用户更多的选择，在享用这些信息类业务的同时，用户可以随心所欲而且费用低廉地使用其他媒介，比如视频和声音等，同时可以灵活地选用实时业务或非实时业务进行沟通。

　　（2）多媒体呼叫话音业务：这类业务可以给用户在原有的话音业务操作和应用上带来全新的体验。

　　（3）增强型呼叫管理：可以实现让用户自己来控制业务，让用户的沟通更加灵活。

　　（4）群组业务：将不同的通信媒介聚合起来，为用户提供新的业务体验，而且 IMS 还可以对业务进行新的开发和组合；突破传统的一对一的通信方式限制，可以提供基于群组的通信方式。

　　（5）信息共享：常见的邮件携带附件的沟通模式可以完成部分信息共享功能，但是在许多情况下显得不够灵活，所以实时在线的信息共享通信应运而生，多个用户可以实时处理同一个数据文件。

（6）在线娱乐：移动终端可以直接和信息资源互联，IMS 方式可以更好地呈现信息的更新和沟通，并可以随着用户需求的增长对信息进行必要的过滤；对于用户的在线游戏，IMS 可以为用户提供从单机游戏到多用户在线参与的在线娱乐方式，同时用户还可以采用多种多媒体来沟通交流。

2）IMS 的应用

随着 IMS 技术和产品的逐渐成熟，已经有一些运营商开始了 IMS 的商用，还有一些运营商在进行相关的测试。从目前的商用和测试情况来看，移动运营商已经开始商用，而固网运营商还主要处于试验阶段。综合考虑，IMS 的应用主要集中在以下几个方面。

首先是在移动网络的应用，这类应用是移动运营商为了丰富移动网络的业务而开展的，主要是在移动网络的基础上用 IMS 来提供 PoC、即时消息、视频共享等多媒体增值业务。应用重点集中在给企业客户提供 IPCENTREX 和公众客户的 VoIP 第二线业务。

其次是固定运营商出于网络演进和业务的需要，通过 IMS 为企业用户提供融合的企业的应用（IPCENTREX 业务），以及向固定宽带用户（例如 ADSL 用户）提供 VoIP 应用。

第三种典型的应用是融合的应用，主要体现在 WLAN 和 3G 的融合，以实现语音业务的连续性。在这种方式下，用户拥有一个 WLAN/WCDMA 的双模终端，在 WLAN 的覆盖区内，一般优先使用 WLAN 接入，因为这种方式用户使用业务的资费更低，数据业务的带宽更充足。当离开 WLAN 的覆盖区后，终端自动切换到 WCDMA 网络，从而实现语音在 WLAN 和 WCDMA 之间的连续性。目前，这种方案的商用较少，但是许多运营商都在进行测试。

在 IMS 中全部采用 SIP 协议，虽然 SIP 也可以实现最基本的 VoIP，但是这种协议在多媒体应用中所展现出来的优势表明，它天生就是为多媒体业务而生的。由于 SIP 协议非常灵活，所以 IMS 还存在许多潜在的业务。

3）基于 IMS 的网络融合问题

随着通信网络的发展与演进，融合是不可避免的主题，固定移动融合（FMC）更是迫切要解决的问题。ETSI 给 FMC 下的定义是："固定移动融合是一种能提供与接入技术无关的网络能力。但这并不意味着一定是物理上的网络融合，而只关心一个融合的网络体系结构和相应的标准规范。这些标准可以用来支持固定业务、移动业务以及固定移动混合的业务。固定移动融合的一个重要特征是，用户的业务签约和享用的业务将从不同的接入点和终端上分离开来，以允许用户从任何固定或移动的终端上通过任何兼容的接入点访问完全相同的业务，包括在漫游时也能获得相同的业务。"ETSI 在给 FMC 下定义的同时也对固定移动网络的融合提出了相应的要求。

IMS 进一步发扬了软交换结构中业务与控制分离、控制与承载分离的思想，比软交换进行了更充分的网络解聚，网络结构更加清晰合理。网络各个层次的不断解聚是电信网络发展的总体趋势。网络的解聚使得垂直业务模式被打破，有利于业务的发展；另外，不同类型网络的解聚也为网络在不同层次上的重新聚合创造了条件。这种重新聚合，就是网络融合的过程。利用 IMS 实现对固定接入和移动接入的统一核心控制，主要是因为 IMS 具有以下特点：

（1）与接入无关性。虽然 3GPPIMS 是为移动网络设计的，TISPANNGN 是为固定 xDSL 宽带接入设计的，但它们采用的 IMS 网络技术却可以做到与接入无关，因而能确保对 FMC 的支持。从理论上可以实现不论用户使用什么设备、在何地接入 IMS 网络，都可以使用归属地的业务。

（2）统一的业务触发机制。IMS 核心控制部分不实现具体业务，所有的业务包括传统概念上的补充业务都由业务应用平台来实现，IMS 核心控制只根据初始过滤规则进行业务触发，这样消除了核心控制相关功能实体和业务之间的绑定关系，无论固定接入还是移动接入都可以使用 IMS 中定义的业务触发机制实现统一触发。

（3）统一的路由机制。IMS 中仅保留了传统移动网中 HLR 的概念，而摒弃了 VLR 的概念，和用户相关的数据信息只保存在用户的归属地，这样不仅用户的认证需要到归属地认证，而且所有和用户相关的业务也必须经过用户的归属地。

（4）统一用户数据库。HSS（归属业务服务器）是一个统一的用户数据库系统，既可以存储移动 IMS 用户的数据，也可以存储固定 IMS 用户的数据，数据库本身不再区分固定用户和移动用户。特别是业务触发机制中使用的初始过滤规则，对 IMS 中所定义的数据库来讲完全是透明数据的概念，屏蔽了固定和移动用户在业务属性上的差异。

（5）充分考虑了运营商实际运营的需求，在网络框架、QoS、安全、计费以及和其他网络的互通方面都制定了相关规范。

IMS 所具有的这些特征可以同时为移动用户和固定用户所共用，这就为同时支持固定和移动接入提供了技术基础，使得网络融合成为可能。

9.2　IMS 结构

IMS 是 3GPP 在 R5 版本提出的支持 IP 多媒体业务的子系统，并在 R6 与 R7 版本中得到了进一步完善。IMS 是一个独立于接入技术的基于 IP 的标准体系，它与现存的话音和数据网络都可以互通，不论是固定网络用户（例如 PSTN、ISDN、因特网）还是移动用户。IMS 的核心功能实体是呼叫会话控制功能（CSCF）单元，并向上层的服务平台提供标准的接口，使业务独立于呼叫控制。采用基于 IETF 定义的会话初始协议（SIP）的会话控制能力，并进行了移动特性方面的扩展，实现接入的独立性及 Internet 互操作的平滑性。IMS 网络的终端与网络都支持 SIP，SIP 成为 IMS 域唯一的会话控制协议，这一特点实现了端到端的 SIP 信令互通，网络中不再需要支持多种不同的呼叫信令，使网络的业务提供和发布具有更大的灵活性。

9.2.1　IMS 系统结构

IMS 系统架构如图 9.2-1 所示（彩图见二维码）。

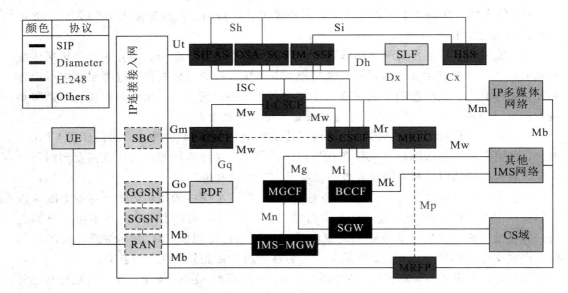

图 9.2 - 1　IMS 系统架构

(1) CSCF(Call Session Control Function，呼叫会话控制功能)是一个 SIP 服务器，基于它所提供的功能不同，CSCF 可以分为三类逻辑实体。

(2) P-CSCF(代理 CSCF)：UE 到网络的第一个连接点，建立同终端间的安全联盟(SA)。

(3) I-CSCF(查询 CSCF)：IMS 系统对外的联系点，S-CSCF 分配功能，被叫 S-CSCF 定位功能，提供本域用户服务节点分配、路由查询以及 IMS 域间拓扑隐藏功能。

(4) S-CSCF(服务 CSCF)：在 IMS 核心网中处于核心的控制地位，负责对 UE 的注册鉴权和会话控制，执行针对主叫端及被叫端 IMS 用户的基本会话路由功能，并根据用户签约的 IMS 触发规则，在条件满足时进行到 AS 的增值业务路由触发及业务控制交互。

(5) HSS(Home Subscriber Server，归属用户服务器)：存储 IMS 用户的签约数据、Service Profile、位置信息、鉴权信息等；也可提供传统的 HLR 功能，即 CS 签约数据和 PS 签约数据。

(6) SLF(Subscription Locator Function，签约位置功能)：根据 SIP URI 定位 HSS、需要访问 HSS 的实体均需调用，单一 HSS 环境不需要 SLF。

(7) MRFC(Multimedia Resource Function Control)：IMS 域内部的媒体控制资源功能，维护、控制 MRFP 中的媒体资源。

(8) MRFP(Multimedia Resource Function Processor)媒体资源功能：IMS 域内部的媒体资源功能，接受 MRFC 控制；接受 MRFC 控制，提供声码器、通知音等资源。

(9) MGCF (Media Gateway Control Function)：IMS 控制面与传统 PSTN/CS 网络的互通点。控制 IMS-MGW，以完成媒体面的互通。

下面对主要的功能模块加以说明。

9.2.2　MGCF 功能要求

媒体网关控制器(Media Gateway Controller)用来控制 MGW 以完成话路的连通,控制协议采用的是 H.248,它也要同时处理来自话音交换网的 ISUP 信息和来自 IMS 的 SIP 信息,完成 IMS 网络同 CS/PSTN 等网络互通的网络实体。

1. 互通功能

MGCF 应该控制 IMS - MGW 完成与电路交换网的互通功能。

1) 电路交换网起呼

MGCF 在 IM CN 子系统里作为一个 SIP 终结点代表电路交换网发起 SIP 请求。电路交换网建立和 IMS - MGW 的承载通道后发送 IAM 信号给 MGCF,MGCF 通过 Mn 接口发起 H.248 命令控制 IMS - MGW 创建连接。

MGCF 收到电路交换网发送的 IAM 信号后,MGCF 产生 SIPINVITE 请求并发送给 I - CSCF。在收到对端返回的媒体能力信息后,MGCF 向 IMS - MGW 发起 H.248 命令修改连接参数,指导 MGW 为互通连接保留响应资源,为互通连接预留相应资源。

2) 电路交换网终呼

MGCF 收到 Mj 接口由 BGCF 来的 INVITE 请求后,依据被叫号码分析,转接呼叫到电路交换网域的相应节点,MGCF 向 IMS - MGW 发起 H.248 命令创建媒体连接。

2. 媒体控制功能

MGCF 应该能够控制 IMS - MGW 中的媒体信道的连接。应用 BICC 协议时,支持隧道方式承载建立:快速前向建立(可选)/延迟前向建立/延迟后向建立(可选)。

3. 协议转换

MGCF 支持 SIP 与 ISUP 之间的协议转换,也支持 SIP 与 BICC 之间的协议转换。

4. DTMF 功能

MGCF 应该可以检测到 IMS UA 发送来的带内 DTMF 信号和带外 DTMF 信号。MGCF 应该可以检测到电路交换网终端发送来的 DTMF 带内信号和带外 DTMF 信号。MGCF 应该可以完成 IMS 域到电路交换网或者电路交换网到 IMS 域的 DTMF 带内和带外方式的互通转换。

MGCF 根据 INVITE 请求中的相关指示或者根据本局配置通知 IMS - MGW 检测 DTMF 信号。

9.2.3　IMS - MGW 功能要求

在 IMS 系统中,MGCF 和 IMS - MGW 都能够实现 IP 多媒体核心网子系统和其他基于 BICC、ISUP 的传统核心网(如 PSTN、ISDN 和 PLMN 等)之间的互通。其中 IMS - MGW 根据 MGCF 的控制提供不同的传输承载和媒体格式的转换功能。

IMS - MGW 的基本功能是负责将一种网络中的媒体转换成另一种网络所要求的媒体格式。IMS - MGW 能够在电路交换网的承载通道和分组网的媒体流之间进行转换,可以实现媒体转换、承载控制和载荷处理等功能(如编解码转换、回声消除和会议桥等)。

IMS - MGW 和 MGCF 之间通过 Mn 接口连接。IMS - MGW 和 CS - MGW 之间通过

Nb 接口连接。IMS-MGW 和其他网络实体的用户平面之间通过 Mb 接口连接。若 IMS-MGW 支持 2G/3G 接入，则也应该支持 2G/3G 接入 MGW 的相关功能。

1. 互通功能

1）和基于 ISUP 的 PSTN/ISDN 网络或 PLMN 网络互通

当 IMS 网络和基于 TDM 的 PSTN 网络或 PLMN 网络互通时，用户平面的接口为 TDM 接口，而控制平面使用 ISUP 信令，如图 9.2-2 所示。

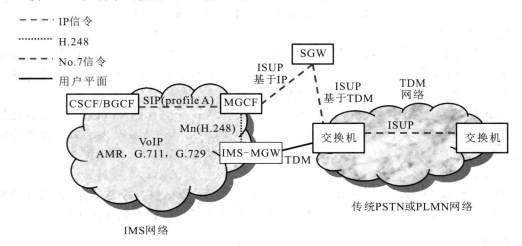

图 9.2-2　IMS 网络和基于 TDM 的 PSTN/PLMN 网络互通

2）和 3GPP 承载独立的核心网络互通

当 IMS 网络和 3GPP 承载独立的分组核心网络互通时，用户平面接口为 Nb 接口，采用 Nb 接口用户平面帧协议，而控制平面的接口为 Nc 接口，采用带 3GPP 扩展的 BICC 信令。

注：图 9.2-3 中，如果 3GPP 核心网络中的 BICC 信令是基于 TDM 信令网的，则 MGCF 和移动软交换服务器之间的 BICC 信令的承载需要信令网关进行 IP 和 TDM 的相互转换。

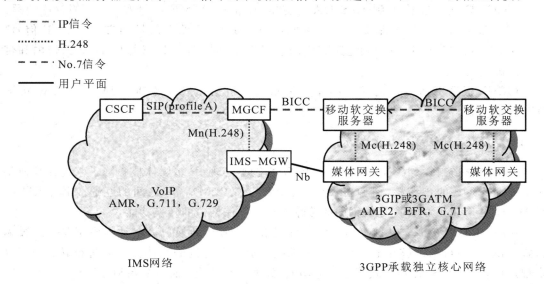

图 9.2-3　IMS 网络和基于 BICC 的 3GPP 承载独立核心网络互通

3）和基于 BICC 的 VoIP 承载独立的核心网络互通（可选）

当 IMS 网络和基于 VoIP 的 PSTN 网络或 PLMN 网络互通时，用户平面使用 IP 或 ATM 技术（分别对应于 VoIP 网络或 VoATM 网络），采用标准的 IETF 帧格式，而控制平面采用不带 3GPP 扩展的 BICC 信令。

注：图 9.2-4 中，如果基于 BICC 的 VoIP 核心网络中的 BICC 信令是基于 TDM 信令网的，则 MGCF 和移动软交换服务器之间的 BICC 信令的承载需要信令网关进行 IP 和 TDM 的相互转换。

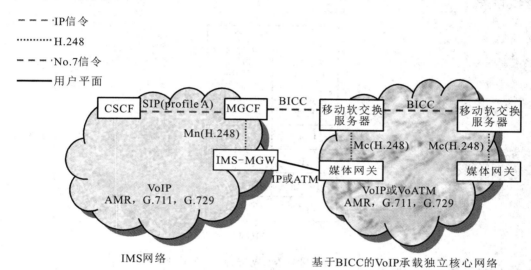

图 9.2-4　IMS 网络和基于 BICC 的 VoIP 承载独立核心网络

4）和基于 SIP 的 VoIP 网络互通（可选）

当 IMS 网络和基于 SIP 的 VoIP 网络互通时，它们有着相同用户和信令平面。用户平面采用标准的 IETF 帧格式，而控制平面采用 SIP 信令，如图 9.2-5 所示。

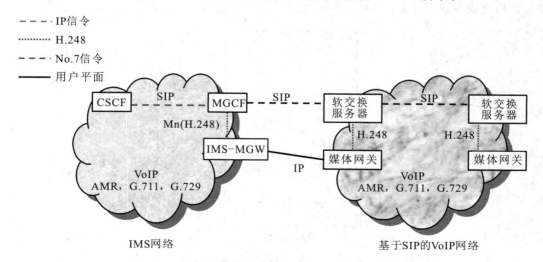

图 9.2-5　IMS 网络和基于 SIP 的 VoIP 网络互通

2. 媒体转换

IMS-MGW 在不同的网络中，会采用不同的媒体来承载电路域业务（如话音），承载方式包括 IP、VoIP、TDM 三种。因此媒体网关必须具备不同承载媒体之间的转换功能。

在和基于 ISUP 的 PSTN/ISDN 网络或 PLMN 网络互通时，PSTN/ISDN、其他PLMN 侧采用 TDM 承载 G.711 语音，而 IMS 网络侧采用 IP 承载 AMR 语音或 G.711 语音，因此 IMS-MGW 应支持 VoIP 承载媒体和 TDM 承载媒体之间的双向转换，如图9.2-6所示。

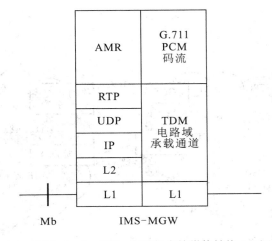

图 9.2-6　IMS-MGW 支持媒体转换 1

在和 3GPP 承载独立的核心网络互通时，3GPP 网络侧采用 IP/ATM 方式承载 Nb 口用户面以 NbFP 协议封装的业务数据（如 UMTS_AMR2 语音），而 IMS 网络侧采用 IP 承载 AMR 语音或 G.711 语音，因此 IMS-MGW 应在 3GPP 网络侧支持 NbFP 协议的发起和终结，如果是 3GPP 网络是 ATM 网络，则 IMS-MGW 还应支持 IP 承载媒体和 ATM 承载媒体之间的双向转换，如图 9.2-7 所示。

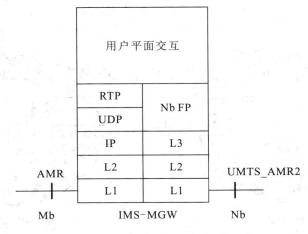

图 9.2-7　IMS-MGW 支持媒体转换 2

　　在和基于 BICC 的 VoIP 承载独立的核心网络互通时，基于 BICC 的 VoIP 网络侧采用 IP/ATM 承载 AMR 语音或 G.711 语音。而 IMS 网络侧采用 IP 承载 AMR 语音或 G.711 语音。因此，只有当基于 BICC 的 VoIP 网络侧采用 ATM 承载时，IMS-MGW 才需支持 IP 承载媒体和 ATM 承载媒体之间的双向转换，如图 9.2-8 所示。

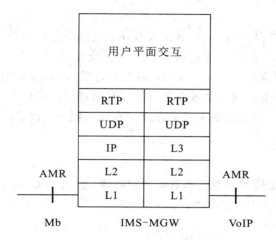

图 9.2-8　IMS-MGW 支持媒体转换 3

　　在和基于 SIP 的 VoIP 网络互通时，两侧的承载均为 IP 承载，IMS-MGW 不需要提供承载媒体转换功能。在和 2G GSM/3G UMTS 无线接入网连接时，2G GSM 无线接入设备 BSC 侧采用 TDM 承载 G.711 语音，3G UMTS 无线接入设备 RNC 侧采用 ATM 承载 UMTS_AMR2 语音，而 IMS 网络侧采用 IP 承载 AMR 语音或 G.711 语音。因此，IMS-MGW 应支持 VoIP 承载媒体和 TDM 承载媒体之间的双向转换，VoIP 承载媒体和 ATM 承载媒体之间的双向转换，如图 9.2-9 所示。

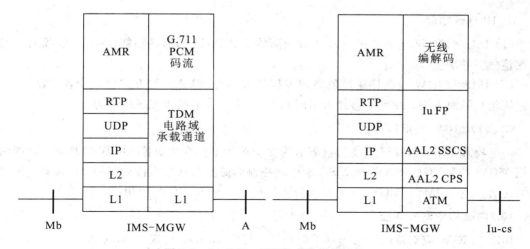

图 9.2-9　IMS-MGW 支持媒体转换 4

3. 编码转换

IMS-MGW 应具有语音信号的编解码功能，支持 G.711 A/μ、G.729、G.723.1

(5.3 kb/s、6.3 kb/s)、G. 726、UMTS_AMR、GSM HR、GSM FR、GSM EFR、UMTS AMR(12.2K 为必选,其他速率为可选)、UMTS_AMR2、UMTS AMR - WB、EVRC、EVRC - B、Qcelp 8K、Qcelp 13k 等编解码;IMS - MGW 应支持在 MGCF 的控制下完成语音编解码之间的转换,还应具备扩展其他编解码的能力。

4. 语音增强功能

IMS - MGW 应支持自适应 Jitter Buffer 技术,支持动态和静态调整 Jitter Buffer 深度的能力;支持静音检测(VAD)和舒适噪声(CNG);支持丢包补偿技术(PLC),还应支持 TrFO 和 TFO 功能,减少语音编解码次数,降低语音损伤,减少时延,提高语音质量。

由于在 IP 网中,分组数据包在各个节点处理时间开销的差异性,将会造成分组数据包的时延抖动,为保证通话质量,媒体网关必须设有输入缓冲,以尽可能地消除时延抖动对通话质量的影响。

5. 放音和收号

IMS - MGW 应支持播放基本音和智能音的功能,支持 DTMF 信号的检测和发送,同时 DTMF 收号支持 RFC2833 带内传送。

6. 回声抑止功能

在 IP 网上传送的语音信息具有较大的时延,并且存在 2/4 线转换,为避免回声对通话质量的影响,IMS - MGW 应支持以资源池(POOL)的形式提供电学回声抑止功能。

7. 过载保护机制

(1) IMS - MGW 应支持过载保护机制,遵循 H. 248.10 或 H. 248.11。

(2) IMS - MGW 应具备独立过载保护的能力,即在 MGCF 过载保护失效的情况下,当 IMS - MGW 处理呼叫的数量超过自身处理能力时,IMS - MGW 启动自我过载保护的功能。

8. IP QoS 功能

(1) IMS - MGW 应支持用户面和信令面的 DSCP/TOS 标签功能,和 IP 承载网一起实现差分服务功能。

(2) IMS - MGW 应支持通过独立物理接口或划分 VLAN 的方式将信令流、媒体流、网管流相互隔离上行,并且能够针对不同的 VLAN 划分不同优先级的能力。

9. 虚拟 MGW 功能(可选)

一个物理 IMS - MGW 应支持被划分为多个逻辑上独立的虚拟 MGW 的功能,不同的虚拟 MGW 能分别被 MGCF 和 MSC Server 控制,提供同时兼作移动端局、汇接局、关口局的能力。物理 IMS - MGW 内的资源应支持被多个虚拟 MGW 使用。

10. 内嵌信令网关功能

IMS - MGW 应支持内嵌信令网关的功能,支持 M2UA(可选)、M3UA。

9. 3　IMS 与其他网络的互通

与其他网络的互通包括同一运营商内部的互通和不同运营商之间的互通。对不同运营商之间的互通遵照相关的行业标准。

9.3.1　IMS 网络与传统电路交换网络互通

IMS 网络与传统电路交换网络的互通点设置在 MGCF(SG)/MGW,其中 MGCF 进行 IMS SIP 与 ISUP 之间的协议映射,完成呼叫信令层面的互通;MGW 进行 IP 网络侧语音编解码和 TDM 网络侧 PCM 码流之间的转换,完成媒体层面的互通;信令网关(SG)主要实现对 No.7 信令消息的底层适配,以便在 IP 网和 No.7 信令网之间传送 No.7 信令消息,SG 可独立设置也可与 MGCF 或 MGW 合设。

MGCF(SG)/MGW 与传统电路交换网络侧端局/汇接局/长途局/关口局相连,如图 9.3-1 所示。

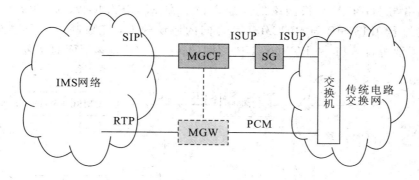

图 9.3-1　IMS 网络和传统电路交换网的互通

注:传统电路交换网包括 PSTN 以及 PLMN 的 CS 域电路交换网。

IMS 网络与传统电路交换网络互通所支持的业务包括:基本语音业务、主叫号码显示(CLIP)、主叫号码显示禁止(CLIR)、呼叫前转(遇忙、无条件、无应答)、呼叫保持、呼叫等待等。另外,PSTN 支持成组发码和重叠发码,IMS 只采用重叠发码,IMS 网络与 PSTN 互通时 MGCF 应支持 PSTN 侧重叠发码到 IMS 侧成组发码的适配处理。

9.3.2　IMS 网络与固定软交换/LMSD 软交换的互通

IMS 网络与固定软交换/LMSD 软交换网络的互通点设置在 MGCF/MGW,如图 9.3-2所示。MGCF 负责 IMS SIP 与固定软交换/LMSD 软交换 SIP-I 之间的协议映射,

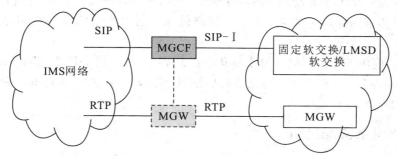

图 9.3-2　IMS 网络和固定软交换/LMSD 软交换的互通

完成呼叫信令层面的互通。当语音视频编码格式协商一致时，媒体层面直接互通，不需要经过 MGW 转接；当编码格式协商后不一致时，需要经过 MGW 进行编码格式的转换，完成媒体层面的互通。

IMS 网络与固定软交换/LMSD 软交换互通所支持的业务包括：基本语音业务、视频电话业务、主叫号码显示（CLIP）、主叫号码显示禁止（CLIR）、呼叫前转（遇忙、无条件、无应答）、呼叫保持、呼叫等待等。

固定软交换支持成组发码和重叠发码，IMS 只采用重叠发码，IMS 网络和固定软交换互通时 MGCF 应支持固定软交换侧重叠发码到 IMS 侧成组发码的适配处理。

9.3.3 IMS 网络与 3GPP 软交换的互通

IMS 网络与 3GPP 软交换网络的互通点设置在 MGCF/MGW，如图 9.3-3 所示。MGCF 功能进行 IMS SIP 与 BICC/ISUP 之间的协议映射，完成呼叫信令层面的互通。MGW 可能需要进行 RTP 和 RTP(NbUP) 之间的转换，完成媒体层面的互通。

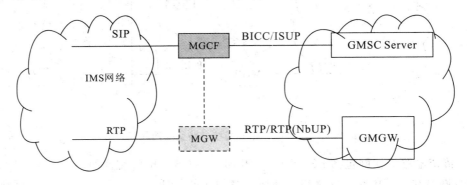

图 9.3-3 IMS 网络和 3GPP 软交换之间的互通

IMS 网络与 3GPP 软交换互通所支持的业务包括：基本语音业务、视频电话业务、主叫号码显示（CLIP）、主叫号码显示禁止（CLIR）、呼叫前转（遇忙、无条件、无应答）、呼叫保持、呼叫等待等。

9.4 IMS 网络及业务综述

IMS 网络是一个基于移动网、固定网和 IP 数据网等多种类型网络的核心网，发展它的好处是可以为移动终端、固定终端、IP 网络终端等所有类型的接入终端提供融合类的业务。

移动 IMS 商用试验网可提供的业务有语音、视频、一号通、会议、Centrex、彩铃、短信/彩信和协同办公，可以为固定电话（包括普通话机、SIP 电话）、移动电话和桌面软终端提供融合类的业务。

9.4.1 IMS 业务终端说明

IMS 网络提供的业务主要包括下列几种终端：

1. 普通电话

普通固定电话，号码为固定号码(属于铁通固网号码段)。

2. SIP 电话

SIP 电话是 IP 接入的固定电话，分为支持视频的和不支持视频的两类，号码为固定号码(属于铁通固网号码段)。

3. 桌面软终端

安装在电脑上的软件，只要有 CM‐NET 网络的地方就可以享受 IMS 提供的业务。

4. 高清会议终端

作为高清硬终端，参与视频会议业务。

9.4.2　IMS 业务分类说明

1. 语音电话(必选业务)

1)点对点语音

用户可在呼叫记录、好友列表和地址簿中选择被叫，点击后直接拨号，或在界面上输入对方电话号码后点击拨号。

适用终端类型：普通电话、SIP 电话、桌面软终端。

2)补充业务

补充业务有：号码显示、号码显示限制、呼叫转移、呼叫限制、呼叫等待、呼叫保持、多方通话。

适用终端类型：普通电话、SIP 电话、桌面软终端。

2. 视频电话(可选业务)

在通话中，如果两个终端经过协商，都具有视频能力，则可以打开视频能力，进行可视通话。

适用终端类型：带有视频能力的 SIP 电话、桌面软终端。

3. 一号通(可选业务)

用户通过申请，将 IMS 网内和网外(GSM 网、TD 网)的若干终端(最多支持 4 个)进行号码绑定，并且设置某一终端为主号码。当用户使用本组的任一终端作为主叫进行呼叫时，被叫终端的来电显示应为该组的主号码。当本组主号码作为被叫时，可以对本组所有终端进行顺序振铃或同时振铃，用户可以通过 web portal 配置顺振还是同振。该业务可以用于语音电话或视频电话。

适用终端类型：普通电话、SIP 电话、桌面软终端。

4. Centrex(可选业务)

Centrex 业务类似中国移动现网的 VPMN 业务，实现 IMS 网内及 GSM 手机之间的集团用户短号互拨业务。该业务可以用于语音电话或视频电话。

适用终端类型：普通电话、SIP 电话、桌面软终端。

5. 多媒体彩铃（可选业务）

多媒体彩铃业务具有多媒体推送能力，不仅可以播放音乐，还可推送图片和视频片段；具有主叫号码判断能力，能针对不同主叫播放不同的彩铃；用户可以通过 Web Portal 来修改设置自己的彩铃。

适用终端类型：普通电话、SIP 电话、手机、桌面软终端。

6. 语音会议（可选业务）

1）即时会议

用户可申请创建语音会议，设置会议主题、会议类型、会议的最大用户数等信息，会议服务器创建一个会场，并将用户加入到语音会议中。

会议成员适用终端类型：普通电话、SIP 电话、桌面软终端。

2）预约会议

用户通过 Web Portal 或软终端，创建预约语音会议。在创建会议时设置会议的召开开始时间、结束时间、会议参加人员、最大参与方数量、会议类型（音频）。

预约会议成功之后，可以选择短信和邮件两种方式通知参与方。会议通知的内容有：会议接入号、会议号、密码、召集者、与会者（如果有）、会议主题、会议时间、会议类型（音频）、会议的参与方数。

会议成员适用终端类型：普通电话、SIP 电话、桌面软终端。

7. 普通视频会议/高清视频会议（可选业务）

1）即时会议

用户可申请创建普通视频会议，设置会议主题、会议类型、会议的最大用户数等信息，会议服务器创建一个会场，并将用户加入到会议中。

会议成员适用终端类型：普通电话、SIP 电话、桌面软终端、高清会议终端。

2）预约会议

用户通过 Web Portal 创建预约普通视频会议。在创建会议时设置会议的召开开始时间、结束时间、会议参加人员、最大参与方数量、会议类型（视频）。

预约会议成功之后，可以选择短信和邮件两种方式通知参与方。会议通知的内容有：会议接入号、会议号、密码、召集者、与会者（如果有）、会议主题、会议时间、会议类型（视频）、会议的参与方数。

会议成员适用终端类型：普通电话、SIP 电话、桌面软终端、高清会议终端。

8. 短信、彩信（软终端可选）

用户可以使用桌面软终端与手机互相发送、接收短信和彩信。

会议成员适用终端类型：桌面软终端。

9. 协同办公（软终端必选，其他终端不能选）

1）即时消息/状态呈现

用户可以向在线联系或其他联系人发送即时消息、定时消息、群发消息、聊天室消息，也可以看到联系人的状态。

会议成员适用终端类型：桌面软终端。

2）文件传输

用户可以在即时对话、即时会议中启动该功能，与对方传输文件。

会议成员适用终端类型：桌面软终端。

3）通讯录

通讯录包括个人通讯录和企业通讯录。

① 个人通讯录可以存放用户的家人、朋友等个人联络信息。

② 企业通讯录用于存放企业内的员工联系信息，例如电话号码、E-mail 地址等信息；支持查找、分组、添加、修改等管理功能。也可点击 E-mail 地址，给用户发送邮件。

会议成员适用终端类型：桌面软终端。

4）应用共享

用户可以将自己 PC 上的 Office 应用软件、网页等桌面应用与对方共享，此功能只运用于会议中。

会议成员适用终端类型：桌面软终端。

5）电子白板

用户可以在即时对话、即时会议中启动该功能，与对方进行点对点或者点对多点的白板手写交流。

会议成员适用终端类型：桌面软终端。

9.5　IMS 网络的演进——EPS

9.5.1　EPS 的基本概念

随着移动宽带无线接入技术的出现和移动与互联网业务的融合，目前通信领域已进入快速演进阶段，这种激烈变革的部分原因是由于底层技术的演进。移动技术在经历了几十年电路交换后，现在移动技术正向全 IP 网络架构演进，支持因移动宽带而提出的高带宽业务的核心网演进是重要的突破。

GSM 非凡的成功是在电路交换的基础上实现的，同时，开发者也为其专门开发了很多业务应用。在 20 世纪 90 年代，因特网的使用已开始普及，随着技术不断发展而逐渐产生了移动互联网的需求；因特网业务可以实现从移动终端来访问。由于刚开始终端处理能力和无线接口带宽的限制，这些业务受到了很大限制。随着无线接入网（Radio Access Network，RAN）的演进，即高速分组接入（High Speed Packet Access，HSPA）技术和长期演进（Long Term Evolution，LTE）技术的出现，上述问题得到了很好的解决，传输速度得到了很大提升，除了高速无线接入外还出现了其他一些新发展。随着终端处理能力和软件的不断增强，研发人员可以开发出大量新业务，IP 和分组交换技术很快会成为因特网和移动通信网中数据和语音业务的基础。

通过将强大的高速无线接入技术和由因特网使能的创新应用相结合，核心网实现了世界的连接。演进的核心网（Evolved Packet Core，EPC）是移动宽带演进的基石，没有它，

RAN 和因特网业务将无法充分发挥它们的潜能。新核心网采用了具有移动性的 IP 架构来提供高带宽业务，它可以完全支持移动宽带业务和应用，并保证运营商和用户都有平滑的体验。

3GPP 提出的系统架构演进（System Architecture Evolution，SAE）是 3GPP 标准化工作项目的名称，其负责分组核心网的演进，通常也被称为 EPC。该工作项目与 LTE 工作项目关系密切，LTE 负责无线接入网的演进。演进的分组系统（Evolved Packet System，EPS）覆盖无线接入、核心网和终端，即它包括全部的通信系统，也提供对非 3GPP 标准的高速 RAN 的支持，如 WLAN、WiMAX 或者固定接入。

SAE 工作项目的目标是对 3GPP 定义的分组核心网进行演进，从而创建一个简化的全 IP 架构，提供对多无线接入技术的支持，包括不同无线标准之间的移动性。

9.5.2　EPS 架构

在 EPS 中包含多个域，每个域都包含一组逻辑节点，这些逻辑节点相互工作以提供网络的特定功能集。

3GPP 中给出的网络架构如图 9.5－1 所示。

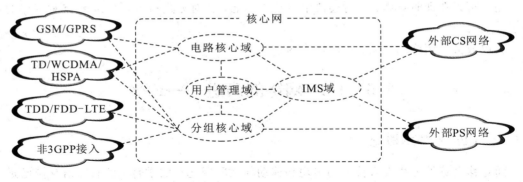

图 9.5－1　3GPP 核心网架构

在图 9.5－1 的左边是 4 个云图，代表与 EPC 连接的不同 RAN 域，包括由 3GPP 规范的第二代和第三代移动接入网，通常是指 GSM 和 TD－SCDMA/WCDMA，其中 LTE 是 3GPP 规范的最新宽带无线接入技术；最下面有个称为非 3GPP 接入网域，它表示由非 3GPP 所标准化的分组数据接入网，如 eHRPD、WLAN 和固定网络接入，这意味着这些接入技术的详细规范不是由 3GPP 制定的，这些规范是由像 3GPP2、IEEE 或者宽带论坛来制定的。

核心网可以划分为多个域，如电路核心域、用户管理域、分组核心域和 IMS 域。可以看出，这些域通过众所周知的接口来实现互操作，用户管理域提供协作的用户信息并在不同域内支持漫游和移动性。

电路核心域包括 GSM 和 TD－SCDMA/WCDMA 所提供的支持电路交换业务的节点和功能。相应地，分组核心域包括 GSM、TD－SCDMA/WCDMA 和 HSPA 所提供的支持分组交换业务的节点和功能。此外，分组核心域还支持在 LTE 和非 3GPP 接入网中提供分组交换业务，并提供业务和承载层策略（如 QoS）管理和增强功能。

IMS 域包括支持基于 SIP 的多媒体会话的节点和功能,并使用由分组核心域功能所提供的 IP 连接性。

在图 9.5 - 1 的中央是用户管理域,它负责处理使用其他域所提供业务的用户的相关数据。在 3GPP 规范中,它不是一个单独域,而是在电路核心域、分组核心域和 IMS 域中都有用户管理功能,为了更清楚,通常将其作为一个单独的域。

9.6　CM – IMS 简介

CM 是中国移动即 China Mobile 的简称,IMS(IP Multimedia System,IP 多媒体子系统)是核心网,CM – IMS 就是移动的 IMS 核心网。

CM – IMS 是中国移动实现网络和业务融合的重要解决方案,是一个涉及核心网、接入设备、承载、业务、终端和支撑系统的端到端系统。在全业务时期,CM – IMS 将为中国移动提供面向融合和宽带多媒体业务的端到端解决方案,并努力打造统一融合的核心网络架构,实现对固定移动的统一控制,从而降低中国移动核心网络建设和维护成本。CM – IMS 还将在全业务竞争中为中国移动拓展集团、家庭和个人用户,提供更先进、更有效的手段。

1. IMS 的主要应用

目前,IMS 的应用主要有以下几种类型:

(1) 给移动用户提供多媒体业务。Cingular、T – Mobile、TIM、CSL、Eurotel 等移动运营商均采用此应用模式。

(2) 给企业用户提供融合的企业的应用。Sprint、Telefonica、SBC 等运营商采用此方式为企业用户提供 IP CENTREX 业务。

(3) 固定运营商给宽带用户提供 VoIP 业务。Bell South、KPN、Telefonica 等固定运营商采用此模式为宽带用户提供 VoIP 的第二线业务。

(4) 综合运营商为用户提供的固定和移动融合的 IMS,目前比较热门的业务是 WiFi 与移动网的业务切换。Cingular(移动)和 SBC(固定)计划近期向企业提供 WiFi VoIP 与 WCDMA 电路域语音的切换,已经能够实现 WiFi 到 WCDMA 的单向切换。BT 和 FT 已完成类似业务的测试,但是实现方案有所不同。

2. IMS 的应用特点

目前,IMS 的应用具有如下特点:

(1) 移动运营商已经开始商用,固网运营商主要处于实验阶段。大部分运营商着手进行 IMS 实验,只有少部分运营商开始进行 IMS 商用。目前,商用和实验的 IMS 系统大部分集中于移动运营商。

(2) 移动运营商主要是在移动网络的基础上用 IMS 来提供 PoC、视频共享等多媒体增值业务。固定运营商对 IMS 的应用重点集中在给企业客户提供 IP CENTREX 和公众客户的 VoIP 第二线业务。

（3）固定、移动综合运营商希望通过统一的 IMS 核心网接入固定和移动用户，对 WCDMA 与 WLAN 的语音切换业务十分关注。但目前 IMS 的融合应用还处于实验阶段，具体的应用模式还不是十分明朗。

9.7　项目任务十二：CM－IMS 语音专线业务开通

本项目的接入方案：GPON＋MAN＋SBC（GPON 含 FTTB/FTTH），如图 9.7－1 所示。

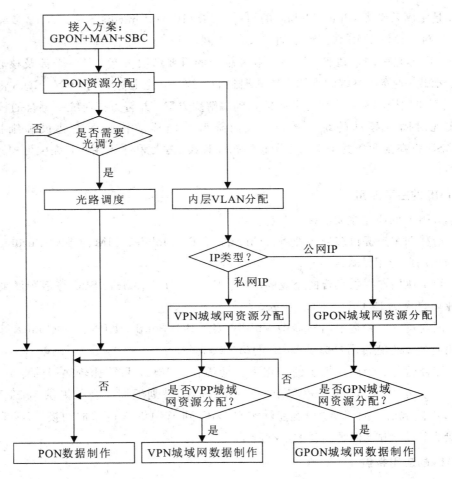

图 9.7－1　项目接入方案

实现功能：根据工作流程图完成 IMS 语音业务开通工作。

1. 需求分析

需求分析是前端派单后的第一个环节，主要审核该工单提交数据是否符合要求，判定该业务点建设申请是否成功。

1）工单填写

（1）审核前端派单时所提交数据是否完整以及符合逻辑。

（2）若发现带"＊"项为空或数据逻辑不正确，则可回退至前端要求重新派单。

（3）若需求订单没有问题，则此业务可以开通，填写相关信息后即可回单。

2）系统交互

订单由前端发送到服开系统，服开生成工单的同时，后台会向综资系统提交业务申请。

3）流转条件

需求分析的流转条件是，审核前端派单带"＊"号必填项全部填写完整并确保数据逻辑正确，订单审核数据全部填写完整。

2. 方案设计

1）工单填写

（1）方案设计工单：根据对业务点进行勘察后所出的设计方案作指引，进行系统流程操作。

（2）三端设计：对照设计单位出具的设计方案，进行资源选择，调用管线系统资源，包括客户端设计、接入点设计和局端设计。

2）系统交互

客户端、局端设计是关联综资系统页面去选择相关设备；接入点设计是关联管线系统页面去选择设备。

3）流转条件

（1）方案设计工单组网选项填写逻辑必须正确及符合实际。

（2）客户端设计、接入点设计和局端设计按照集成＋设备方案进行，正确选择资源。

3. 方案设计审核

1）工单填写

（1）点击流转信息，查看上一步方案设计信息。

（2）审核上一步方案设计内容是否正确及判断能否通过流转至下一环节。

（3）审核附件上传的施工图纸是否符合标准。

2）流转条件

方案设计审核的流转条件：确认方案设计环节的组网方式、所需资源和设计图纸与实际相符合，可直接回单；相反，则回退方案设计及写明退单理由。

4. 工程建设

此环节由方案设计中是否需要工程建设选项所自动带出的流程环节，主要是反馈工程施工情况，需填写建设完成的实际时间，并按实际情况填写是否需工程割接。

1）工单填写

（1）不需工程建设：回退至方案设计环节，处理意见处写明情况。

（2）需要工程建设：必须依据实际完成时间填写。

2）流转条件

工程建设的流转以工程管线建设完工，并完整、真实填写流程中各种状态以及完成时间为前提条件。

5. 资源资料录入

此环节主要是针对集客专业所涉及的资源进行录入，包括客户端设备录入、空间资源入网申请及传输设备站点机房的归属。客户端设备管理、空间资源管理操作界面都是嵌入综资系统的操作界面，传输设备管理的操作界面是嵌入的传输网管系统的操作界面，所以，在此环节进行相关资源的录入，也可以通过线下在相关的系统里进行录入操作。具体资源只需录入一次，不需要重复录入。传输设备管理通常在传输设备上网管后自动同步过去。

1）工单填写

如已经确定在线下录入资源，这里可不录入。若无法确定，则必须进行核查及录入。

2）流转条件

资源资料录入的流转条件是，各项资源必须确保完整并且准确录入方可流转到下一环节。

6. 资源资料录入审核

此环节审核前一环节资源资料录入是否完成，以及其完成情况。工单进入资源资料录入审核环节的前提条件是在方案设计环节是否需要工程建设字段。

7. 方案设计修订

在工程建设完成之后，如果实际建设中产生方案变更，可在此环节修改，其中组网方式在这里不能修改。如果需要修改组网方式，则只能回退到方案设计重做设计。

1）工单填写

这个环节的页面会采集前面方案设计环节所选的设备信息。如果不需要修改设备，可直接回单；如果需要修改，则点击相应的设计页面，选择设备，操作类似方案设计阶段。

2）系统交互

系统交互与方案设计环节相同，并上传该业务点的组网示意图（跳纤图）。

3）流转条件

方案设计修订的流转条件是，确认客户端、接入点、局端所选取的资源与实际工程施工一致。

8. 工程割接申请

此环节是由前面工程建设环节中，是否需要工程割接（光缆割接）的选择而自动带出的环节流程。该环节回单时会自动向管线系统发出一份割接申请工单，需要工作人员登录到管线系统进行割接，否则相继环节会卡住。

9. 工程割接反馈

这个环节不需要手动填写信息，页面会列出上一环节（工程割接申请）向管线系统提交的信息和管线割接反馈的结果。

10. PON 资源分配

PON 资源分配环节主要是直接在服开系统上调出综资分配界面，分配集客点所属OLT 的 PON 口和外层 VLAN 已达到资源的预分配。

1）工单填写

在工单内点击"PON 资源分配"链接，进入综资系统界面分配 PON，进行端口和

VLAN 的预占。

2）系统交互

此环节是服开系统调用综资系统操作界面，在所弹出的界面中选择分配综资系统中的城域网汇聚设备、端口及外层 VLAN 值，并对所分配的端口和 VLAN 值进行绑定。

3）流转条件

PON 资源分配的流转条件是，分配城域网汇聚端口和划分外层 VLAN，并进行资源绑定。

11．光路调度

方案设计组网方式中需要光路时，选"是"进行，服开系统取接入点设计所选择的设备信息，发送给管线资源配置系统。

1）工单填写

（1）服开系统会将相关调度信息（取自方案设计接入点设备）发送给管线系统进行调度。

（2）在管线系统调度时复制该工单的业务流水号。

（3）打开管线系统资源配置系统，选择生产库→带宽型资源配置→带宽型光路台。

（4）打开带宽型光路台后复制业务流水号。

2）流转条件

光路调度的流转条件是，需要管线系统返回光路调度结果。

12．内层 VLAN 分配

此环节是将已经 PON 资源分配了的 OLT 端口进行内层 VLAN 分配。工单填写中注意以下几点：

（1）在服开系统中打开需分配的工单，在工单中点击内层 VLAN 分配。

（2）选择需要分配的 VLAN 值绑定后，所划分的内层 VLAN 信息出现在服开界面上，核对资源信息没有问题之后即可回单。

（3）如果没有分配内层 VLAN，是不能进行回单的。

13．GPON 城域网资源分配

根据前面方案设计组网方式中的 IP 类型，选择公网 IP 就会进入这个环节，该环节将列出上一环节（VLAN 内层分配）向系统提交的信息和方案设计提供的结果。

1）工单填写

要求明确业务开通要使用的 IP 地址信息。

2）系统交互

该环节对于 OLT 设备进行数据信息录入，自动关联城域网设备，在分配资源时才能选到设备的 VLAN 子接口数据。

14．GPON 城域网数据制作

根据城域网资源分配、PON 资源分配及内层 VLAN 分配几个环节中所分配的资源，将会在这一环节自动携带出，若无问题，点击回单即可。

15．PON 数据制作

此环节将会自动携带出之前流程所录入的资料及已制作的数据（PON 资源分配、内层

VLAN 分配），如确认信息准确、完整，即可写明处理意见，然后点击回单。

16. VPN 城域网资源分配

此环节只有方案设计组网方式中的 IP 类型选为私网 IP 才可进行。

17. VPN 城域网数据制作

此环节为 VPN 城域网资源分配。由操作人员对 VPN 城域网数据进行核查确认，确定数据与实际建设符合，将意见填写在反馈意见中，即可进行回单流转下一环节。

18. 客户端施工和资料录入

客户端设备管理提供客户端设备录入操作，确认工程资料录入环节在综资系统的操作界面已将相关资源成功录入，则可直接点击回单。

19. 业务调测

此环节主要是反馈业务开通测试结果，一般在线下完成调测，然后在工单上填写调测结果，并附上测试通过的拨测表。业务调测环节是对客户端设备录入进行检查。

20. 报竣

此环节会向相关系统发送报竣申请，发送之后需要登录相关系统去确认。这个环节一般不需要手动去回单，只需要等待其他相关系统确认报竣信息。

1）工单填写

（1）如果相关系统已经确认报竣信息，并且正常返回给服开系统，服开系统接收到确认信息之后会自动将工单归档，这样整个工单就算处理完成了。

（2）如果前端系统没有确认，工单将会一直在服开系统代办上，点击回单也会提示不可回单，必须和前端确定是否收到报竣信息，并点击确定才可正常回单。

（3）如果工单状态是"向 XXXX 系统发送请求失败"，那么需要查看日志分析失败的原因。

2）系统交互

（1）服开系统会向综资、PBOSS 及管线系统发报竣申请。

（2）综资、PBOSS、管线系统会给服开系统反馈报竣确认信息。

21. 归档

完成所有流程的工单就会变成归档状态，归档之后的工单在"我的待办"那里就查不到了，只能在"工单查询"那里查找得到。

项目总结九

（1）IMS 的基本概念；

（2）IMS 的定位与发展；

（3）IMS 的结构及功能；

（4）IMS 的融合；

（5）IMS 的网络及业务；

（6）IMS 网络的演进——EPS。

项目评价九

评价项目	评价内容	分值	自我评价	小组评价	教师评价	得分
知识点	IMS 的基本概念					
	IMS 的定位与发展					
	IMS 的结构及功能					
	IMS 的融合					
	IMS 的网络及业务					
	IMS 网络的演进——EPS					
环境	教室环境					
态度	迟到 早退 上课					
综合评估（优、良、中、及格、不及格）						

项目练习九

参 考 文 献

［1］ 张中荃. 现代交换技术. 3 版. 北京：人民邮电出版社，2013.

［2］ 叶敏. 程控数字交换与交换网. 2 版. 北京：北京邮电大学出版社，2003.

［3］ 达新宇，等. 现代通信新技术. 西安：西安电子科技大学出版社，2001.

［4］ 李正吉. 程控交换技术与设备. 北京：机械工业出版社，2005.

［5］ 景晓军. 现代交换原理与应用. 北京：国防工业出版社，2005.

［6］ 鲜继清，张德民. 现代通信系统. 西安：西安电子科技大学出版社，2003.

［7］ 中华人民共和国通信行业标准. 软交换设备总体技术要求(修订版). YD/T.

［8］ 郑少任. 现代交换原理与技术. 北京：电子工业出版社，2006.

［9］ 强磊. 基于软交换的下一代网络组网技术. 北京：人民邮电出版社，2005.

［10］ 范兴娟. 交换技术. 2 版. 北京：北京邮电大学出版社，2016.

［11］ 百度文库. https：//wenku.baidu.com/.